普通高等教育农业农村部"十三五"规划教材

海 洋 经 济 学

朱坚真 主编

中国农业出版社

北 京

图书在版编目（CIP）数据

海洋经济学／朱坚真主编 . 北京：中国农业出版社，2019.12
普通高等教育农业农村部"十三五"规划教材
ISBN 978-7-109-26067-2

Ⅰ. ①海… Ⅱ. ①朱… Ⅲ. ①海洋经济学－高等学校－教材 Ⅳ. ①P74

中国版本图书馆 CIP 数据核字（2019）第 236582 号

中国农业出版社出版
地址：北京市朝阳区麦子店街 18 号楼
邮编：100125
责任编辑：夏之翠　文字编辑：王玉水
版式设计：史鑫宇　责任校对：刘丽香
印刷：北京中兴印刷有限公司
版次：2019 年 12 月第 1 版
印次：2019 年 12 月北京第 1 次印刷
发行：新华书店北京发行所
开本：720mm×960mm　1/16
印张：15.25
字数：266 千字
定价：34.00 元

主　编　朱坚真

副主编　周珊珊　贺义雄　李　欣　张小凡

编　者（按编写章节排序）

朱坚真（广东海洋大学）

周珊珊（广东海洋大学）

姚　朋（中国社会科学院）

廖民生（海南热带海洋学院）

闫玉科（广东海洋大学）

陈海井（广东海洋大学）

胡高福（浙江海洋大学）

张尔升（海南大学）

张小凡（中国海洋大学）

贺　赞（华南师范大学）

李　欣（上海海洋大学）

张　涛（江苏海洋大学）

朱大霖（中国人民大学）

贺义雄（大连海洋大学）

朱芳阳（北部湾大学）

刘汉斌（广东海洋大学）

审　稿　李靖宇（辽宁师范大学）

前　言

　　21 世纪是海洋开发与保护的世纪。5 000 多年前，古希腊海洋学者狄米斯·托克利曾预言：谁控制了海洋，谁就控制了一切。海洋是人类未来发展的重要空间，也是实现全球经济、社会、生态、环境可持续发展的重要基础。

　　中国是目前全球人口最多的国家。长期以来我们一直在用占全球不足 9％的土地养活占全球近 21％的人口。预计到 21 世纪中叶，中国人口将近 15 亿。巨大的人口数量使中国面临着比其他国家都更加严峻的生存发展问题。中国是海陆兼备的大国，拥有至少 300 万 km^2 的管辖海域，海洋资源极其丰富。改革开放以来，中国传统海洋产业稳步发展，新兴海洋技术产业迅速崛起，海洋经济已成为国民经济发展中重要的、强劲的、新的经济增长点。开发和保护海洋，建设 21 世纪海上丝绸之路，对建立全球发展新秩序、促进中国经济发展、提高综合国力、实现和平崛起和全面建成小康社会等战略目标具有重大意义。无疑，今后中国社会经济发展必然越来越多地依赖海洋，海洋必将对国民经济做出越来越大的贡献。

　　理论进步旨在指导实践发展，实践发展客观催生理论进步。随着中国海洋经济实践的不断发展，海洋经济理论研究需要不断进步和完善。随着国内外海洋经济理论与实践的不断推进，从事海洋经济与管理研究和教学工作的专家学者不断增多，丰富完善海洋经济学理论体系势在必行。中国海洋大学、上海海洋大学、广东海洋大学、大连海洋大学、浙江海洋大学、海南热带海洋学院、辽宁师范大学、海南大学、江苏海洋大学（原淮海工学院）、北部湾大学（原钦州学院）等在大学生、研究生中陆续开设海洋经济学课程，在海洋经济学教学与科研工作中逐渐形成了一支充满生机与活力的人才队伍，在该领域造就了一批专家学者。随着形势发展，为各海洋大学和其他涉海类高校、科研院所的大学生、研究生学习及管理人员培训提供一部高质量的海洋经济学教材，为广大想了解海洋经济学理论和实践的爱好者提供一本有价值的读物，是全国海洋大学及相关科研教学工作者义不容辞的责任。

为适应海洋强国建设的要求，结合"十三五"期间普及和丰富海洋经济学教学科研的需要，由朱坚真教授牵头组织专家完成了普通高等教育农业农村部"十三五"规划教材《海洋经济学》的编写工作。

《海洋经济学》旨在为适应当前海洋经济学理论与实践不断发展需要，专为全国农林水产、涉海类高等院校大学生、研究生学习以及各级各类党政、企事业单位海洋经济管理人才培训工作，提供一部精练、高质量的海洋经济学通识教材，对解决全国农林水产、涉海类高等院校大学生、研究生教学工作中遇到的问题发挥积极作用。同时，本书可作为社会各界了解和认识海洋经济学理论与实践的一般读物。

《海洋经济学》主要特色在于，既努力反映国内外海洋经济学实践与理论发展的新成就，又注重选材的权威性；既学习前人研究成果，又不拘泥于权威；既保持一定的理论高度，又注意与实践相结合；既反映当前海洋经济学实践与理论研究中存在的问题，又着重论述解决问题的思路与办法；既吸收国外海洋经济学理论研究成果，又以中国海洋经济学理论与实践为中心，突出中国特色。本书文字简洁明确，可读性强，既符合学术规范的要求，又达到通俗易懂的目的。

《海洋经济学》集中体现了中共中央、国务院建设海洋强国战略思想，有利于向全国农林水产、涉海类高等院校大学生、研究生和社会人士普及海洋经济学知识，是宣传和树立海洋国土意识的一部力作。

《海洋经济学》共 13 章，其框架结构与主要内容如下：

第一章，总论，阐述海洋经济学的概念与范畴、海洋经济学研究的对象与内容、海洋经济学研究的主要方法。

第二章，世界海洋经济发展的三次浪潮，阐述历史上海洋经济发展的三次浪潮及其对全球经济、社会、政治发展格局的重大影响。

第三章，海洋经济发展的理论基石，主要阐述资源环境价值理论、产业的选择与培育理论、资源配置效率理论、可持续发展理论。

第四章，国际海洋经济关系，论述国际海洋区域经济一体化、国际海洋新秩序、国家海洋经济权益、海洋经济的国际合作。

第五章，海洋制度经济，阐述海洋资源产权、海洋资源管理制度、市场失灵、产权与公共政策。

第六章，海洋环境经济，阐述海洋环境经济系统、海洋环境价值评估、涉海建设项目环境经济评价、海洋环境保护与治理。

第七章，海洋资源经济，阐述海洋资源的概念与基本特征、海洋资源的分类、海洋自然资源、海洋社会资源、海洋资源配置。

第八章，海洋产业经济，阐述海洋产业概述、海洋渔业、海洋工业、海洋服务业、海洋新兴产业、海洋产业结构演变规律与产业政策。

第九章，海洋贸易经济，阐述海洋贸易、海洋贸易经济的机制、海洋贸易活动的主要类型、海洋贸易的宏观调控。

第十章，海洋国防经济，阐述海洋国防经济的结构及运行、海洋权益与海洋国防经济发展、海洋资源开发中的海洋国防经济发展空间、强大海军建设中的海洋国防经济发展。

第十一章，海洋区域经济，阐述海洋区域经济基本概念、海岸带区域经济与海岛经济、国家管辖海域经济、大洋经济。

第十二章，海洋经济效益，阐述海洋经济效益评价理论、海洋宏观经济效益分析、海洋产业经济效益分析、海洋企业经济效益分析、涉海建设项目经济效益分析。

第十三章，海洋经济发展趋势，阐述海洋经济增长、海洋经济发展、海洋经济发展热点问题。

《海洋经济学》由全国知名海洋经济学家、中国海洋研究中心研究员、广东海洋大学原副校长、广东省普通高校人文社会科学重点研究基地——广东海洋大学海洋经济与管理研究中心主任朱坚真教授筹划编写提纲，组织中国海洋大学、上海海洋大学、广东海洋大学、大连海洋大学、浙江海洋大学、江苏海洋大学、海南大学、海南热带海洋学院、北部湾大学、华南师范大学、中国人民大学以及中国社会科学院加拿大研究中心部分教学科研人员，于 2017 年 11 月至 2018 年 11 月分工编写而成。2018 年 12 月至 2019 年 2 月，朱坚真教授组织国内外相关专家分两期会审，在结构、逻辑、内容等方面进行了修改并最终定稿。广东海洋大学管理学院周珊珊副教授、海洋经济与管理研究中心刘汉斌助理研究员协助朱坚真教授进行了部分统稿工作。

《海洋经济学》由朱坚真教授任主编，广东海洋大学周珊珊副教授、大连海洋大学贺义雄教授、上海海洋大学李欣副教授、中国海洋大学张小凡副教授任副主编。各章初稿撰写分工如下：第一章由朱坚真和周珊珊编写；第二章由姚朋和廖民生编写；第三章由闫玉科和陈海开编写；第四章由胡高福和张尔升编写；第五、七章由张小凡和贺赞编写；第六章由李欣和张涛编写；第八章由朱坚真和陈海开编写；第九章由朱大霖编写；第十、十三章由贺义雄和朱芳阳编写；第十一章由闫玉科和刘汉斌编写；第十二章由李欣和周珊珊编写。此外，辽宁师范大学李靖宇教授参加了部分审稿，广东海洋大学研究生杨昌鑫、田旭、何梦羽在收集、整理相关资料方面提供了帮助。

《海洋经济学》的出版得到了中国海洋大学、上海海洋大学、广东海洋大学、大连海洋大学、浙江海洋大学、江苏海洋大学、海南热带海洋学院、辽宁师范大学、海南大学、北部湾大学、中国人民大学以及华南师范大学、中国社会科学院加拿大问题研究中心、中国科学院南海研究所、国家海洋信息中心、国家海洋局海洋战略研究所、中国人民解放军海军学术研究所、山东省社会科学院海洋研究院等单位领导和专家学者的支持，得到了广东省普通高校人文社会科学重点研究基地——广东海洋大学海洋经济与管理研究中心、广东海洋大学经济学院、中央支持地方财政基金、广东省精品课程——海洋经济学、农林经济管理重点学科基金资助，本书全体编写人员在此深表谢意！在本书编写过程中，编写组参考了近几年出版的专著、教材和发表的论文，在此向原作者表示深切的谢意！

　　《海洋经济学》在编写过程中可能存在疏漏之处，恳请广大专家与读者指正。

《海洋经济学》编写组

2019 年 3 月

目　　录

第一章

总 论

学习目的

掌握海洋经济的基本概念、特点及海洋经济学的研究对象、内容、方法；了解海洋经济基本理论、基本框架、基本内容；认识海洋对经济社会发展的重要性。

第一节 海洋经济学的概念与范畴

一、海洋经济学概述

(一) 海洋经济学的内涵

对海洋经济学的定义，各个流派、各本教材的说法不尽一致，但大方向是明确的，它是随海洋经济实践活动的发展而不断发展的。

海洋作为人类生活的重要空间，是人类社会的重要组成部分。海洋经济学的产生，与人类从事海洋经济活动密切相关。海洋经济活动，是指人类以大海及其资源为劳动对象，通过一定形式的劳动支出来获取产品和效益的经济活动[①]。海洋经济活动，既要遵循自然规律，也要遵循经济规律。人们在海洋开发利用活动中，需要处理各种社会关系，因而需要经济理论指导，所遇到的问题需要在经济学中寻找答案。

1. 海洋经济的概念 20 世纪 70—80 年代，是中国海洋经济概念的初步提出时期。许多学者从自身专业背景、研究思路及实践经验入手，从不同角度对海洋经济进行了定义[②]。中国最早提出海洋经济这一概念的学者，是中国社会

---

① 杨克平，1985. 试论海洋经济学的研究对象与基本内容 [J]. 中国经济问题 (1)：24 - 27.

② 刘曙光，姜旭朝，2008. 中国海洋经济研究 30 年：回顾与展望 [J]. 中国工业经济 (11)：153 - 160.

科学院的著名经济学家于光远和许涤新，他们在 1978 年全国哲学社会科学规划会议上提出建立海洋经济新学科，引发一轮海洋经济研究热潮。此后，海洋经济这一概念广泛出现在各种专业论文上，但尚未有一个系统、完整的定义。

改革开放以来，随着海洋经济开发活动的不断深入，以及西方经济学思想、方法的引进，学术界从内涵与外延、广义与狭义等多角度深化了对海洋经济概念的界定，学者的看法呈现多元化特征。到 21 世纪初，学术界对海洋经济概念的界定，逐步显现出从陆域经济体系的附属到与其并立的新的经济体系，以及综合考虑海陆经济一体化因素的概念升级过程。其中，中国实际部门和学术界对海洋经济概念界定的代表性观点有：

2003 年，国务院颁布的《全国海洋经济发展规划纲要》中指出，"海洋经济是指开发利用海洋的各类产业及其相关活动的总和"。2005 年，国家质量监督检验检疫总局、国家标准化管理委员会发布的《海洋学术语　海洋资源学》（GB/T 19834—2005）中认为，海洋经济是"人类开发利用海洋资源过程中的生产经营管理等活动的总称"。

2000 年，广东海洋大学徐质斌教授在《建设海洋经济强国方略》一书中认为："海洋经济是从一个或同时从几个方面利用海洋经济功能的经济，是活动场所、资源依托、销售对象、服务对象、初级产品原料与海洋有依赖关系的各种经济的总称。"[①] 2003 年，广东海洋大学陈可文教授在《中国海洋经济学》一书中认为："海洋经济是以海洋空间为活动场所或以海洋资源为利用对象的各种经济活动的总称。海洋经济的本质是人类为了满足自身需要，利用海洋空间和海洋资源，通过劳动获取物质产品的生产活动。海洋经济与海洋相关联的本质属性是海洋经济区别于陆域经济的分界点，也是界定海洋经济内容的依据。按照经济活动与海洋的关联程度，海洋经济可分为 3 类：①狭义海洋经济，指以开发利用海洋资源水体和海洋空间而形成的经济；②广义海洋经济，指为海洋开发利用提供条件的经济活动，包括与狭义海洋经济产生上下接口的产业，以及陆海通用设备的制造业等；③泛义海洋经济，主要是指与海洋经济难以分割的海岛上的陆域产业、海岸带的陆域产业及河海体系中的内河经济等，包括海岛经济和沿海经济。"[②]

在国外，海洋经济（ocean economy）这一术语，只是在少数涉海经济研究中偶尔出现。如苏联的布尼奇 1975 年的《海洋开发的经济问题》和 1977 年的《大洋经济学》，未使用"海洋经济"一词。1999 年美国开始实施的"全国

---

① 徐质斌，2000. 建设海洋经济强国方略［M］. 济南：泰山出版社：23-30.
② 陈可文，2003. 中国海洋经济学［M］. 北京：海洋出版社：4-12.

海洋经济计划"（The National Ocean Economics Program，NOEP）将美国的涉海经济划分为"海岸带经济"（coastal economy）和"海洋经济"（ocean economy）两大类，其对海洋经济的定义是"包括全部或部分源于海洋和五大湖资源投入的经济活动"。美国海洋政策委员会在《美国海洋政策要点与海洋价值评价》中将海洋经济定义为："直接依赖于海洋属性的经济活动，或在生产过程中依赖海洋作为投入，或利用地理位置优势，在海面或海底发生的经济活动。"[①] 美国学者 Judith Kildow 提出，"海洋经济是指提供产品和服务的经济活动，而这些产品和服务的部分价值是由海洋或其资源决定的"[②]。

本书在综合国内外已有海洋经济概念的基础上，对海洋经济定义如下：海洋经济是人类开发利用海洋资源而形成的各种经济关系的总和。海洋资源主要包括海洋水体、动植物、矿产、能源、海底、海面、岛礁及海面以上的空间等资源。

2. 海洋经济的主要特点[③]

（1）整体性。海洋作为一种资源，对海洋经济的支持作用体现为一种立体效应，即海面、水体、海底均可作为海洋经济活动的开发对象。海洋资源的开发利用具有相互依存性。海面可用来发展航运，水体可作为捕捞和养殖的场所，而海底可用来开采石油、天然气和矿产等。各部门、各企业和各区域之间，以海洋水体为纽带建立了特定联系，突破了陆地空间距离的限制，使海洋经济具备了很强的整体性。海洋的这种空间整体性为海洋经济的发展提供了广阔的空间，使得海洋经济具有极大的增长潜力。

（2）综合性。海洋经济不是单一的部门经济或行业经济，而是在多学科整合的基础上发展起来的，它涉及经济学、海洋学、地理学、管理学、社会学、科学学、技术学、工程学、生物学、数学、政治学、法学和历史学等多学科知识，是人类所有涉海经济活动的总和，其范围覆盖国民经济的第一、二、三产业。海洋经济，既包括开发利用海洋资源的直接的生产活动，也包括为上述生产活动提供服务的相关产业；既包括物质生产部门，也包括非物质生产部门。这些产业活动形成的经济集合均被视为现代海洋经济范畴。

（3）公共性。海洋资源是公共资源，只能由国家所有而不能由某个人或某企业所拥有。海洋资源的公共性，决定了海洋资源开发利用上的共享性与竞争

① 狄乾斌，2007. 海洋经济可持续发展的理论、方法与实证研究 [D]. 大连：辽宁师范大学：12-19.

② 石洪华，郑伟，丁德文，等，2007. 关于海洋经济若干问题的探讨 [J]. 海洋开发与管理 (1)：80-85.

③ 程娜，2017. 可持续发展视阈下中国海洋经济发展研究 [M]. 北京：社会科学文献出版社：19-21.

性并存。资源的共享性，使得所有个人和企业不需要付费，或只需要付很少的费用，就能开发利用。资源的竞争性，使得开发利用有限的海洋资源的个人和企业出现拥挤，过量使用海洋资源造成资源的破坏、衰退甚至枯竭。

（4）区域性。海洋经济学的研究对象不是单一部门经济，而是以海洋这一自然地理单元为基础的一切活动，因此，在某种程度上讲，海洋经济学是一门区域经济学。由于人类社会群体的活动离不开一定的地理区域，在某种意义上，海洋经济与沿海区域是一致的。在当今的地球上，沿海区域生活着庞大的人口群体，形成一个强大的滨海社区，这是海洋经济活动的主体。

（5）高技术性。海洋经济是随着社会发展、科技进步尤其是海洋产业兴起而不断发展的。20世纪前，由于科技产业化水平较低，海洋经济活动仅局限于海洋捕捞业、海水制盐业和海洋运输业，产业开发规模较小，发展速度较慢。进入20世纪以来，随着科技产业化水平的逐步提高，人们对海洋的认识不断加深，海洋经济活动的范围不断扩展。海洋经济的发展与人类科技产业化水平密切相关。

（6）关联性。海洋水体的连续性和贯通性，使海洋的海岸带、海区和大陆架连为一体，也使各国领海、专属经济区和公海连通在一起。海洋的连续性和贯通性决定了海洋经济具有关联性。海洋水体的流动属性使得海洋生物等资源具有水平方向迁移的特点，如鱼类的洄游不受地域和国界的限制，水质污染也会随着海洋水体的流动扩散至相关联的国家或地区。

（7）复杂性。海洋经济活动的场所与陆域经济不同，具有多变性。例如，海洋油气、矿产开采主要在海上进行，船舶制造则主要在陆地上，海洋药业既要从海洋获取原材料又要在陆地上进行加工制造。因此，不同的海洋产业经济活动，其生产场所是不同的。这种生产场所的多变性在一定程度上决定了海洋经济的复杂性。海洋经济的复杂性主要表现在生产成本、产出效益及统计分析的复杂性。

（8）高风险性。海洋经济活动很多在海上或近岸进行，这类经济活动经常遭受海洋自然灾害的影响，使得海洋经济比陆地经济具有更大的风险性。尤其是台风、海啸、赤潮等自然灾害，具有破坏强度大、波及范围广等特点，对海洋捕捞业、海洋运输业、海洋油气业危害巨大。

（二）海洋经济学的范畴

本书认为，海洋经济学既是以往海洋经济观点、观念、原理、政策、理论等的集成，也是进一步深化海洋经济研究的前提和基础。海洋经济学在中国已经初步成长为一门相对独立的经济学科，但作为二级经济学科在高等院校开展教学与科研，尚有一段较长的路要走。

从学科特点讲，海洋经济学是一门基础性应用经济学。由于海洋经济学是运用理论经济学的研究成果揭示海洋资源开发、利用、保护等经济领域的经济关系及其运行规律，直接指导海洋经济各类活动实践，以实现其符合人类目的性的科学发展，所以海洋经济学属于应用经济学。海洋经济学作为社会科学，着重研究海洋经济的社会方面，但海洋经济学对其特定研究对象的研究探求，是离不开其他与海洋有关的社会科学和自然科学的知识支持的。由于交叉面广、边际范围宽，所以海洋经济学也是一门边缘性和综合性较强的应用经济学。

1. 海洋经济学与海洋自然科学　海洋经济学与一般经济学不同，必须以海洋自然科学为基础。海洋资源是整个海洋经济活动的基础。所有的海洋经济生产部门都直接或间接与海洋资源原材料及其产品的消费发生联系。海洋资源的集中程度、组合方式和地理区域差异正是海洋经济发展的先发因素。

海洋经济学是揭示各海洋产业经济活动及其规律的科学，而各海洋产业活动要以海洋物理、海洋化学、海洋生物、海洋工程等自然学科为基础才能进行描述归纳提升。

地球是太阳系中唯一拥有大量液态水的星球，而海洋是连接地球上大多数国家和地区的纽带，是地球上最广阔的自然地理区域，是地球上生命诞生和繁衍的地方。地球环境系统包括大气圈、水圈、岩石圈和生物圈等基本单元。水圈是地球表层的水体，是生命的源泉，生命因为有了水而显得生机勃勃。海洋是水圈的绝大部分，占水圈总水量的 96.5%（表 1-1）。水圈既是地球的一个独立单元，又渗透到大气圈、岩石圈和生物圈，与之共同构成地球适合动植物生存的环境，而海洋环境是地球环境的重要组成部分。

表 1-1　地球水圈的构成

水　体	面积 （万 km²）	体积 （万 km³）	平均深度 （m）	占水圈总水量 （%）
海洋	36 130	133 800.0	3 700	96.5
地下水	13 480	234.0	174	1.7
土壤水	8 200	1.7	0.2	0.001
冰川和永久积雪	1 622	2 406.4	1 163	1.74
永久冻土层的地下水	2 100	30.0	14	0.022
湖泊	205	17.6	85.9	0.013
沼泽	268	1.1	4.28	0.000 8
河流	14 880	0.2	0.013	0.000 2
大气水	51 000	1.3	0.025	0.001

资料来源：国家海洋局，1989. 中国海洋政策 [M]. 北京：海洋出版社.

　　烟波浩渺的海洋蕴藏着极为丰富的自然资源，这些尚未充分开发利用的自然资源和环境空间，是解决全球资源环境问题的重要途径。如海洋能提供60％左右的水产品，20％以上的石油和天然气，约20％的原盐以及足够多的金属矿产资源。海洋中的生物资源达20多万种，其中动物约18万种，植物2万余种。在动物中有鱼类2.5万种，是人类利用海洋生物资源的主体。据测算，世界海洋鱼类年生产量估计值为6亿t（鲜重），在不破坏生态平衡的条件下，每年最大持续渔获量估计为2亿～3亿t。

　　海洋中的矿物资源十分丰富。据估计，世界各大洋锰结核矿的总储量约3万亿t。这种锰结核矿含有多种稀有金属元素，可供人类使用2亿～3亿年。海洋石油资源的储量在750亿～1 350亿t，如将天然气计算在内含量会更大。海滨砂矿和海底煤炭等储量也极为可观。海水中富含多种元素。海洋能，主要是潮汐能、波浪能、温差能、海流能、潮流能和盐差能等的利用，具有广阔的前景。丰富的海洋生物资源和矿物资源是发展海洋经济的物质基础[①]。

　　2. 海洋经济学与科学技术　　科学技术发展推动海洋新兴产业发展，从而使海洋经济活动日益丰富，从质和量上产生新的飞跃。在世界经济发展日新月异的今天，新一轮海洋竞争中最重要的是经济实力的竞争，而推动经济发展的最大动力是科技进步。在新经济条件下，现代海洋勘探、开发技术融合了各方面的高技术、新技术，成为知识技术密集、资金密集的综合性社会经济活动。谁能最早、最好地开发利用海洋，谁就能获得最大效用。20世纪80年代以来，美国、日本、英国、法国、德国等发达国家纷纷制定海洋发展规划，提出优先发展海洋高新技术战略。海洋高科技在海洋石油天然气及其他矿产开采、海水养殖、海水淡化、海洋交通运输、海水综合利用、海洋能利用、海洋空间利用和海洋工程等领域的发展非常迅速，已经成为推动海洋产业群和海洋经济支柱产业不断发展和扩大的重要力量，成为带动海洋经济发展的重要力量。

　　3. 海洋经济学与人文社会学科　　海洋经济学是一门新兴学科，是介于应用经济学与理论经济学之间的边缘学科。它是把理论经济学的基本原理应用于海洋经济活动的实践，在实践的基础上进行经验总结、理论抽象，揭示客观规律，并为海洋资源的开发、利用和海洋环境的保护服务的综合性基础学科。在不同的社会中，由于人的生产、生活及交往方式不同，其群体特征呈现多元性。根据海洋社区功能区划的差异，海洋社区可以划分为海洋渔业社区、海洋旅游社区、海洋工业社区、海洋军事社区等类型。涉海产业组织有着明显的行业与地域社会组织特征，使得社会学的调查方法和研究模式成为海洋经济学的

---

　　①　朱坚真，2010. 海洋资源经济学［M］. 北京：经济科学出版社.

重要研究方法。

4. 海洋经济学与海洋渔业经济学 长期以来，许多国内外学者将海洋经济学等同于海洋渔业经济学。我们认为，海洋渔业经济学是一门海洋部门经济学，是海洋经济学的重要组成部分，而不能等同于海洋经济学。目前中国高等学校本科专业目录已将海洋经济学专业设置代码为 020116，冠名以"海洋经济学"或类似称谓的著作也已出现，分析架构多数分生产力与生产关系两大方面。这说明海洋经济学在中国已经初步成长为一门相对独立的经济学科。而在西方学界，海洋经济学（marine economics）还未单独成形，在美国某些高校（如 Carleton University），"海洋经济学"往往作为"资源与环境经济学"课程中的一个附带的应用性讲题而存在，或者将"海洋经济学"简单地定义为"海洋渔业经济学"。

第二节 海洋经济学研究的对象与内容

一、海洋经济学研究的主要对象

海洋经济学作为经济学的分支，有其特定的研究对象。海洋经济学的研究主要集中在海洋经济活动领域。海洋经济活动依赖于人类劳动和海洋资源两种基本要素。海洋经济学的研究对象就是针对这两种基本要素展开的，具体包括两个方面：①人类在涉海生产中的劳动；②海洋资源。劳动反映的是人与人之间所形成的关系，劳动也是人类在社会中维持自我生存和自我发展的唯一手段。按照传统的劳动分类理论，劳动可分为脑力劳动和体力劳动两大类。海洋资源反映的是人与资源之间的关系。海洋资源是指形成和存在于海洋中的有关资源，通常包括海水中生存的生物，溶解于海水中的各类化学元素，海水波浪、潮汐及海流所产生的能量，滨海、大陆架及深海海底所蕴藏的矿产资源，以及海水所形成的压力差、浓度差等。广义的海洋资源还包括海洋为人们的生产、生活和娱乐所提供的所有海洋空间和设施。

经济学研究的一个重要方面就是探求如何实现资源的有效配置，如何建立公平合理的分配制度。效率与公平是经济学永恒的主题。中国著名经济学家陈岱孙教授曾经说过，经济学包括两个方面的内容：一是意识形态的，一是技术性的[①]。作为经济学的分支研究领域，海洋经济学的研究既要讨论资源转化为财富的生产问题，又要讨论财富合理分配的社会问题。这两者不可或缺，缺少

---

① 黄世贤，2007. 经济学需要人文关怀［N］. 光明日报，02-27.

任何一方面都无法理解和掌握海洋经济发展的全过程，无论是片面追求效率的最大化，还是片面追求公平的最大化，都将是对海洋经济发展的一种伤害，二者的辩证统一才是海洋经济学研究对象的全部内容。

海洋经济的发展关系到国家经济的稳定。我们应该运用经济学原理，结合当前的实际，建立更和谐、更合理的海洋社会发展经济制度；同时，也应该运用经济学原理，合理地配置海洋资源，提高海洋资源的利用效率。既要加强"公平"，又要提高"效率"，更要充分发挥政府这只"看得见的手"的调控作用。既要防止因过分强调公平而影响效率，又要防止因过分强调效率而伤害公平。在两者的均衡中，保证社会经济体系平稳运行，这也是社会主义经济发展的客观要求。

二、海洋经济学研究的主要内容

海洋经济学研究的主要目的是有效处理海洋经济活动中的各类经济关系，不断提升海洋开发的效益。根据海洋经济学的学科性质，以现代经济学理论和可持续发展理论为依据，现代海洋经济学研究的内容包括以下几方面：

（一）海洋经济学的宏观研究

海洋经济学的宏观研究是对整个海洋经济的运行方式与规律的研究，是从总量上分析海洋经济问题，从整体角度考察一国海洋经济的聚合特征与政策模式。海洋经济学的宏观研究侧重从总量（而非结构）角度研讨一国海洋经济总体增长与发展问题，其内在的局部性产业结构与区域结构机制可在海洋经济学中观层次得到解释，其个体行为机制可由海洋经济学微观部分予以说明。因此，海洋经济学宏观层面研究的主要内容包括：

1. 海洋经济宏观战略分析

（1）海洋经济活动的总量分析。海洋经济学的宏观研究将海洋经济系统作为一个整体来进行研究，主要是对海洋经济活动的总量进行分析，探求海洋经济总量供给与总量需求的均衡；研究海洋经济在整个国民经济中的地位和作用，构建海洋经济核算体系；对影响海洋经济总量的各类资源数量进行统计，对海洋经济发展状态、协调程度、失调原因和变化原因做出科学合理的解释，从而在整体上提高海洋经济的可持续发展能力。

（2）海洋区域经济发展规划。海洋区域经济发展规划是对海洋经济发展进行总体上的计划和时空上的安排，即对海洋经济可持续发展的规模、优先次序和空间布局等的总体构想。海洋区域经济规划，一方面，科学、客观地反映海洋经济运行情况，便于人们系统而准确地把握海洋经济活动特征和发展规律，促进海洋经济良性发展；另一方面，根据海洋经济发展的情况，推动人们对未来海洋经济系统的结构、功能进行适当的调整，为海洋经济良好发展的实现提供切实可行的决策方案。

（3）海洋经济安全体系构建。海洋经济健康快速发展离不开良好的海洋经济安全体系，良好的海洋经济安全体系可以为海洋经济健康发展提供稳定的保障。当前，我国海洋经济环境受到两方面的影响：一方面是来自周边国家海权的纠纷，另一方面来自管理体制的不完善。针对这两大潜在影响因素，我们必须采取有效的措施消除潜在影响。中国海域面积辽阔，维护好中国现有的每一寸海域，是时代赋予我们的历史使命。海洋疆域和陆地疆域一样，要做到"寸土必争"，因此，建立一支装备先进、执法有素的海上执法队伍显得尤为重要。为实现中国对海洋经济的高效管理，应当结合基本国情，采用渐进式改革建立海洋综合管理体系，逐步积累经验。

2. 经济、生态、社会并重发展

（1）海洋经济发展。20 世纪 90 年代以来，中国把海洋资源开发作为国家发展战略的重要内容，把发展海洋经济作为振兴经济的重大措施。近 30 年来，沿海地区经济快速发展，对海洋产业的投入力度逐年增加，为海洋经济的持续、稳定、快速发展奠定了基础。海水养殖、海洋油气、滨海旅游、海洋医药、海水利用等新兴海洋产业发展迅速，有力地带动了海洋经济的发展。

（2）海洋生态发展。据有关机构估算，全球海洋每年为人类所提供的生态服务价值为 461 220 亿美元，平均每平方千米的海洋每年给人类提供的生态服务价值约为 57 700 美元。因此，在发展海洋经济时，要注意保护海洋生态。海洋生态保护要从污染防治型向污染防治与生态建设并重型转变，要增强全社会各方面的海洋保护意识，健全海洋资源开发与保护的制度，做到防患于未然，为海洋经济持续发展提供基础。

（3）海洋社会发展。海洋社会是人们在海洋经济活动过程中形成的人与人之间关系的总和，它是随着海洋经济的发展逐步形成的。从某种意义上讲，沿海城市就等同于海洋城市社会。海洋沿岸的社会群体通常以从事海洋经济活动为主。海洋社会的崛起和迅速发展，是同人类社会的现代化进程统一的。为满足国家和地区对外经济和贸易的需要，许多沿海城市建起对外开放港口、自由贸易区、保税区和高科技园区，近岸海域成为资本输出、对外贸易和吸引外国投资的集中区域。海洋社会具有鲜明的开放社会特征。

3. 国际交流与合作模式探索　博鳌亚洲论坛原秘书长龙永图曾说过："中国越开放，经济越安全""对一个产业来讲，不发展不开放，才是最大的不安全"。这是对中国经济发展策略的经典论述。在这种经济发展的大形势下，海洋经济作为整个经济体系内的一个子系统也要适应这样的发展趋势。特别随着经济全球化的进一步发展，海洋经济将会面临更开放的发展环境，因此更要整合好国内的资源，以在国际市场上赢得有利条件，变得有韧性，从而在激烈的竞争中充满竞争力。

海洋对外经济合作既有挑战又有机遇。我们应该调整对外合作策略，以适应当前激烈竞争的国际经济形势，把海洋对外经济合作向深度和广度推进，引进资金、技术和智力，发展中国的海洋事业，推动海洋经济和海洋产业的发展。在总体的把握上，应该是继续贯彻改革开放的各项方针政策，继续执行经济合作中"有取有予""以我为主"的原则，积极参与、量力而行，多渠道、多形式地开展各种方式的经济合作。

（二）海洋经济学的中观研究

1. 生产要素的有效结合方式

（1）区域布局要合理。以中国为例：由于中国海洋疆域辽阔，不同区域的经济发展水平相差较大。从整体上来讲，沿海地区是中国经济聚集度最高的地带，但也存在海洋经济发展不平衡的现象。从中国沿海 11 个省份来看，上海市的海洋经济总量在中国沿海省份是最高的，天津市海洋经济总量仅次于上海市。近年来，广东省、浙江省、江苏省海洋经济保持快速增长，产业结构不断优化，基础设施建设加快推进，新兴产业不断涌现，海洋经济发展促进国民经济和社会发展的作用日益凸显。面对海洋区域经济水平发展的差异，中国应该根据区域优势，合理划分区域分工，加强区域间的统筹协调发展，正确处理局部利益与长远利益的关系，推进和深化区域间的合作。

（2）城乡发展要协调。目前，世界人口的 3/5、中国人口的 1/3 居住在沿海地区。聚集的人口规模加快了沿海社会经济的发展，同时加快了沿海城市的扩张速度，促使沿海城市规模不断扩大，公共基础设施和公共服务水平也不断提高。相反，沿海渔村发展迟滞，公共投入明显不足，公共设施严重匮乏。优势资源向城市集中的发展过程，导致渔村人口倾向于往城市迁移，进而影响了对渔村生活应有的关注，使沿海城乡的差距拉大。而缩小沿海城乡差距，要从经济上加大对渔村的财政转移支付力度，缩小城乡居民收入差距；从发展上完善渔村基础设施，为渔民提供一个宜居、宜业的环境；从管理上加强渔村组织机构建设，实现城乡基本公共服务均等化。同时，要加快推进城镇化步伐，推动渔村人口和劳动力转变为城市人口，促进海洋第一、二、三产业均衡发展，赋予城乡公平的发展机会，使城乡的生产经营方式发生根本性转变。

2. 海洋产业的布局安排 海洋经济学中观层面从产业角度看主要研究不同海洋产业的总量特征、各产业细类之间的关联和产业经济管理及政策基本模式。海洋资源开发总是表现为产业形式和空间状态，因此，海洋经济发展状态必须要从海洋产业及其空间布局来描述。在市场化、国际化、技术化的背景下，海洋经济逐渐成为国民经济的重要增长点和支撑点，海洋产业在沿海地区产业结构调整以及经济格局重组过程中的战略作用也日益凸显。因此，合理调整中国海洋产业的布局对于中国海洋经济的发展和海洋产业结构的合理化升级具有重要的理论价值和现实意义。

3. 海洋资源开发与管理 由于海洋资源立体分布，海洋社会活动涉及农业、交通、国土、国防、石油、船舶、旅游等几十个部门，群龙闹海、各自为政的海洋社会管理体制降低了海洋管理效率。随着海洋社会分散管理体制弊端的逐步显露，可以整合中国海监、中国海事、渔政港监、公安边防和中国海关各支队伍，在现有的海洋社会管理力量基础上组建一支力量强大的具有中国特色的海洋社会综合执法队伍，提高海洋管理能力，实现对海洋资源的有效开发。

（三）海洋经济学的微观研究

微观经济学是一门关于人们选择行为的科学。在"经济人"假设下，微观经济学主要研究经济决策主体如何通过选择来实现稀缺资源的有效配置。海洋经济学研究的微观层面，旨在揭示某区域某海洋产业背景下具有一般性的微观主体经济行为及其交互特征，主要是运用微观经济学理论研究海洋资源配置的市场机制。

1. 资本要素配置与运营 微观经济学主要解决的是资本要素配置问题，即生产什么、如何生产和为谁生产的问题，以实现个体效益的最大化。市场并非万能（如垄断市场的低效率），市场机制在很多场合不能引导资本要素进行有效配置，这种情况被微观经济学称为"市场失灵"。为了克服和超越市场失灵带来的资源配置扭曲和低效率，政府这只"有形的手"介入经济发展的大潮之中就成为经济发展的客观需要。针对海洋渔业资源严重衰退，近岸海域生态环境恶化，海域使用争议不断，海洋资源开发混乱无序，渔民转产转业困难，传统优势海洋产业面临严峻挑战，新兴海洋产业产值和增加值占比较低，港口海运、临港工业的发展优势尚未得到充分发挥等海洋经济发展中所遇到的问题，政府需要发挥自己"有形的手"的作用进行管理，从而实现海洋资本要素合理配置与运营。

2. 人力资本开发与管理 海洋人才是发展海洋事业的重要资源，也是实现海洋强国战略的重要保障。尽管中国的海洋人才储备无论是在数量上还是在质量上都有提升，但依旧满足不了中国海洋工作的实际需要。因此，要根据海洋事业的发展要求，进一步创新海洋人才培养模式。按照海洋事业发展的要求，海洋人才大致可以分为两大类型：海洋自然科学人才和海洋社会科学人才。海洋自然科学人才包括海洋科学、海洋技术、海洋工程等专业人士，我们可以形象地称他们为海洋事业"硬件"方面的人才。海洋社会科学人才包括海洋法律、海洋管理、海洋经济、海洋政治、海洋人文社会方面的人才，我们称其为海洋建设中"软件"方面的人才。此外，海洋经济的发展需要培养一批德才兼备标准，领导经济工作的人才。

3. 技术的创新与管理 科技创新能力决定中国何时从海洋大国走向海洋强国。就海洋科技对海洋经济发展的贡献率而言，世界主要发达国家的海洋科技对海洋经济的贡献率已经超 70%[①]，海洋科技是当今世界三大尖端科技领域之一，谁在海洋高新技术方面领先，谁就会在世界海洋竞争中占据主动，就能从海洋中获得更多的资源和更大的经济利益。为提高海洋经济活力，维护国家利益，要采取多种措施，为海洋科技的发展创造有利的条件。如建立和完善市场经济机制，大力提高海洋科技创新成果应用水平，实施海洋科技"引进来，走出去"战略，密切国际合作，走海洋产业国际化之路。

第三节　海洋经济学研究的主要方法

学科一旦有了自己的方法，也就建立了独立性。方法的进步能促进理论发展，反过来，新的理论概念又促进新方法发展[②]。因此，研究方法对海洋经济学的理论创新与发展发挥着至关重要的作用。只有运用科学的研究方法，才能建立科学的海洋经济学理论体系。目前无论是基于海洋经济发展的现实需求，还是实现海洋强国建设的客观要求，海洋经济学研究方法都需要进行进一步完善与发展。

在研究方法上，海洋经济学研究需要积极借鉴一般经济理论与社会学、环境科学等其他学科的研究成果，吸纳其中有益于揭示海洋经济运动规律的成分，从中整合或创设出具有较高范例性质与实用价值的技术工具。

---

① 卫梦星，殷克东，2009. 海洋科技综合实力评价指标体系研究 [J]. 海洋开发与管理（8）：101-105.

② 博兰，2000. 批判的经济学方法论 [M]. 王铁生，等，译. 北京：经济科学出版社：11-23.

一、理论经济学的研究方法

西方经济学虽然是随着近代资本主义经济发展而产生的一门资产阶级经济学，但同时也是反映市场经济发展规律的科学。因此，在社会主义市场经济条件下，海洋经济学也可采用西方经济的方法研究问题。这些方法主要是：

1. 规范研究与实证研究方法 研究海洋经济问题，主要目的是揭示研究对象之间本质的而不是表面的、稳定的而不是偶然的联系，揭示海洋经济变量之间的因果关系。一种经济理论只有当它既能够反映已有的事实和联系，又能够真正预测将来事物发展的情况，还能经受实践的检验时才是科学的。这种阐述客观事物"是怎样"的研究方法叫实证研究方法。海洋经济学主要采用实证的研究方法，通过对海洋经济发展过程中的大量事实的研究，建立科学的海洋经济理论。但是，海洋经济学研究的目的，不能停留在对经济现象的描述和解释上，或者预测将来可能发生的情况和变化上，其更重要的是在实证研究的基础上，为实现海洋经济发展的目标提出行之有效的方针和政策，也就是说，要告诉人们"应该怎样"行动。经济学的这种分析方法被称为规范研究。海洋经济学的研究离不开实证研究，也少不了规范研究，归根结底是需要这两种研究方法的和谐统一。

2. 均衡分析与过程分析方法 均衡分析与过程分析是微观经济学和宏观经济学都使用的两种分析方法。均衡，亦称平衡。所谓经济均衡，是指这样一种状态：经济决策者（作为消费者的个人、厂商）在权衡抉择其使用资源的方式或方法的时候，认为重新调整其配置资源的方式已不可能获得更多的好处，从而不再改变其经济行为，或者相互抗衡的力量势均力敌，所考察的事物不再发生变化，就称所研究的事物已达到均衡状态。均衡分析是在研究问题的诸多经济变量（因素）中，假定自变量为已知的和固定不变的，然后考察当因变量达到均衡状态时候会有的情况和为此所需具备的条件，即所谓均衡条件。而在经济周期波动分析中，论及社会经济发展将怎样影响海洋经济发展，或者相反，海洋经济发展将怎样影响经济发展，则属于经济的过程分析。

3. 静态分析、比较静态分析与动态分析方法 微观和宏观经济分析中所使用的分析方法，可分为静态、比较静态和动态三大类。静态分析总是与均衡分析联系在一起的。之所以称为静态分析，是因为所分析的问题的自变量被假定为既定的，在此前提下考察有关因变量达到均衡状态时的情况。例如在考察某种海洋产品的均衡价格和均衡产量时，假定已决定了它们的自变量，即该商品的需求状况和供给状况是已知和不变的，这时来考察供给与需求达到平衡状态时应有的价格和产量。现在假定人们对该海洋产品的嗜好有增加，以致在原有任一价格下的需求量较之前增加，或者在价格较之前提高的情况下，人们的需求量仍不变。如果假定供给状况不变，则相应的均衡价格和均衡产量较之前增加。对于同一个问题，当我们是考察自变量的变化会引起相应的因变量的均衡值发生变化的时候，称为比较静态分析法。比较静态分析法与动态分析法不同之处在于，前者是考察在已知的自变量发生变化后因变量达到均衡状态时应有的情况，而后者则是考察经济活动之实际的发展变化过程，这个发展变化过程，可能是逐渐走向于均衡，也可能是有关经济变量呈周期性上下波动，还可能是越来越背离均衡。

二、哲学与系统论方法

海洋经济学的方法论基础是马克思主义哲学。马克思主义的历史唯物主义和辩证法是一切社会科学的方法论基础，也是海洋经济学的方法论基础。海洋经济有着漫长的发展历史，经过了远古阶段、古代阶段、近代阶段和现代阶段几个历史阶段。用历史唯物主义和辩证法来认识这一阶段与那一阶段海洋经济的差别，可发现它们之间既是相互依存又是相互否定的一个辩证发展的历史过程。

系统论的方法是现代科学的新成果。系统论方法是指应用系统科学的理论研究事物整体规律的科学方法。系统论方法把综合作为出发点和归宿点，把分析和综合贯穿于过程的始终，突破了传统分析方法的局限性，为研究结构复杂、功能综合、因素众多的各种现代"大系统"提供了重要的理论和方法。海洋经济既是一个涉及海洋、陆域经济多层次的经济结构和产业结构体系，也是一个海洋各产业各行业相互联系和作用的有机整体，更是一个开放系统①。复杂的海洋经济系统的发育，以丰富的海洋资源生态系统为支撑，以发达的社会（陆域）经济系统为拉动，以海洋产业系统为结构，通过需求、竞争、科技进步，最终实现海洋经济系统结构的提升，推动海洋经济的可持续发展。因此，要把海洋生物界、海洋经济、陆域经济看成一个以系统形式存在的有机整体，以系统论的观点，找出构成系统的各要素，分析系统各要素的层次性及各要素的构成，揭示区域海洋经济系统的整体性、结构性、层次性和有序性。

---

① 尹紫东，2003. 系统论在海洋经济研究中的应用 [J]. 地理与地理信息科学（3）：84 - 87.

三、数学与经济模型方法

数学是研究事物数量关系变化的一门科学。海洋经济学在研究海洋经济现象时，不仅要研究海洋经济现象质的变化，而且要研究海洋经济现象量的变化。因此，要将数学方法运用在海洋经济研究之中，这可以为政策制定者在政策预测、评估方面提供方便、降低研究成本。

经济模型是指用来描述所研究的经济现象之间及有关经济变量之间的依存关系的理论方法。一个经济模型是指论述某一经济问题的一个理论，传统的方法多采用文字来说明，但也可以使用描述变量函数关系的一个或一组数学方程式来表示。在大多数场合，经济模型可用几何图形的方式来表现。

经济现象不仅错综复杂，而且变化多端，所有的数学分析工具都只是试图在理论上揭示现实的实质，并解释、预测或评估与现实相关的规律和事件，难免会与实践不吻合。理论联系实际告诉我们要根据具体的情况来选择合适的方法，而不是一味地将深奥的数学公式奉为圭臬。如果客观需要而且适合用数学与经济模型的方法来表现海洋经济学理论时，可以根据所遇到的问题和所采用的分析方法的不同，建立起各种各样的海洋经济静态模型和海洋经济动态模型。

第二章
世界海洋经济发展的三次浪潮

学习目的

掌握世界历史上海洋经济发展 3 次浪潮的标志性事件；理解海洋经济的发展历程；认识海洋经济发展对经济和社会发展的重要性。

第一节　第一次海洋经济发展浪潮对全球的影响

一、世界性海洋经济的产生

宫崎正胜在《航海图的世界史》中说，在海洋成为历史的焦点之前，在海洋经济成为历史的扳道工之前，以欧亚大陆为中心的历史舞台，还不到整个地球大陆面积的 1/3，要想把整个地球作为历史的舞台，就必须将五大洲和三大洋连接在一起。直到人类开辟出"海上航线"之后，我们的世界才像现在这样成为一个整体[①]。从远古到古代、到中世纪，世界没有连接成一个整体，整体的世界史也就无从谈起。海洋经济正是整体的世界史的产物，在世界成为一个整体之前，规模的、综合的海洋经济是无从谈起的。

1492 年，哥伦布指挥"圣玛利亚"号出发，探索新大陆，开启了世界历史的新纪元。1493 年，教皇子午线划定，亚历山大六世为西班牙和葡萄牙划定新世界领土。1498 年，哥伦布终于发现了南美大陆，开辟出作为海洋经济标志的远洋航线，也开启了现代世界作为一个整体的历史。1519 年，葡萄牙的费迪南·麦哲伦开始环球航行，发现了沟通太平洋和大西洋的海峡等。利用季风在大西洋上航行的消息在欧洲传开之后，重达几十吨的大型船只也可以轻

---

① 宫崎正胜，2014. 航海图的世界史［M］. 朱悦玮，译. 北京：中信出版社：4.

易地在海洋上往来航行，标志了远洋航海、航运乃至世界历史的第一次海洋经济发展浪潮的到来。

从最初几十吨载重的船只，到 16 世纪中叶发展出来载重 500～600t 的大型船只，远洋运输船制造技术的更替以加速度的方式促进了远洋运输。最后，载重 1 000t 以上，船身细长、吃水很浅、速度极快的大型商船——盖伦帆船应运而生。美洲、欧洲和亚洲 3 个世界间的远洋贸易额大幅增加[①]。当西欧各国意识到航海、远洋航运和制海权的意义和利益所在之后，海路和远洋航线意味着自由贸易的开始，而贸易则是西欧各国争先的必由之路[②]。

因此，早在 1504 年，法国就开始和西班牙发生海上冲突。葡萄牙人对印度洋和马六甲海峡的控制遭到越来越多的挑战[③]。英国人相比较先入者，更加精通航海技术，其航海业的发展也非常迅速[④]。1588 年，英国舰队摧毁西班牙无敌舰队，催生了第一次海洋经济浪潮中的"日不落帝国"——英国。1600 年，哥伦布发现新大陆以后，英国旨在从事东方远洋贸易的东印度公司成立。

16 世纪，近海和远洋贸易都有荷兰人的身影。阿姆斯特丹的九大商业巨头联合组建了大型的远洋公司，以财团形式插足西印度群岛贸易，远洋航运的成功和获利让荷兰商人浮想联翩。至 1601 年，有超过 65 艘荷兰商船扬帆出海，1602 年，联合东印度公司挂牌成立，是 18 世纪之前最强大的商业集团之一，并且很快成为东亚贸易和远洋运输的霸主。海洋经济时代的白热化竞争由此拉开序幕。

二、第一次海洋经济发展浪潮的深远影响

1. 促进海洋贸易与航海技术的发展　得益于远洋航海线路和内河航运系统，欧洲的商业迅速发展，最终影响了所有欧洲人的生活。巨大的商业利润使原本经济落后的西欧各国大步迈进了经济前沿之列，大型港口城市——伦敦、阿姆斯特丹和安特卫普应运而生，出现了囊括产品全部生产过程的特大型工厂。1818 年，纽约和利物浦之间开启了每周横跨大西洋的定期客运商业服务。

---

①　宫崎正胜，2014. 航海图的世界史 [M]. 朱悦玮，译. 北京：中信出版社：151.
②　布罗代尔，1992. 15～18 世纪的物质文明、经济和资本主义：第 1 卷 [M]. 顾良，施康强，译. 北京：生活·读书·新知三联书店：483.
③　沃勒斯坦，1998. 现代世界体系：16 世纪的资本主义农业与欧洲世界经济体的起源：第 1 卷 [M]. 尤来寅，路爱国，等，译. 北京：高等教育出版社：428.
④　史蒂文森，2007. 欧洲史：1001—1848 [M]. 董晓黎，译. 北京：中国友谊出版公司：265.

到 1845 年，纽约大约有 52 条横跨大西洋的航线经营沿海和跨洋贸易。同一年，具有革命性意义的快速帆船下水，其容量是老式商船的两倍①。

2. 农业劳动人口向商业转移，助推就业结构改变 在第一次世界性的海洋经济发展浪潮之前，农业依旧吸收着每一个国家 80% 以上的劳动人口，而海洋经济的发展很大程度上助推了就业比例的改变。当 17 世纪的大规模贸易和探险将亚洲、欧洲和美洲联结在一起的时候，全球所有的国家第一次无法排除千里之外的大事的影响②。

3. 以中国为中心之一的全球多边贸易迅速扩张 从整体全球史的角度看，作为海洋经济的着眼点，哥伦布发现新大陆之后带来的对美洲白银的掠夺和开发，甚至在一定时期内将中国、中国贸易和世界连接到了一起。对中国贸易的跌宕起伏决定了当时世界海上贸易的起伏。白银也是全球贸易和远洋贸易兴起的一个至关重要的推手③。当时，在全球多边贸易过程中，因海洋经济带来的美洲白银流通使中国的白银流通量一度较快增长。

三、英国在第一次海洋经济发展
浪潮中的重要作为

1. 奉行重商主义经济发展策略 从 17 世纪 50 年代到 19 世纪 50 年代海洋经济的发展，可以视为世界历史上海洋经济发展的第一次浪潮。17 世纪属于荷兰，而 18 世纪之后则属于英国。不只是近代早期资本主义经济，在漫长的近代早期，包括英国在内的几个主要西欧国家，都奉行重商主义经济发展策略，而英国的海上霸权乃至海洋经济的大阔步前进与重商主义不无关系④。作为重商主义的直接结果，1651 年，英国颁布一项航海法，规定"亚洲、非洲以及美洲的英国领地，只能与英国商船进行贸易活动"。而 3 次英荷战争，使得荷兰的国力急剧下降。1696 年，英国颁布《英国航海法》并建立贸易委员会，标志着英国政府对远洋贸易和海洋经济的新的关注⑤。

---

① 廷德尔，施，2015. 美国史 [M]. 宫齐，李国庆，等，译. 广州：南方日报出版社：364.

② 阿普尔比，2014. 无情的革命：资本主义的历史 [M]. 宋非，译. 北京：社会科学文献出版社：54.

③ 弗兰克，2001. 白银资本：重视经济全球化中的东方 [M]. 刘北成，译. 北京：中央编译出版社：169.

④ 努斯鲍姆，2012. 现代欧洲经济制度史 [M]. 罗礼平，秦传安，译. 上海：上海财经大学出版社：167.

⑤ 沃勒斯坦，2013. 现代世界体系：重商主义与欧洲世界经济体的巩固 第 2 卷 [M]. 北京：社会科学文献出版社：353.

2. 积极发展海洋渔业　17—19 世纪的新英格兰和加拿大是海洋经济发展水平较高的区域，尤其是北美东部的纽芬兰。早在 16 世纪，纽芬兰海域就已经是法国、英国、爱尔兰、西班牙和葡萄牙人的海洋渔业基地。每年春天都会有大量船只来到纽芬兰海域捕捞鳕鱼。时至今日，加拿大海洋经济收入的重要部分仍然来源于鳕鱼捕捞业。

3. 大力发展海洋科技　第一次世界性海洋经济发展浪潮中，西欧大国借助新的航海技术和装备，成为海洋经济的开拓者，也是最早的一批受益者。在这一次后期与工业化进程几乎重合的海洋经济发展浪潮中，英国借助工业革命、经济制度创新、海上霸权和海洋经济，成为世界历史上第一个工业国家，其经济发展最为迅猛。到 1850 年，在自由贸易政策的刺激下，英国制造业的贸易量占到世界贸易总量的一半以上。1820—1870 年，英国制造业贸易量增长了 9.88 倍（同时段法国增长了 6.21 倍，西班牙增长了 5.5 倍）①。

因此，正是世界历史上第一次海洋经济发展浪潮中的需要，推动了英国工业革命朝着纵深方向发展，并由此引发了英国经济与社会的巨大变革，同时也让英国成为一个"日不落帝国"。并且，随着工业革命和海洋经济的发展，以英国为首的欧洲列强高举自由贸易大旗，迫使亚洲诸国做出改变，加入大西洋商圈和飞速提升的海洋经济大潮。同时，英国海洋战略、工业革命、技术革新、政治制度等因素，使得英国可以挑战法国的海上霸权，并最终取得胜利②。这就是第一次海洋经济发展浪潮带来的世界历史意义。

第二节　第二次海洋经济发展浪潮
对全球的深刻影响

世界历史上的第二次海洋经济发展浪潮大体从 19 世纪 70 年代开始，到 20 世纪 20 年代美国超越英国结束，对应历史学大家霍布斯鲍姆所谓的"帝国的年代"。这一时期是英国、美国争锋，传统老牌帝国与新兴帝国完成换代的时代，也是海洋安全急剧动荡的年代。同时，新兴帝国围绕的核心和获取发展的原动力之一就是海洋经济。

---

① BROADBERRY S, O'ROURKE K，2010. The Cambridge economic history of modern Europe：Volume 1 1700—1870 [M]. Cambridge：Cambridge University Press：104.

② 沃尔顿，罗考夫，2014. 美国经济史 [M]. 王珏，钟红英，等，译. 北京：中国人民大学出版社：231.

一、第二次世界海洋经济发展浪潮兴起

1865 年，南北战争结束，美国进入第二次工业革命时期，进入经济急剧增长的时代，成为工业强国。在 19 世纪中期，美国政府主导建立了海洋投资基金以促进海洋经济的发展。1870 年，美国已成为世界农业的领先国家，大量小麦和玉米用于出口，尤其在食品贸易和初创的海洋产业链条上，船舶冷藏设备的发明和改善使得装运肉类、日常用品甚至水果成为美国海洋经济拓展的载体之一。1869 年，苏伊士运河开通，使得欧洲与亚洲的远洋航运和贸易节省了 5 000 多 km 航程，海洋经济获得了飞速发展的推动力。如英国船只通过苏伊士运河的货物量，从 1870 年到 1912 年，增加了大约 65 倍。在这一远洋航运和贸易获得前所未有飞速增长的时期，木材资源丰富的美国成为世界造船业的领导者。

二、第二次海洋经济发展浪潮带来的分工格局

站在海洋、制海权和海洋经济的角度看这个"帝国的年代"，海上安全的动荡其实就是资本主义列强争夺海上航线和制海权，并且为不知何时可能爆发的大战和更大的纷争进行准备。南北战争之后，美国的经济迅速发展，欧洲与美国之间形成了双向的资源、人员、经济交流，使得远洋航运获取了巨大的动力，甚至出现了类似于现在繁忙的京沪空中航线走廊、跨大西洋专为超大型客船开辟的"海上通道"。

1866 年，人类第一次成功跨越大西洋铺设电缆。通信和交通方式的快速改善极大地促进了与国际贸易相联系的远洋运输。1869 年，美国中央太平洋和联合太平洋铁路（Union Pacific Railroads）在犹他州汇合，把大西洋和太平洋两个大洋通过铁路连接了起来。这个跨时代的铁路工程，有力地把美国推上世界经济第一的宝座。从世界海洋经济史的宏观角度观察，在大西洋开发海洋经济 300 年之后，得益于该铁路系统，人类终于对太平洋开始大规模开发海洋经济，美国借助跨州铁路，便捷地将大宗货物从东到西、从西到东进行转运，并且在广阔的太平洋建立起远到中国的远洋航线，还在沿途准备了大量的补给点。到 1900 年，美国在总产出指标方面已成为世界制造业的领头羊，英国排第二，德国排第三。

三、第二次海洋经济发展浪潮
造成的力量变化

马汉的《海权对历史的影响》正可以代表第二次海洋经济发展浪潮中的阶段性思考。马汉提出，以第三世界为中心的新的"海洋时代"已经到来，在殖民地与本国之间进行海上贸易是财富的源泉[①]。马汉非常重视由商船和海军组成的海洋力量，认为国民的海洋性和航海技术、政府的海洋战略对海洋力量起着决定性的作用。在海洋经济的转换期，马汉给美国转型成为海洋帝国和海洋经济强国提供了一份蓝图。他倡议的在中美洲地区开通一条地峡运河，将大西洋和太平洋连接起来的构想，与美国在中美洲开通巴拿马运河计划相吻合。巴拿马运河的开通使连接太平洋、大西洋、北冰洋等的航线大大缩短，全球物流方向、线路与物流仓储服务产业等发生巨大改变，使美国成为全球重要的物流集散中心，从而极大地提高了美国的海洋经济实力。

20世纪上半叶的两次世界大战，使得对世界的霸权由英国转移到美国。如同历史学家和经济学家普遍观察到的，大众消费时代在第一次世界大战之后开始形成，第二次世界大战以后普遍形成，并传播到全世界，大量的物质通过"大海运时代"的远洋运输进行交流。第一次世界大战将美国推上了海洋大国的头把交椅，第二次世界大战进一步确认了美国的海上霸权和海洋经济领头羊地位。战争中，美国凭借得天独厚的地理条件，享受交战双方海洋运输船只消耗所带来的巨大市场空间。美国的参与使得世界海洋运输能力迅速提升，世界船舶的总吨位不降反升。战争结束后，大众消费时代带来了对远洋运输前所未有的需求，货船数量不断攀升。海洋经济越来越受到各国尤其是西方发达国家的重视，如挪威在第二次世界大战结束后，通过开发海上石油和海洋渔业资源，一举成为北欧富国之一。掌握海上霸权的美国利用高科技的发展，推动航海技术发生了巨大变化。

四、第二次海洋经济发展浪潮
引起的巨大变革

1. 促使海洋经济向纵深拓展 正是在第二次海洋经济发展浪潮中，众多非洲、亚洲等原殖民地国家相继取得民族自决权，成立新的国家。在陆地资源

---

① 马汉，2006. 海权对历史的影响 [M]. 北京：解放军出版社.

划分固定下来之后，各国相继把目光投向海洋。在海洋经济的发展门类中，由传统的和第一次海洋经济发展浪潮中形成的渔业、船舶修造业、航运和航海业、港口业、海洋建筑业、港口商业服务业，向海洋油气、海洋设备、海洋环境、海洋许可和租赁、海洋休闲娱乐等海洋经济亚门类纵深发展。1947 年，世界上第一座近海石油平台在墨西哥诞生，这标志着世界海洋经济产出由原来以渔业和海洋运输业为主，转向更高级的海洋资源利用与开发。1965 年，世界上第一口深达 193m 的深海油井钻探成功，标志着海洋石油勘探进入深海时代。

2. 促使海洋经济成为国民经济的有机组成部分　在第二次海洋经济发展浪潮中，尤其是世界经济和海洋经济并轨的过程中，海洋经济越来越成为国民经济的重要组成部分，其增速远高于世界经济整体增速，各国的海洋经济意识越来越强。20 世纪 60 年代，海洋基础学科和其他学科交叉、渗透、嫁接、融合，形成了许多新的海洋技术领域[①]，这标志着以海洋大规模综合开发利用为特点的现代海洋经济的产生，为世界第三次海洋经济发展浪潮奠定了技术基础。

3. 促使沿海国家逐步摆脱传统的陆地经济发展理念　在第二次海洋经济发展浪潮中，沿海国家相继逐步摆脱了传统的陆地经济发展思维，开始将海洋经济与陆地经济协同发展。世界经济在流通、金融、物流领域的创新不仅构成了海洋经济发展的基础，也极大促进了海洋经济的迅猛发展。与此同时，许多沿海国家加大了对海洋开发研究的力度，将海洋问题和海洋经济作为重要国策，这无疑促进了海洋经济发展。如美国在 20 世纪 70 年代以来相继开展了海上油气、海底采矿、海水养殖、海水淡化等新兴海洋经济活动，并且出台了《海洋资源与工程开发法》。

第三节　第三次海洋经济发展浪潮对全球的影响

一、第三次海洋经济发展浪潮的主要背景

1991 年，东西方冷战结束，世界大环境总体变成了和平与发展，而中国则进入改革开放的纵深阶段，世界海洋经济呈现加速发展的趋势，第三次海洋

---

① 戴桂林，谭肖肖，2010. 海洋经济与世界经济耦合演进初探［J］. 经济研究导刊（15）：182 - 183.

经济发展浪潮到来。世界各海洋大国和强国分别出台了相关政策、展望、蓝图、报告,以此作为政策引导海洋经济的发展。与此同时,各种海洋经济研究报告、指标体系、年鉴年报、白皮书、经济分析等无疑又对各国发展海洋经济提供了思路和借鉴。也正是从 20 世纪 90 年代开始,海洋经济的研究逐渐成形。以美国为例,1994 年以来相继发表了《海洋活动经济评估》和各类海洋经济活动分析[①]。而海洋立法也渐入高潮,比如 1997 年加拿大通过了《加拿大海洋法》,2007 年日本通过了《海洋基本法》。

世界各国都认识到,21 世纪是海洋的世纪,海洋不只是潜力巨大的资源宝库,更是支撑一个国家未来发展的重要支柱。如美国为了保持在海洋经济发展领域的领先地位,自 20 世纪 90 年代以来,加强了对海洋工业的组织与调整,加大了海洋经济和海洋技术研发的投入,使得海洋经济产业特别是新兴产业得到了迅猛发展[②]。美国的海洋工程技术、海洋旅游、邮轮经济、海洋生物医药、海洋风能发电等新潮、尖端的海洋经济领域在世界居于领先地位。美国是极少数可以从 1 500m 以上深海完成石油、油气钻探和开发的国家之一;美国海洋休闲业开发已经相当充分和成熟。除了在远洋运输、海洋渔业、造船等传统海洋经济领域迅猛发展,新兴的海洋经济产业,尤其是海上采矿、海上娱乐、海洋可再生能源、海洋工程、海洋生物医药等获得了前所未有的推动力,进入发展快车道,海洋经济开发不断依托高科技向高尖和精深方向发展。

二、第三次海洋经济发展浪潮与 环境保护的关系

自 20 世纪 90 年代以来,随着海洋经济发展达到历史性新高度,海洋环境污染日趋严重,究其原因,有工业(尤其是钢铁和化工业)、农业带来的,也有海洋经济发展自身带来的,比如不当的近海和远洋渔业、海水养殖、高污染的临港工业,等等。因此,各国逐步意识到海洋环境保护和污染治理的重要性,促进了海洋资源的可持续利用和开发,海洋经济向可持续健康稳定发展转变。如美国 2000 年通过《海洋法令》,该法令力求对国家重点海域予以保护,促使海洋生态环境始终保持健康、高生产力和再生状态。

---

① 周秋麟,周通,2011. 国外海洋经济研究进展 [J]. 海洋经济 (1):43-52.
② 王敏旋,2012. 世界海洋经济发达国家发展战略趋势和启示 [J]. 新远见 (3):40-45.

三、发达国家对第三次海洋
经济发展浪潮的引导

纵观自 1990 年以来的第三次海洋经济发展浪潮，各海洋大国的海洋经济发展模式不尽相同，呈现出差异化发展的趋势。比如作为海洋经济大国的澳大利亚，其海洋经济尤以海洋油气业和海洋休闲、旅游业最为突出；美国则是以巨额的海洋经济和海洋科技研发投入获取了海洋经济发展的制高点，同时，美国海洋经济发展的资金支持体系也是世界上最为完善的；日本更是"海洋立国"的典范，其海洋经济发展尤其重视与腹地经济产业的互动和相互促进，形成"以大型港口为依托，以海洋经济为先导，腹地与海洋共同发展"的双赢局面，其造船技术全球领先；韩国是亚洲海洋经济最为发达的国家之一，拥有世界最大的造船产能之一，是世界第七大水产国，其远洋捕捞能力强，尤其重视海洋产品的深加工，深加工比例高达 50%；加拿大作为海洋经济强国，其海洋油气业、海洋交通运输业和滨海休闲旅游业尤为发达，尤其重视海洋环境保护，有关海洋的法律法规体系完善；俄罗斯的海洋渔业资源和海洋油气资源尤为丰富，远洋航运业发达，极其重视极地海洋资源的勘探和开发，与加拿大一道控制了未来有望大放异彩的北极航道；英国拥有世界四大渔场之一的北海渔场，其海运业在 18—19 世纪开始领先于世界各国，至今其海上航运业仍然非常发达，其海上天然气产量位居世界前列，其海上风电、潮汐能发电居于世界领先地位，其滨海休闲旅游业极为发达且体量庞大。

四、新中国对海洋经济发展的促进作用

中国作为世界海洋经济发展的后起之秀，自 1990 年以来，赶上了第三次海洋经济发展浪潮。中国适时推进海洋经济发展，目前已经在海洋经济规模、海洋经济门类等方面成为世界性的海洋大国，个别沿海省份的海洋经济比重已经接近西方发达海洋强国。海洋经济的急速发展，成为中国经济总量攀上了世界第二的重要助推力量，但与西方发达国家相比差距仍然明显。如中国海洋经济最为发达的广东省与加拿大对比可知，虽然广东省的海洋经济在国内生产总值（GDP）的占比与加拿大持平甚至还更高，但广东海洋经济的开发还停留在初级阶段，海洋经济的结构性非均衡特点比较突出，传统的海洋渔业等第一产业比例偏高，临海工业未能形成规模，第三产业比例仍然偏低。

同时，中国大量海洋资源被闲置，渔船总体装备落后，尤其是远海捕捞渔船的吨位、质量和数量总体落后于发达国家。海洋环境污染问题严重，新兴海洋经济产业、海洋现代服务业的培育步伐较慢，海洋科技创新能力不够，海洋战略新兴产业发展速度缓慢、规模不大，除了个别领域，中国总体海洋技术和机械业还没有进入世界顶尖技术国家的行列。

从总的国家发展路径来看，中国需要成为海洋强国，这不但对制海权提出新要求，更对海洋经济在GDP的占比提出了新的要求。通过推进"一带一路"倡议，中国海洋经济被寄予的责任更大更重。中国的崛起离不开海洋经济的高速发展，中国的现代化也离不开海洋经济的现代化，中国的和平崛起也有赖于中国成为真正的海洋强国。

从长时段历史的眼光观察世界历史上的3次海洋经济发展浪潮，可以发现，第一次海洋经济发展浪潮催生了英帝国，第二次海洋经济发展浪潮则是推动美国成为世界超级大国的重要因素，其中，海洋经济和制海权起到了相当重要的作用。就海洋经济和海权的关系而言，两者不可偏废，是相互促进和依赖的关系，如第三次海洋经济发展浪潮中，各国都把海洋经济作为巩固海权、海洋权益和国防的重要手段。在可以预见的将来，各国围绕海洋经济发展的竞争，围绕海洋专属经济区的归属，围绕海洋技术制高点的争夺，一定会愈演愈烈。中国围绕大力扶持海洋科技研发、扶持海洋经济战略新兴产业发展的竞争也会进入新的阶段。

第三章
海洋经济发展的理论基石

掌握海洋经济的基本理论；了解海洋经济运行的基本机制；学会运用相关的理论分析海洋经济实际问题。

第一节　资源环境价值理论

资源是环境的重要组成部分；环境是资源的状态，本身也是一种资源。资源与环境二者既相互联系又相互作用，共同构成了人类社会生存和发展的基础和必要条件。

一、资源定义及分类

资源是指自然界和人类社会中，可以用来创造物质财富和精神财富且具有一定量的积累的客观存在形态，即社会经济活动中人力、物力、财力的总和。按照资源的性质、用途和人们对其认识情况，资源可分为众多的类型。

1. 按照资源性质分为自然资源、社会经济资源和技术资源　自然资源一般是指一切物质资源和自然产生过程，通常是指在一定技术经济环境条件下对人类有益的资源。按自然资源再生性，自然资源可划分为可再生资源和不可再生资源。可再生资源是指在人类参与下可以重新产生的资源，如海洋能可以不断为人类提供能量。不可再生资源（或耗竭性资源）是指数量有限，开发利用后储量逐渐减少不会自我恢复的资源。按自然资源利用的可控性程度，自然资源可划分为专有资源和共享资源。社会经济资源又称社会人文资源，是直接或间接对生产发生作用的社会经济因素，其中人口、劳动力是社会经济发展的主要条件。技术资源是指与解决实际问题有关的软件方面的知识和解决问题使用的设备、工具等硬件方面知识的总和。技术资源在广义上也属于社会人文资源，其在经济发展中愈益起着重大作用。技术是自然科学知识在生产过程中的应用，是直接的生产力，是改造客观世界的方法、手段。

2. 按照用途分为农业资源、工业资源和信息资源（含服务性资源）　农业资源是农业自然资源和农业经济资源的总称。农业自然资源是指农业生产可以利用的自然环境要素，如土地资源、水资源等；农业经济资源是指直接或间接对农业生产发挥作用的社会经济因素和社会生产成果，如农业人口和劳动力的数量和质量、农业技术装备等。工业资源是指直接进入工业生产领域，为工业生产提供原料或提供动力的资源，如矿产、化石燃料等。信息资源是指人类社会信息活动中积累起来的以信息为核心的各类信息活动要素（信息技术、设备、设施、信息生产者等）的集合。

3. 按照人类对资源的认知状况分为现实资源、潜在资源和废物资源　现实资源是指已经被认识和开发的资源；潜在资源是指尚未被认识，或虽已认识却因技术等条件不具备还不能被开发利用的资源；废物资源是指传统上被认为是废物，由于新型科学技术的发明和使用，使其转化为可被开发利用的资源。

二、环境定义及分类

环境是相对于某一事物来说的，是指围绕着某一事物（通常称为主体）并对该事物产生某些影响的所有外界事物（通常称为客体）。环境是环绕于中心事物周围的客观事物的整体。环境按其属性分为自然环境、人工环境和社会环境。

自然环境是指未经过人类加工改造而天然存在的环境，如大气环境、水环境、土壤环境、地质环境和生物环境等。人工环境是指在自然环境的基础上经过人工改造所形成的环境，或人为创造的环境。社会环境是指由人与人之间的各种社会关系所形成的环境，包括政治制度、经济体制、文化传统、邻里关系等。

三、资源环境价值理论

1. 使用价值论　许多自然资源具有使用价值，由于不是由劳动创造的，因而不具有价值。在现阶段及将来，随着人类经济活动的增多，自然资源的形成及开采过程中将逐步有劳动参与，一些自然资源也将同时具有使用价值和价值。马克思认为，"商品首先是一个外界的对象，一个靠自己的属性来满足人的某种需要的物。物的有用性使物具有使用价值，决定于商品体的属性，离开了商品体就不存在。因此，商品体本身，例如铁、小麦、金刚石等，就是使用价值，或财物"。有劳动参与而形成的物品或产品叫商品。一些自然资源是不包含劳动的，因而不具有价值，但具有使用价值，如空气、处女地、天然草地、野生林等。

2. 效用价值论 效用价值论认为自然资源具有效用价值。效用价值论是西方经济学从物品满足人们欲望的能力或人对物品效用的主观心理评价角度来解释价值及其形成过程的经济理论。所谓效用，是指物品满足人需要的能力。效用价值论认为，一切生产无非都是创造效用的过程，但人们获得效用并不一定要通过生产，效用完全可以通过大自然的赐予而获得。价值起源于效用，效用是价值的源泉，是形成价值的必要条件。任何有价值的东西都通过其效用表现出来，即使凝结着人类劳动的商品，如果没有效用，那么该商品也没有价值。边际效用是衡量价值量的尺度，边际效用即满足人最后的亦即最小欲望的那一单位产品的效用。

边际效用由需求和供给之间的关系决定的，符合边际效用递减和边际效用均等规律。人们对某种物品的欲望强度随着享用该物品数量的不断增加而递减，因而物品的边际效用是随其数量增加而递减的，随着物品的不断供给，其边际效用可降到零点，此即边际效用递减规律。由于许多物品的供给是有限的，人们必须有意识地或潜意识地把各种欲望的强度进行比较，将有限的产品分配在一系列不同种类的欲望中。不管这几种欲望最初绝对量如何，最终须使各种欲望满足的程度彼此相等，才能使人们从中获得的总效用最大，此即边际效用均等定律。

3. 稀缺价值论 自然资源因为稀缺性而具有稀缺价值。一些人认为空气和海水是取之不尽、用之不竭的，不具备稀缺性，所以不具备价值，并且它们还不被任何一个社会主体所垄断。现代经济学研究的核心问题是稀缺资源的优化配置问题，稀缺性是资源价值的基础，也是市场形成的根本条件，只有稀缺性的东西才会具有经济学意义上的价值，才会在市场上有价格。

随着人类开采强度和需求的加大，许多资源相应减少，不允许人类不加节制地消耗，具有稀缺性。资源之所以有价值，就是因为其在现实社会经济发展中具有稀缺性。稀缺性是资源价值存在的充分条件。资源的稀缺性又是一个相对的概念，在某个地区或某一时期稀缺的资源，在另一个地区和时期可能并不缺少，这样就可能导致同样资源的价值量不同，资源价值量的大小与其稀缺性成正比。

4. 垄断价值论 自然资源因为垄断而具有垄断价值。资源在其开发利用过程中必然建立权属关系。产权是现代市场经济中的一个重要概念，直观地说，产权就是财产权利。H. 德姆塞茨认为，"所谓产权，就是指自己和他人收益的权利""交易一旦在市场上达成，两组产权就发生了交换，虽然一组产权常附着于一项物品或劳务，但交换物品或劳务的价值却是由产权的价值决定的"①。从这一解释可以看出，产权是与物品或劳务相关的一系列权利或一组权利。E.G. 富鲁普顿等认为，"产权不是人与物之间的关系，而是由于物的存在和使用而引起的人们之间一些被认可的行为关系"②。"社会中盛行的产权制度可以描述为，界定每个人在稀缺资源利用方面的地位的一组经济与社会关系。"③ 因此，产权是经济运行的基础，商品和劳务买卖的核心是产权的转让，产权是交易的先决条件。

高效率的产权结构应具有四个主要特征：①普遍性，所有资源必须为明确的主体所拥有，全部权利必须完全明确制定；②排他性，产权主体具有排他的使用权、收益权；③可转让性，产权可以处置转让；④强制性，产权必须得到法律保护，不受侵犯。从资源配置的角度来看，产权主要是四种权利：所有权、使用权、收益权和处置权。所有权是资源归谁所有的问题；使用权决定能否使用资源及以何种方式使用资源的权利；收益权就是通过使用资源而获取收益的权利；处置权就是处置资源的权利。

5. 地租理论　地租是土地所有者凭借土地所有权获得的收入。这里的"土地"并非单纯指土地这一自然资源，它的概念非常广泛，是陆上、水中、空中光和热等物质的总称。地租包括级差地租和绝对地租。级差地租指生产条件较好或中等土地所出现的超额利润。马克思在分析级差地租时进一步将其划分为级差地租Ⅰ和级差地租Ⅱ。级差地租Ⅰ是等量资本投在不同等级的同量土地上所产生的个别生产价格与调节市场价格、垄断生产价格之间的差额。级差地租Ⅱ指等量的资本不是同时投在质量不等的同量土地上，而是连续地追加在同一土地上所造成的不同劳动生产率形成的级差地租。绝对地租是指土地所有者单凭土地所有权获得的租金。

自然资源中水体、土壤、矿产及生物资源存量的大小、生态功能的丰缺、开发的难易存在着差异，故形成自然资源的级差地租。各种资源，如水资源具有生产性、不可替代性和稀缺性，使水资源所有权的垄断成为可能。为了有效、合理地利用水资源，并在市场经济条件下使水资源所有权在经济上得以实

---

① 汪安佑，雷涯邻，沙景华，2005. 资源环境经济学 [M]. 北京：地质出版社.
② 王国定，2009. 关于我国煤炭价格形成机制的分析 [D]. 太原：山西财经大学.
③ 潘桂娥，2008. 基于 AHP 法水价结构研究 [D]. 杭州：浙江大学.

现，就必须对水资源的使用者收取一定费用，这种凭借水资源所有权取得的收益，就是水资源的绝对地租。其他资源同样也有其绝对地租。

第二节 产业的选择与培育理论

一、主导产业的含义与特征

主导产业是指在经济发展中起主导作用的产业，是指那些在经济整体中占有一定比重、技术先进、增长率高、关联性强，对其他产业和整个经济的发展有较强带动作用的产业部门。主导产业选择会随着工业化阶段、市场需求、劳动力供给、收入、环保等因素发生相应变化。主导产业无论在发达国家、新兴工业国家还是在发展中国家都发挥着重要作用，随着经济的发展，各国的主导产业也在不断地变化。从现代经济社会看，主导产业主要有以下特征：

1. 主导产业有良好的发展前景 主导产业已有一定规模，在国民经济中占有重要地位；主导产业的技术先进，代表着技术发展的方向；主导产业产品的收入需求弹性大，具有广阔的市场，发展速度快；主导产业与其他产业之间的关联作用较强，对其他产业的发展有较强的带动作用。因此，用有限的资源加快主导产业的发展，可以带动其他产业甚至整个经济的快速发展。

2. 主导产业是一个群体产业 在工业技术还不发达、生产规模还不大时，主导产业一般是一个或为数很少的两三个产业。如18世纪六七十年代的英国，主导产业是纺织工业；20世纪50年代的日本，主导产业是电力工业；20世纪90年代的美国，主导产业是信息网络业。目前，主导产业往往是一个群体，比如许多国家现在的主导产业有生物工程、新型材料、新型能源、宇航、海洋开发等。

3. 主导产业的序列更替性 对于不同的国家和地区而言，由于特定的条件不同，主导产业一般是不同的。对于同一个国家或地区而言，在不同的历史时期，由于指导思想不同，特定的历史任务和内外部环境不同，形成了经济发展的阶段性，从而决定了主导产业在各个时期是不同的。不同发展阶段的主导产业，既存在替代的关系，又存在相互作用的关系，前一时期的主导产业为后一时期的主导产业奠定发展的基础。如战后日本首先以电力工业为主导产业，为大量消耗电能的钢铁产业、石油化工产业的发展并成为第二阶段的主导产业奠定了基础。

二、主导产业的选择基准

(一) 筱原两基准

日本经济学家筱原三代平在 20 世纪 50 年代中期曾为日本规划产业结构，提出了两条主导产业的选择基准，即收入需求弹性基准与生产率上升率基准。这两个基准提出后，均被日本政府采纳。1963 年日本产业结构审议会在制定产业结构政策时和 1965 年制定"中期经济计划"时，都使用了这两个基准。

1. 收入需求弹性基准　它是以产品的收入需求弹性大小作为标准来规划产业结构，选取生产的产品收入需求弹性大的产业作为主导产业。收入需求弹性反映了该产业产品的社会需求随国民收入的变化而变化的趋势。收入需求弹性大的产品，国民收入增加后对其需求有较大增长，也就意味着该产品有潜在的市场容量，从而有可能不断扩大它在市场上的份额，而生产这种产品的产业往往代表产业结构的变动方向。

2. 生产率上升率基准　它是以各产业生产效率提高的快慢作为标准来规划产业结构，选取生产率提高较快的产业作为主导产业。如果某产业技术进步取得了突破性进展，那么该产业的生产率就能提高到一个较高的水平。生产率上升率高的产业，意味着其发展快，未来的前景好，在国民收入中的相对比重也会随之增大。

3. 两个基准的关系　收入需求弹性基准是从需求角度刻画不同产业发展的不同可能性，生产率上升率基准是从供给角度刻画不同产业发展的不同可能性，即它们是同一问题的两个方面。从供给方面看，一般较高的技术进步率能带来较高的生产率上升率，较高的生产率上升率是以较好的销售为基础的。从需求方面看，收入需求弹性较高的部门，意味着其产品有广阔的市场，而广阔的市场则是大批量生产的先决条件。因此，收入需求弹性和生产率上升率通常表现出一致的特征。

(二) 产业关联强度基准

产业关联强度基准是根据产业联系效应强度来选择主导产业的准则。产业关联强度基准主要有赫希曼基准和罗斯托基准等。

1. 赫希曼基准　该基准是由美国发展经济学家艾伯特·赫希曼在《经济发展战略》一书中提出的。赫希曼基准具体是指某一产业的经济活动能够通过产业之间相互关联的活动影响其他产业的经济活动。其实质是，根据产业关联度——产业之间相互联系和彼此依赖程度的大小，来选择需要重点扶持的产业。关联效应较高的产业，能够对其他产业和部门产生很强的前向关联、后向关联和旁侧关联，并依次通过扩散影响和梯度转移，形成波及效应而促进区域经济的发展。区域内的主导产业，只有与其他产业具有广泛密切的技术经济联系，才有可能通过聚集经济与乘数效应的作用带动区域内相关产业的发展，进而带动整个区域经济的发展。

2. 罗斯托基准 美国经济学家罗斯托在赫希曼基准的基础之上，对选择主导产业的依据进行了进一步的探讨，其《主导部门和起飞》一书提出了后向联系效应、旁侧效应、前向联系效应等标准。他认为，选取联系效应强的产业作为主导产业，可以通过其后向、旁侧和前向的影响去诱导、带动和促进其他产业的发展，从而促进整个经济的成长。

三、战略产业

战略产业，是指能够在未来成为主导产业或支柱产业的新兴产业。它首先是一个新兴产业，但并非所有新兴产业都可以成为战略产业。战略产业须具备三大基本特征：①能够迅速有效地吸收创新成果，并获得与新技术相关联的新的生产函数；②具有巨大的市场潜力，可望获得持续的高速增长；③同其他产业的关联系数较大，能够带动相关产业的发展。

战略产业的扶植政策，是产业结构政策中的主导方面和关键部分。战略产业扶植政策的制定和实施，是为了实现产业结构合理化、高度化的目标。日益重视战略产业的选择和扶植，是新世纪各国产业政策的共同趋势。战略产业对于经济新增长点的形成、传统产业的技术改造和整个产业结构的演进，都具有不容置疑的作用。战略产业扶植政策的宗旨，是通过政府强有力的介入，来增强对战略产业的生产要素投入，再通过战略产业的超常规发展来带动整个产业结构的高度化。

第三节 资源配置效率理论

一、资源配置定义

简言之，资源是指社会经济活动中人力、物力和财力的总和。它是社会经济发展的基本物质条件。在人类漫长的发展史中，人类对资源的需求是无限的，然而自然界能为人类提供的资源却是有限的，从而要求人们对有限的、相对稀缺的资源进行配置，即资源的配置由谁决定、配置给谁、怎么配置，以便用最少的资源耗费，生产出最适用的商品和劳务，获取最佳的效益。

资源配置是将相对稀缺的资源在各种不同用途、不同使用者之间加以比较后做出的选择。资源合理配置是经济活动必须解决的根本问题。资源合理配置的基本目标是根据经济、技术等条件，把资源要素进行合理组合，从时间上进行合理分配，从空间上进行合理布局，在产业之间进行合理调整，以充分利用资源，以有限的投入获得最大的产出效益，进而满足人类日益增长的需要。资源配置除了遵循经济学基本原理外，还需要遵守经济效益、生态效益和社会效益相统一的原则。适度合理开发利用资源，促进经济可持续发展。

二、资源配置原理

资源配置是通过一定的途径实现的。资源配置的目标是实现最佳效益。不同的社会经济主体通过行政审批、拍卖、招投标等方式获得资源所有权、使用权、收益权和处置权，以便实现不同经济主体效益的最大化，从而形成资源配置的动力机制。为了选择合理配置资源的方案，需要以及时、全面地获取相关的信息作为依据，而信息的收集、传递、分析和利用是通过一定的渠道和机制实现的。

三、资源配置方式

（一）计划配置资源方式

计划配置资源方式，是计划经济体制中占主体地位的资源配置方式。在计划经济体制中，由中央政府计划机关编制的计划确定宏观经济发展的目标，然后按照行政隶属关系层层分解下达，将资源一直安排到企业。政府既是宏观经济的管理者，又是企业微观经营的指令者和直接指导者，不仅人、财、物等各种资源由政府直接安排到不同部门、不同地区、不同企业的不同使用方向上，甚至连企业自身也成了被政府配置的对象和客体，一切生产经营活动都由政府统包统揽。

1. 计划配置资源方式的优点 可以集中人力、物力、财力优先发展重点产业或行业，完成国民经济发展的总体战略；迅速完成国民经济的恢复，在国民经济的粗放经营阶段，能保证国民经济的重大比例关系协调和相对稳定增长；在人民生活水平处于较低状态时，可以保证或有利于解决人民的温饱问题。

2. 计划配置资源方式的缺点 计划机构难以搜集和把握千变万化的市场

需求规模和结构的信息，容易出现生产与需求脱节；计划配置中无法为每一经济主体提供持久的经济动力，从而使社会从宏观到微观缺乏活力；经济过程中的失衡（生产与需求、规模与结构、需求供给与计划的失衡等）得不到及时的调整；为推动经济运转，决策、计划、资源分配、流通、核算相关的机构与组织，需花费一定量的人力、物力、财力，使社会交易成本不断扩大，导致资源配置成本加大和经济效率下降；政企不分导致互相推诿扯皮、公文旅行、文山会海、效率损失，条块分割使经济运转不灵、资源流动受阻、经济僵化、增长迟缓。

（二）市场配置资源方式

市场配置资源方式指的是经济运行过程中，市场机制根据市场需求与供给的变动引导价格变动，从而实现对资源的分配、组合及再分配、再组合的过程。市场成为资源配置的主要方式是从资本主义制度的确立开始的。在资本主义制度下，社会生产力有了较大的发展，所有产品、资源都变成了可以交换的商品，市场范围不断扩大，进入市场的产品种类和数量越来越多，从而使市场对资源的配置作用越来越大，市场成为资源配置的主要方式。

1. 市场配置资源方式的优点　在经济生活中，市场能够及时、灵活地反映市场供求的变化，传递市场供求的信息，实现资源的合理配置；市场利用利益杠杆、市场竞争，调动商品生产者、经营者的积极性，推动科学技术和经营管理的进步，促进劳动生产率的提高，实现资源的有效利用；各企业提高劳动生产率的结果不同，导致优胜劣汰，使资源向效益好的企业集中。

2. 市场配置资源方式的局限　市场配置资源难以解决长期经济发展战略，难以自行纠正宏观经济发展趋向；宏观经济总量和结构调节显得难以尽如人意，总量平衡和结构平衡的市场调节过程较长；市场配置资源不能解决经济的外部效应问题，不能对正外部性进行鼓励、刺激，也不能对负外部性进行自动抑制和调节。

四、资源配置效率

资源配置效率是指在一定的技术水平条件下，各投入要素在各产出主体间的分配所产生的效益。资源配置效率问题是经济学研究的核心内容之一，资源配置效率问题包含两个层面：①广义的、宏观层次的资源配置效率，即整个社会的资源配置效率，通过整个社会的经济制度安排而实现；②狭义的、微观层次的资源配置效率，即资源使用效率，一般指生产单位的生产效率，通过生产单位内部生产管理和提高生产技术实现。

现代经济学认为，市场是资源配置的最重要方式，而资本市场在资本等资源的配置中起着极为关键的作用。在此过程中，资金首先通过资本市场流向企业和行业，然后带动人力资源等要素流向企业，进而促进企业和行业的发展。因此，资本配置是资源配置的核心。

资源配置效率理论指出，在完全竞争市场中，资本应按照边际效率最高的原则在资本市场主体之间进行配置，因此资本市场资源配置效率的重要衡量标准就是看资本是否流向经营效益最好的企业和行业。

第四节　可持续发展理论

一、可持续发展概念与内涵

（一）可持续发展的概念

可持续发展是一种注重长远发展的经济增长模式，最初于 1972 年提出，指既满足当代人的需求，又不损害后代人满足其需求的发展。自 20 世纪 70 年代以来，世界各国的专家及学者对可持续发展做出了 100 多种不同的定义，概括起来主要有 6 种类型，但被广泛接受、影响最大的是世界环境与发展委员会在《我们共同的未来》中的定义。

1. 从自然属性定义　可持续发展就是寻求一种最佳的生态系统以支持生态的完整性，即不超越环境系统更新能力的发展，使人类的生存环境得以持续。这是国际生态联合会和国际生物科学联合会在 1991 年 11 月联合举行的可持续发展专题讨论会的成果。

2. 从社会属性定义　可持续发展就是强调人类的生产方式与生活方式要与地球承载能力保持平衡，其最终落脚点是人类社会，即改善人类的生活质量，创造美好的生活环境①。

3. 从经济属性定义　可持续发展的核心是经济发展，是在"不降低环境质量和不破坏世界自然资源基础上的经济发展"。

4. 从科技属性定义　可持续发展就是要用更清洁、更有效的技术——尽量做到接近"零排放"或"密闭式"生产，以保护环境质量，尽量减少能源与其他自然资源的消耗。其着眼点是实施可持续发展，科技进步起着重要作用。

---

① 世界自然保护同盟，联合国环境规划署，世界野生生物基金会，1992. 保护地球：可持续生存战略 [M]. 北京：中国环境科学出版社.

5. 从伦理方面定义 可持续发展就是目前的决策不应当损害后代人维持和改善其生活标准能力的发展。

6. 从综合性定义 可持续发展是既满足当代人的需求，又不对后代人满足其自身需求的能力构成危害的发展。

(二) 可持续发展内涵

可持续发展是发展与可持续的统一，两者相辅相成，互为因果。发展是前提、是基础，可持续性是关键；放弃发展，则无可持续可言，只顾发展而不考虑可持续，长远发展将丧失根基。可持续发展是一项经济和社会发展的长期战略。从全球普遍认可的概念中，我们可以梳理出可持续发展有如下的丰富内涵：

1. 共同发展 地球是一个复杂的巨系统，每个国家或地区都是这个巨系统不可分割的子系统。系统的最根本特征是其整体性，每个子系统都和其他子系统相互联系并发生作用，只要一个系统发生问题，都会直接或间接地导致其他系统的紊乱，甚至会诱发系统的整体突变，这在地球生态系统中表现最为突出。因此，要追求整体发展、协调发展，即共同发展。

2. 协调发展 可持续发展既包括经济、社会、环境三大系统的整体协调，也包括世界、国家和地区 3 个空间层面的协调，还包括一个国家或地区经济与人口、资源、环境、社会以及内部各个阶层的协调发展。

3. 公平发展 公平发展包含两个纬度：①时间纬度上的公平，当代人的发展不能以损害后代人的发展能力为代价；②空间纬度上的公平，一个国家或地区的发展不能以损害其他国家或地区的发展能力为代价。

4. 高效发展 可持续发展的效率既包括经济意义上的效率，也包含着自然资源和环境损益的成分。高效发展是指经济、社会、资源、环境、人口等协调下的高效率发展。

5. 多维发展 不同国家与地区的发展水平是不同的，不同国家与地区又有着异质性的文化、体制、地理环境、国际环境等发展背景。因此，可持续发展是一个综合性、全球性的概念，要考虑到不同地域实体的可接受性，它包含了多样性、多模式的多维度选择的内涵。

二、可持续发展的基础理论

(一) 经济学理论

1. 增长的极限理论 梅多斯（D. H. Meadows）在其《增长的极限》一文中提出了有关可持续发展的理论。该理论运用系统动力学的方法，将支配世界系统的物质关系、经济关系和社会关系进行综合，提出：人口不断增长、消费日益提高，而资源则不断减少、污染日益严重，制约了生产的增长；虽然科技不断进步能起到促进生产的作用，但这种作用是有一定限度的，因此生产的增长是有限的。

2. 知识经济理论　知识经济理论认为，经济发展的主要驱动力是知识和信息技术，知识经济将是未来人类可持续发展的基础。

（二）生态学理论

可持续发展的生态学理论是指根据生态系统的可持续性要求，人类的经济社会发展要遵循生态学 3 个定律：①高效原理，即能源的高效利用和废弃物的循环再生产；②和谐原理，即系统中各个组成部分之间的和睦共生，协同进化；③自我调节原理，即协同的演化着眼于其内部各组织的自我调节功能的完善和持续性，而非外部的控制或结构的单纯增长。

（三）人口承载力理论

人口承载力理论是指地球系统的资源与环境，由于自身自组织与自我恢复能力存在一个阈值，所以在特定技术水平和发展阶段下其对于人口的承载能力是有限的。人口数量以及特定数量人口的社会经济活动对于地球系统的影响必须控制在这个限度之内，否则，就会影响或危及人类的持续生存与发展。这一理论被喻为 20 世纪人类最重要的三大发现之一。

（四）人地系统理论

人地系统理论是指人类社会是地球系统的一个组成部分，是生物圈的重要组成部分，是地球系统的主要子系统。它是由地球系统所产生的，同时又与地球系统的各个子系统之间存在相互联系、相互制约、相互影响的密切关系。人类社会的一切活动，包括经济活动，都受到地球系统的影响，地球系统是人类赖以生存和社会经济可持续发展的物质基础和必要条件；而人类的社会活动和经济活动，又直接或间接影响了大气圈、岩石圈及生物圈的状态。

三、可持续发展的核心理论

1. 资源永续利用理论　资源永续利用理论流派的认识论基础在于：人类社会能否可持续发展，决定于人类社会赖以生存发展的自然资源是否可以被永远地使用下去。基于这一认识，该流派致力于探讨使自然资源得到永续利用的理论和方法。

2. 外部性理论　外部性理论流派的认识论基础在于：环境日益恶化和人类社会出现不可持续发展现象和趋势的根源，是人类迄今为止一直把自然（资源和环境）视为可以免费享用的"公共物品"，不承认自然资源具有经济学意义上的价值，并在经济生活中把自然的投入排除在经济核算体系之外。基于这一认识，该流派致力于从经济学的角度探讨把自然资源纳入经济核算体系的理论与方法。

3. 财富代际公平分配理论　财富代际公平分配理论流派的认识论基础在于：人类社会出现不可持续发展现象和趋势的根源，是当代人过多地占有和使用了本应属于后代人的财富，特别是自然财富。基于这一认识，该流派致力于探讨财富（包括自然财富）代际公平分配的理论和方法。

4. 三种生产理论　三种生产理论流派的认识论基础在于：人类社会可持续发展的物质基础在于，人类社会和自然环境组成的世界系统中物质的流动通畅并构成良性循环。他们把人与自然组成的世界系统的物质运动分为三大"生产"活动，即人的生产、物资生产和环境生产，致力于探讨三大生产活动之间和谐运行的理论与方法。

第四章
国际海洋经济关系

了解国际海洋区域经济一体化的概念及其形成原因；了解海洋秩序的概念及国际海洋秩序建立的过程；理解海洋经济权益的概念和维护国家海洋权益的主要领域与措施；掌握国际海洋合作的必要性和原则；理解中国参与国际海洋合作的目的、领域与发展前景。

第一节　国际海洋区域经济一体化

一、区域经济一体化的基本内涵

1. 一体化和经济一体化　在 1950 年，经济学家开始将经济一体化定义为单独的经济整合为较大的经济的一种状态或过程。之后，也有人将经济一体化描述为一种多国经济区域的形成，在这个多国经济区域内，贸易壁垒被削弱或消除，生产要素趋于自由流动。

2. 区域和区域经济一体化　所谓区域，是指一个能够进行多边经济合作的地理范围，这一范围往往大于一个主权国家的地理范围。根据经济地理的观点，世界可以分为许多地带，由各个具有不同经济特色的地区组成。但这些经济地区同国家地区并非总是同一区域。为了调和两种地区之间的关系，消除国境造成的经济交往障碍，就出现了区域经济一体化的设想。

从 20 世纪 90 年代至今，区域经济一体化组织如雨后春笋般地在全球涌现，形成了一股强劲的新浪潮。这股新浪潮推进之迅速、合作之深入、内容之广泛、机制之灵活、形式之多样，都是前所未有的。此轮区域经济一体化浪潮不仅反映了经济全球化深入发展的新特点，而且反映了世界多极化曲折发展的新趋势。

二、区域经济一体化的形成与发展

1. 区域经济一体化的发展进程 区域经济一体化的雏形可以追溯到 1921 年,当时的比利时与卢森堡结成经济同盟,后来荷兰加入,组成比荷卢经济同盟。1932 年英国与英联邦成员国组成英帝国特惠区,成员国彼此之间相互减让关税,但对非英联邦成员的国家仍维持着原来较高的关税,形成了一种特惠关税区。经济一体化的迅速发展,始于第二次世界大战之后,出现三次较大的发展高潮:第一次高潮发生在 20 世纪 50—60 年代、第二次高潮发生在 20 世纪 70—80 年代后半期、第三次高潮发生在 20 世纪 90 年代至今。

2. 区域经济一体化发展的主要原因

(1) 联合一致抗衡外部强大势力,是区域经济一体化的直接动因。

(2) 第二次世界大战后,科学技术和社会生产力的高速发展,是区域经济一体化的客观基础。

(3) 维护民族经济利益与政治利益是地区经济一体化形成与发展的内在动因。无论是发达国家的经济一体化,还是发展中国家的经济一体化,其根本原因都在于维护自身的经济、贸易利益,为本国经济的发展和综合国力的提高创造更加良好的外部环境。

(4) 贸易与投资自由化是区域经济一体化产生并持续发展的经济源泉。

(5) 贸易创造等各种积极的经济效应,是区域经济一体化产生并持续发展的重要原因。

第二节　国际海洋新秩序

一、国际海洋新秩序的内涵

所谓海洋秩序,是指人类历史上不同的政治单元,15 世纪以后主要是各民族国家,在争夺海权或维护自身海洋权益的互动中形成的一种相对稳定的海洋权势分布状态和海洋利益关切,以及得到了国际社会普遍接受或认可的海上国际惯例与实践、海洋法、海洋制度、保证相关法律和海洋制度有效运作的运行机制等。

海洋秩序并不是一个静态的概念,而是一个发展的观念,这不仅体现在各主要强国权力分布的变化和海上贸易的发展上,更体现在海洋资源的开发和利用上。现代海洋利益的争夺已经从历史上通过海洋争夺陆地转变为争夺海洋本身，各国海洋观念也发生了重大变化，对海洋权益也更加重视，人类开始进入大规模全面开发利用海洋的新阶段。在确认各国对领海拥有绝对主权的同时，国际海洋法还就毗连区、专属经济区、大陆架、公海、国际海底区域等做了明确的区分和界定。无疑，随着海洋意识和海洋开发探索的进一步发展，海洋秩序还会根据有关各方的利益和要求做出更完善、更合理的调整。

二、国际海洋新秩序的建立

长期以来，许多国家都在不遗余力地争夺海洋资源，甚至动用武力也在所不惜。为平衡各国的利益，经过激烈的讨价还价后，于 1982 年制定了《联合国海洋法公约》。这部国际大法对各成员在各海洋空间的权利和义务进行了全面、明确的规范，标志着国际海洋新秩序开始建立。

《联合国海洋法公约》从筹备、谈判、签字到生效实施，经过了漫长的 27 年。这个漫长过程，就是沿海各国试图从海洋中最大化自己的政治、经济和军事利益的博弈过程，是打破旧的均衡、实现新的均衡的过程。《联合国海洋法公约》是各国之间利益相互博弈的产物，同时也是利益进一步博弈的开始。截至 2016 年，《联合国海洋法公约》共有 167 个缔约成员，其中有 163 个联合国会员，1 个联合国观察员巴勒斯坦，1 个国际组织欧盟，2 个非联合国会员库克群岛和纽埃。《联合国海洋法公约》共 17 部分、320 条和 9 个附件，内容涵盖了海洋法的各主要方面，包括：领海和毗连区、用于国际航行的海峡、群岛国、专属经济区、大陆架、公海、岛屿制度、闭海和半闭海、内陆国出入海洋的权利和过境自由、区域（国家管辖范围以外的海床和洋底及其底土）、海洋环境的保护和保全、海洋科学研究、海洋技术的发展和转让、争端的解决等各项法律制度。

三、《联合国海洋法公约》生效后的国际关系

1994 年 11 月 16 日，《联合国海洋法公约》正式生效，标志着国际海洋新秩序开始建立。经过 20 多年酝酿、协商、斗争、妥协而制定的《联合国海洋法公约》，巧妙地折中与平衡了各国在和平利用国际海上通道，有效开发和养护海洋生物资源，公平划分海域的疆界，以及和平解决海洋争端等重要方面的利益需求；实现了海洋规范的统一，避免了因海洋法渊源多轨制产生的海洋秩序的不协调、不稳定；以和平方式实现了海洋上的"土地革命"，使世界政治地理发生了巨大的变化。这次以国际组织立法形式出现的"蓝色圈地运动"将

地球表面 36％的海面变成了沿海国家的内水或管辖区，世界公海的面积因此缩小了近 1.3 亿 km²（海洋总面积为 3.6 亿 km²）。

《联合国海洋法公约》的生效，引起了世界范围内海洋区域的重新划定，更加激起各国对其海洋权益的维护，同时也出现了国家边界、海界争端和渔业纠纷骤然增多的问题。尽管在制定《联合国海洋法公约》时各国已注意到了这一问题，规定了 20 多条有关海洋划界的规则，例如在规定领海、毗连区、专属经济区等的宽度测量尺度后，又指出了划界时采用的原则、标准和方法。但是《联合国海洋法公约》作为妥协的产物，许多规定比较笼统和含糊。依此种含糊规定划分各国间的海洋界线，难免出现争端。海洋边界划分上的分歧往往引起国家间的矛盾和冲突。

第三节　国家海洋经济权益

一、国家海洋经济权益的概念

对于海洋权益的概念目前没有一个统一的说法。在公开和非公开发表的书籍和文件中发现有 5～6 个可称为"海洋权益"的定义[1]，现摘录如下：

（1）海洋权益是海洋法律制度和国家与海洋关系发展中产生的一个抽象概念，随着海洋价值的提升和海洋与国家关系发展而正处于深化之中。海洋权益可以表述为：国家对其邻接的海域及公海区域，依海域所处的地理位置和历史传统性因素，按照国际国内法律制度、国际惯例、历史主张和国家生存与发展需要，享有的主权权力和利益要求。

（2）海洋权益是一个法律概念，指国家在海洋上的合法权力和利益。主要包括领土主权、司法管辖权、海洋资源开发权、海洋空间利用权、海洋污染管辖权以及海洋科学研究权。

（3）在中国的海洋事务中，海洋权益一般是指在国家管辖海域内的权力和利益的总称。在这个意义上，海洋权益中的权力是指在国家管辖海域范围内主权、管辖权和管制权；利益则是由这些权力派生的各种好处、恩惠。也就是说，这种意义上的海洋权益，不包括公海和国际海底区域及其他超出中国管辖海域范围的海域和区域的权力和利益。因此，海洋权益这个概念不能完全包括国家的海洋利益，有必要建立海洋利益的概念。

（4）海洋权益是在《联合国海洋法公约》框架下，国家在海洋空间所享有

---

① 郁志荣，2008. 浅谈对海洋权益的定义 [J]. 海洋开发与管理（5）：25-29.

的一切权力和利益的总称。海洋权益在内容上一般体现在海洋政治利益、海洋经济利益、海上安全利益和海洋科学利益等方面，其重要性关乎国家发展、繁荣和安全。

（5）海洋权益是国家在海洋事务中依法可行使的权力和可获得的利益之总称，是国家利益的重要组成部分。

二、维护国家海洋经济权益的主要领域

1. 岛屿所有权的争夺　岛屿是沿海国家领土不可分割的组成部分，是国家行使完全主权的地域。控制岛屿并行使主权是一个国家主权和尊严的体现，其主权意义等同于陆上领土，甚至重于后者。因为岛屿位于国家领土的前沿，是出入本土的门户。作为安全屏障和防卫前哨，岛屿能够增加国家的防御纵深，阻挡或迟滞敌人对本土的入侵；作为前进基地，岛屿又是走向外海的重要据点。因此，沿海国家都高度重视海洋领土主权，特别是对一些同别国有争议的岛屿，更是坚持主权要求。

岛屿除具有政治和安全意义外，还具有资源和海洋国土价值。有的岛屿本身就具有丰富的资源，有的岛屿周围海域蕴藏着各种海洋资源。更为重要的是，根据《联合国海洋法公约》的规定，岛屿可以和大陆一样拥有自己的领海、专属经济区和大陆架。由此一个面积很小的海岛就能拥有 $1\ 500km^2$ 的领海区和 43 万多 km^2 的专属经济区，并享有上述海域中的自然资源及其他利益。在这个意义上，控制海洋岛屿的价值就不仅仅是得到岛屿本身，而是会大大拓展本国的海洋国土。也正因此，海洋岛屿包括一些无人居住的荒岛，成为争夺的焦点。英阿马尔维纳斯群岛之争、日韩独岛（日本称竹岛）之争、日俄北方四岛之争等，除争夺岛屿的主权外，岛屿所具有的海洋资源和国土价值也是其争夺的重要原因。

2. 海域控制权和管辖权的争夺　从世界海洋争夺的宏观全局和战略高度看，对海域的控制权和管辖权属于最高层次的争夺目标，对沿海国家的政治、经济和安全将产生全面而深远的影响。沿海国家若掌握了对周边海域的控制权，实际上就意味着掌握了对其他权益的潜在支配和影响，既能保护本国在该海域的主权和资源开发活动，又能对别国在该海域的资源开发活动构成潜在威胁，其维护国家海上方面的政治、经济和安全利益的系数就高。

《联合国海洋法公约》生效后，沿海国家纷纷宣布本国的专属经济区和大陆架范围，从而掀起了遍及全球的第三次"海上圈地"浪潮，200n mile 以内海域逐步国土化。目前已有 100 多个国家宣布 200n mile 专属经济区，100 多个国家对大陆架外部界限提出要求。据统计，世界各国依照《联合国海洋法公约》而合法扩大的海域占去原属公海的 1.3 亿 km²，也就一次性地使地球表面 36% 的海面变成了沿海国的管辖区。

各国海洋管辖区域的扩大，国家之间在海洋划分方面的矛盾和纷争凸显出来。如，相向国家距离不到 24n mile，便有领海划界问题；距离不到 400n mile，就有专属经济区和大陆架的划界问题。据统计，全世界海岸相向和相邻国家间共有 420 余条潜在边界，到目前只有 150 余条边界得以解决，其余因存在种种矛盾而没有解决。加上现实的或历史的一些其他因素，沿海国家间的矛盾和纷争日益增多，有些甚至是十分复杂和棘手。如中日东海划界之争、中韩黄海划界之争、日韩"日本海"名称之严重分歧（韩国、朝鲜称日本海为"东海"）、印巴在阿拉伯海上的争锋、土耳其与希腊之间在爱琴海东部归属问题上的尖锐对立等，都不过是围绕海域控制权矛盾展开的斗争的冰山一角。据记载，全世界已发生了 370 多起海域划界纠纷。

3. 资源开发权的争夺[①]　海洋是资源的宝库，是未来世界经济发展的希望所在。正因为此，世界各国对海洋资源的争夺异常激烈。有时有关国家之间甚至酿成危机和冲突。其中最突出的是对渔业资源和矿产（特别是海上油气）资源的争夺。比如，日本和俄罗斯之间接连不断的渔业争端，加拿大和美国之间的渔事纠纷，加拿大同西班牙乃至整个欧盟在渔业方面一度有过剑拔弩张的局面，法国与西班牙两国渔民的对峙和枪战，英国同阿根廷之间围绕马尔维纳斯群岛渔区是否扩大的问题而产生的新对立局面，美国为捕捞金枪鱼与韩国、南太平洋诸国而发生的渔业冲突等。类似情况，不胜枚举。

世界大洋洋底的锰结核资源也是世界各国争相勘探、争夺的目标。法国、日本、俄罗斯、印度率先成为太平洋、印度洋洋底富矿区的先驱投资者；巴西、菲律宾、泰国等国家和地区作为第二批先驱投资者，曾向国际海底管理局筹委会提出矿区申请；保加利亚、波兰也准备申请矿区。有些富矿区是被两个以上国家重复提出申请的，协调解决这些重叠区问题，也是十分复杂的，存在着尖锐的斗争。经过艰苦努力，中国在广阔的太平洋洋底也获得了一块渤海面积大小的锰结核富矿区。

4. 通道使用权的争夺　据统计，在现代国际贸易中，海洋运输占 80% 以上，全世界每天航行于大洋上的运输船有 3 万多艘，海上贸易额达 2 000 多亿美元。因此，海上通道畅通与否，是世界经济能否正常运转的关键因素，尤其是海峡和海洋运河对军事更是起着至关重要的作用。取得海上通道的控制权，

---

①　朱坚真，2017. 海洋管理学［M］. 北京：高等教育出版社：221 - 224.

就等于掌握了海上交通的咽喉，就能使自己处于有利和主动的地位，而置敌人和潜在对手于被动地位；就能影响到其他国家的海上航线的通畅，从而能够增强自己在国际事务中的地位和作用。因此，海上通道历来为一些海洋强国所重视，同时，一些地区性国家也力图在控制其附近的海上通道方面占有一席之地。

美国作为当代海洋强国，为实现其称霸世界的目标，制定并实施控制海上通道的计划，宣布必须控制全球 16 条重要海峡和海洋通道。这 16 条通道是：阿拉斯加湾、巴拿马运河、佛罗里达海峡、北美航道、朝鲜海峡、望加锡海峡、巽他海峡、马六甲海峡、霍尔木兹海峡、曼德海峡、苏伊士运河、直布罗陀海峡、斯卡格拉克海峡、卡特加特海峡、格陵兰-冰岛-英国海峡、非洲以南的航道。美国为控制以上通道，不惜动用武力。

俄罗斯雄踞欧亚大陆北部，它的大部分海岸线位于寒冷的北冰洋，而其余濒海方向又都面临封闭性海域，没有畅通的通海口，很容易受制于人。因此，俄罗斯的历史在很大程度上是一部不断向外扩张、寻找出海口，打破封闭包围态势的历史。20 世纪 50 年代以来，俄罗斯（苏联）与美国及北约国家为争夺黑海、波罗的海和日本海的出海口一直处于胶着状态，双方经常军事演习，相互示威，有时甚至是剑拔弩张，一触即发。

三、维护国家海洋权益的重要举措

1. 提高全民族的海洋国土意识　从地理上说，中国是一个陆海兼备的国家，但从传统观念看，中国文明的主流却是一种"黄土文明"。新中国成立后，中国的海洋事业有了长足的发展，海洋国土观念也开始成熟起来。党的十四大报告正式提出"维护国家海洋权益"，此后学术界和法律界明确提出了"海洋国土"的概念。但一直以来"960 万 km² 国土"的观念根深蒂固，即使是一些权威部门的专家也是如此。如对青少年进行教育时也是只强调"从昆仑，到海滨""面积大、九百六"的陆地国土，将至少 300 万 km² 的海洋国土和管理海域漏掉了。所以，当务之急是要调动一切手段，通过各种途径，对国民进行海洋意识的教育。

2. 建设和完善海洋法律制度　纵观海洋秩序的变迁过程，每一次秩序变迁都是由于具有一定实力的国家，主动提出和选择最有利于扩大其权力和利益的规则所导致的。无论是西班牙和葡萄牙最初提出的"闭海论"原则，后起的荷兰要求的"海洋自由"原则，还是英国和美国坚持的 3n mile 领海权原则，都是为了保证处于优势地位国家的最大利益，而限制其他国家的海洋权益。这也正是我们称之为海洋旧秩序的原因所在。如同目前中国所提出的"和平发展"的战略一样，中国要求建立的海洋新秩序，不是以牺牲和限制其他国家的发展、危害他国的安全和称霸世界为目标的。中国要在公正合理的基础上，通过适当的法律原则和手段争取最大的权益。同时进一步摸清中国周边海域的真实情况，为中国所要坚持的海洋法原则争取最有力的支持。

3. 加大对海洋技术的研究 在很大程度上，海洋竞争就是海洋技术的竞争，特别是高新技术的竞争。谁掌握了先进的海洋技术，谁就控制了海洋。而海洋技术的获得主要是靠海洋科研。因此，近年来，世界各国尤其是先进工业大国纷纷投资于开发海洋技术的海洋科研，力争占领海洋技术的制高点，或在海洋竞争舞台上占有一席之地。它们通过政府行为所采取的主要措施是：增大科技投入，促进作为新兴产业和技术密集型产业的海洋产业的形成，发展海洋经济。通过高新技术抢先对有争议的地区进行开发利用也是对海洋权益的维护。

4. 参加国际海洋事务 只有参加国际海洋事务，才能在国际论坛和国际社会中占据自己的地位，发表自己的主张，在议事、决事中与大国沙文主义、民族利己主义做斗争，维护国家的根本利益。今后，随着国家综合国力的增强，中国要在国际海洋事务中发挥越来越大的建设性作用。从 1979 年开始，中国成为联合国教科文组织政府间海洋学委员会执行理事，参加联合国国际海底管理局和国际海洋法法庭筹委会历届会议、联合国第三次海洋法会议历次会议和《联合国海洋法公约》的制定工作，成为国际海底管理局第一届 B 类理事国，参与了联合国《执行 1982 年 12 月 10 日〈联合国海洋法公约〉有关养护和管理跨界鱼类和高度洄游鱼类种群的规定的协定》的制定工作等。在国际贸易中，海洋运输大约占全部运输的 90%，作为国际海事组织成员国，中国与多个国家签订了双边海运协议，近年来中国海运公司的快速发展亦表明中国在海运国际市场上发挥着越来越重要的作用。

5. 必须建立强大的国家海上武装力量 得海权者兴，失海权者亡；得海洋者盛，失海洋者衰。中国应保卫自己的海洋国土、捍卫自身的海洋权益。中国周边的海洋斗争形势向我们提出了挑战，对中国国防提出了新要求。所有的国防、海防权益，没有强大的、可靠的武装力量特别是海军作为后盾，是难以保障的。中国海军从无到有、从小到大，已成为一支具有一定战斗力和威慑力的国家海上武装力量。但与世界发达海洋国家相比，与维护海洋国土的要求相比，中国海军还必须大力建设。同时，要加强海上执法监察队伍等准军事力量的建设，提高全民族的海防观念，提高作为海上军事行动支撑的科技能力。而海洋权益的维护涉及法律、政治、经济、军事、科研等许多领域，是一项系统工作。国家需要有完善的法规、综合性的政策、明确的目标，需要建设相应的机构和队伍，形成协调机制。

6. 调整和改善区域海洋秩序　中国是一个海陆两栖的国家，但由于历史原因，中国并未真正走向海洋。目前，牵涉中国海洋权益的重点主要在中国的周边地区。虽然中国争取在推动国际海洋新秩序的建设中有所作为，但目前还是要把重点放在处理和周边国家的关系上，既要争取海洋争端的有效解决，又不能牺牲和平稳定的周边环境。这就要求我们在处理海洋争端时不能操之过急和简单化，又要与周边国家密切沟通，达成共同发展、共同安全的理念，而不是造成"零和博弈"的状态。中国是一个负责任的大国，是联合国安理会的常任理事国，肩负着维护世界和平、推进建立公正合理的国际政治经济的新秩序的重大责任。因此，中国不但要维护自身的海洋权益，更要与建立公正合理的海洋秩序结合起来。只有这样，才能更好地维护中国的海洋权益。

第四节　海洋经济的国际合作

一、国际海洋经济合作必要性

1. 海洋特性决定必须开展国际经济合作　海洋是一个全球连通的巨大水体，海洋生物及污染物会不分国界地自由游弋、扩散；大洋与全球气候、环境也有直接的关系。因此，海洋生物的保护、海洋污染的防护与治理，不是一个或几个国家就可以解决的。如果各国只管自己的利益，过度地捕捞，会造成生物资源的枯竭[①]；对废弃物的任意排放，则不仅损害他国利益，也损害了自己的利益。开发利用海洋需要对海洋进行调查、监测和勘探，开展一些重大科研项目，掌握更多的关于海洋的第一手资料等，而这些工作都需要很多相关的国家、地区及国际组织、机构参与协助才能完成。由此可见，海洋国际合作是开发利用海洋的必要条件。

2. 全球经济一体化趋势　早在 19 世纪中期，马克思就在《共产党宣言》中指出："资产阶级，由于开拓了世界市场，使一切国家的生产和消费都成为世界性的了""旧的、靠本国产品来满足的需要，被新的、要靠极其遥远的国家和地带的产品来满足的需要所代替了。过去那种地方的和民族的自给自足和闭关自守状态，被各民族的各方面的相互往来和各方面的相互依赖所代替了"。经济全球化趋势使得国际社会的相互依存得到高度发展，进一步引发了国家间

---

① 朱坚真，2006. 广东海洋生物资源开发与保护机制研究 [M]. 北京：海洋出版社：120 - 128.

的合作。一个国家虽然只具有某些方面的资源优势，但通过国际贸易与合作，可以获得更大的利益。海洋资源的开发利用也不例外，同样可以通过贸易与合作获得更大的利益。

3. 国际合作是解决海域争端的有效方式 《联合国海洋法公约》生效后，海洋权益的斗争越来越复杂。全世界有约 300 处海域出现划界纠纷，有争议的岛屿达 1 000 多个。冷战结束后，仅 1991—1995 年，世界局部战争和武装冲突次数就达 181 起，其中 80％与海洋有关。这些纠纷无非是对资源的争夺。无疑，"搁置争议，合作（共同）开发"确实是一个解决争端的比较好的方法。

4. 海洋国际合作是国际海洋立法和国际海洋法律制度实施的必要条件 《联合国海洋法公约》的制定、生效就是各国共同努力合作的结果。唯有通过合作，才能克服利益冲突，制定出体现各国之间协调一致的国际海洋法规则；唯有合作，才能克服政治、司法制度等方面的差异，有效地实施国际海洋法律制度。

二、国际海洋合作的原则

1. 人类共同继承财产原则 《联合国海洋法公约》形成了向"人类共同继承财产"的方向发展的多元化主权理论，成为国际上处理海洋资源和空间权属关系的法理依据之一。过去，海洋被分为两部分：一部分是领海，属于沿海国家所有；另一部分是公海，属于人类公有，谁有能力谁开发利用。《联合国海洋法公约》改变了这种状况，提出：国际海底区域及其资源是人类共同继承财产，任何国家不得对其行使主权或主权权利，其财富属于全人类所有，超出了国家主权的概念。人类共同继承财产的原则正扩展于整个海洋空间，利用共享、只用于和平目的、为子孙后代保护海洋成为共同的准则。

2. 公平分享海洋利益的原则 海洋除了领海之外，其他海域及其资源都有公平的分享问题。公平分享原则是在海洋事务方面"巩固各国免负担、正义和权利平等原则"；在划分国家管辖海域时贯彻公平原则，达到"公平解决"的目的，保证一切沿海国家都有权利利用本国的海洋资源，促进经济和社会发展；沿海国家、内陆国家和地理不利国家，都有权在"公平的基础上"参与捕捞沿海国专属经济区的剩余部分，沿海国应对此做出"公平安排"等。

3. 合作开发和保护海洋的原则 人们意识到各海洋区域的种种问题都是彼此密切相关的，有必要作为一个整体来加以考虑。海洋事务的国际合作范围十分广泛，并且形成了相应的法律体系和范围。国际上已有许多通过合作的方式开发和保护海洋的范例，出现了"共同管理区""共同开发区""个体管理生态系统""合作开发技术"等形式。例如，波罗的海沿岸国的联合检测网，地中海沿岸国家合作保护海洋环境的行动计划，大洋环境调查深海钻探、海气相互作用研究等大型国际海洋科研活动，都取得了很好的效果。

4. 和平利用海洋原则　海上发生过无数次战争。人们希望结束海上军备竞赛，渴望和平利用海洋。《联合国海洋法公约》以谅解与合作的精神解决海洋问题，保证"海洋的和平利用"。在领海范围内，外国船舶通过时不得"损害沿海国和平、良好秩序和安全"。公海只用于和平目的。国际海底区域"专为和平目的利用"。海洋领域发生争端应"以和平方式解决"。

三、中国的海洋国际合作

(一) 中国在国际海洋经济领域合作的目的

1. 通过海洋国际合作，维护国家海洋权益　一方面，通过合作，达到合理、有效地开发利用中国领海和管辖海域，属于中国主权的，要维护中国的正当权益，并有效行使，"寸土不让，寸水必争"，中国海域石油资源被掠夺、水产资源被抢捕的问题必须解决；另一方面，通过与相邻和相向沿海国家的合作，尽早解决海洋划界的问题，一时解决不了的，也可以暂时搁置争议，共同开发。同时，对公海和国际海底依法享有的权益，也要积极行使，为此，要提高中国对海洋的实际开发能力，建设一支足以保卫国家安全、维护国家权益的海上武装力量。

2. 通过海洋国际合作来招商引资，发展海洋科技　在对等互利的基础上从实际出发，量力而行，大力吸引外资，开展国际海洋经济技术合作。按照国家科技政策和产业政策，围绕列入规划的重大海洋开发项目，有计划地招商引资；提高中国的基础科学研究水平和高新技术水平；提高海洋资源加工深度、精度，有效利用海洋资源。

3. 通过海洋国际合作，参与制定规范海洋法律条文　积极参与区域性和全球性的海洋国际机构和组织，参与海洋国际法律制度的制定，参加国际海洋科学调查计划活动和契约，为人类和平、永久利用海洋，保护人类共同继承财产做出积极贡献。

(二) 中国国际海洋合作的开展

随着改革开放的深入发展，中国积极参与国际和地区海洋事务，推动海洋领域的合作与交流，认真履行自己承担的国际义务，为国际海洋事业的发展做出应有的贡献。

1. 积极参加各项国际海洋事务　中国相继加入联合国粮农组织、国际海事组织、联合国教科文组织政府间海洋学委员会、世界气象组织海洋气象学委员会、伦敦公约组织、国际海底管理局、北太平洋海洋科学技术组织、太平洋科学技术大会等近 20 个国际组织。中国积极参与组织内的事务活动，从 1979 年开始，中国连续被联合国教科文组织政府间海洋学委员会选为大会的执行理事。从 1983 年起，中国参加联合国国际海底管理局和国际海洋法法庭筹委会历届会议，为建立公平合理地利用国际海底资源的新秩序，维护中国的海洋权益，发挥了重要作用。中国参与了联合国第三次海洋法会议历次会议和《联合国海洋法公约》的制定工作，并于 1996 年批准了该公约。中国还参加了联合国国际海底管理局、国际海洋法法庭的筹建工作，当选为国际海底管理局第一届 B 类理事国。中国重视公海渔业资源的养护和管理工作。1993 年至 1995 年，参与了联合国《执行 1982 年 12 月 10 日〈联合国海洋法公约〉有关养护和管理跨界鱼类和高度洄游鱼类种群的规定的协定》的制定工作。海洋交通运输领域的国际合作对于推动全球物资流通和经济发展具有重要意义，作为国际海事组织成员国，中国与多个国家签订了双边海运协议。在国际贸易中，海洋运输大约占全部运输的 90％，中国海运公司近年来的快速发展表明中国在海运国际市场上发挥越来越重要的作用。

2. 海洋对外科技合作全面开展　1979 年 5 月 8 日，中美两国签订《中华人民共和国国家海洋局和美利坚合众国国家海洋大气局会议和渔业领域科学技术合作议定书》。该文件的签署，标志着中国大规模海洋对外科技合作的开始。中国海洋对外科技合作起步较晚，在 20 世纪五六十年代，中国只是同苏联、越南等开展过一些小规模的联合调查。20 世纪 70 年代中期以后，随着中美建交和中国对外开放政策的实施，才陆续扩大了同国外的海洋科技合作与交流。随着中国海洋事业的发展，海洋科技合作活动越来越频繁、越来越深入、越来越广泛。目前，中国已同几十个国家建立了不同形式的海洋科技合作和交流关系，签订了不同类型的海洋科技合作协议、议定书和谅解备忘录，开展规模不等的合作。

3. 海洋经济技术合作　中国在海洋经济技术合作方面，已开展的合作项目有：中国东海渔业和沿海海洋资源管理与开发项目、东亚海域海洋环境污染预防与管理项目、黄海大海洋生态系统的永续利用和保护项目、南海北部沿岸及海洋综合管理技术项目、苏北滩涂盐碱地改良技术项目、海水淡化装置及技术合作项目等。国际海洋经济技术合作，对促进中国技术进步、人才培养、资金引进等起到了积极的作用。

（三）中国国际海洋合作的前景及发展方向

当前，国际形势对中国开展海洋对外经济合作极为有利，我们应实事求是，本着全球合作的精神，积极寻求开展海洋对外经济合作，把中国的海洋事业办得更快更好。应该说，海洋对外经济合作既有挑战又有机遇。我们应该调整对外合作策略，以适应当前激烈竞争的国际经济形势，把海洋对外经济合作向深度和广度推进，引进资金、技术和智力，发展中国的海洋事业，推动海洋经济和海洋产业的发展。在总体的把握上，应该是继续贯彻改革开放的各项方针政策，继续执行经济合作中"有取有予"和"以我为主"的原则，积极参与、量力而行，多渠道、多形式地开展各种方式的经济合作[①]。为此应做好以下工作：

（1）以资金、技术、智力的引进和中国技术与人才的"双推"为目标，利用国际经济援助机构的信息和效益优势，提高参与、合作、效益的意识，建立以经济、技术、智力为主体，带动海洋产业经济发展的合作格局，开展合作交流。

（2）根据目前国际经济援助活动的特点和中国海洋事业发展的实际，应以"两行两署"（世界银行、亚洲开发银行、联合国开发计划署、联合国环境规划署）、全球环境基金以及大国的经济援助机构为主要合作对象开展经济合作。合作的主要领域是以海洋管理、海洋环境保护、海洋生态平衡的维护、海洋资源开发利用以及海洋产业的发展为主，兼顾其他领域。

（3）建立海洋对外经济合作多层次、多方位、多形式的工作渠道，加强与有关综合部门、主管部门、产业部门、地方政府和国际产业及信息机构的联系，建立合作网络，储备合作项目，及时捕捉、汇集与交流经济合作信息。

（4）设立经济合作基金作为对外经济合作项目匹配的资金补充来源。基金的筹集可来自政府、企业和科研机构。海洋对外经济合作，是发展中国海洋经济和产业的海洋外事工作的重要任务。通过拓展对外合作的方式和渠道，获得资金、技术、智力和相关的信息，对中国海洋事业有重要的意义。

---

① 虞源澄，1998. 加强国际经济合作　促进海洋产业振兴［J］. 海洋开发与管理（2）：26-27.

第五章

海洋制度经济

学习目的

掌握产权、海洋资源产权的基本概念；了解海洋资源产权管理制度的基本内容；掌握中国海域使用权相关内容与管理制度；掌握海洋资源开发市场失灵的主要原因及解决措施；了解海洋资源产权制度优化的目标和要求；了解海洋公共政策的含义与分类。

第一节　海洋资源产权

一、海洋资源产权概况

(一) 产权与海洋资源产权的概念

产权，一般指法定主体对财产所拥有的各项权利的总和，其核心是财产所有权，指所有权人依法对自己的所有物享有的占有、使用、收益和处分的权利。产权包括一组权利：占有权、使用权、占有权、收益权和处分权等。而海洋资源产权同样不是仅具有一种权利，而是"权力束"，即海洋资源产权是由许多权利所构成的，包括所有权（指狭义的所有权，即终极性财产归属权）、使用权、收益权和处分权。同时，海洋资源产权也具有排他性、有限性、可分解性、可转让性等属性。另外，海洋资源产权不像其他财产权利那样仅是"一束权利"，而是"几束权利"，因为它可以分解成相对独立的海洋渔业资源使用权、海洋矿产资源使用权等多项"子产权"，每一项"子产权"又可以分解为所有权、使用权、占有权、处分权、收益权等"一束权利"。

(二) 海洋资源产权界定的原则

合理地界定海洋资源产权，是海洋资源高效利用的基础。海洋资源的特性和海洋资源作为资产的特殊性，决定了海洋资源产权的界定不同于一般的资产。因此，对海洋资源产权的界定必须遵循以下基本原则：①海洋资源产权界定必须反映出一定所有制的性质和要求。因为产权是所有制的法权形式，产权的首要功能是明确财产的所有关系，维护所有者的权益。②海洋资源产权界定必须以国家政治和法律制度为依据。国家意志和法律的制度保障是海洋资源产权实现所有制形式的基本条件，是构建海洋资源产权制度的基础。③效率至上原则。产权理论强调判断产权界定是否科学、合理就是看产权的界定最终能否提高资源配置效率，达到帕累托最优。④公平原则。对海洋资源产权界定在效率标准下还应考虑公平原则。

（三）海洋资源产权界定的内容

海洋资源产权界定内容是明确海洋资源所有者、使用者等产权主体，如何划分财产权利，并明晰彼此关系，它是海洋资源产权界定的实质和核心所在。我们按海洋资源产权界定的客体，即产权的不同属性进行分类，来进一步分析海洋资源产权界定的内容。

1. 所有权界定　所有权是体现海洋资源归谁所有的经济关系。它确定的主体是所有者。所有权界定就是要明确资产的归属关系。它包括两个方面：首先界定主体，即确定海洋资源归谁所有；其次界定客体，即确定所有者拥有多少海洋资源。通过所有权的界定，在明确的所有权基础上，实施海洋资源产权界定，划分产权，理顺产权关系，这对于发挥海洋资源的效益，具有十分重要的意义。

2. 使用权界定　海洋资源使用权体现其归谁支配的经济关系。它确定的产权主体是海洋资源使用者。随着商品经济的发展，为了更好地利用资产，适应社会化大生产的需要，借助于经济契约的手段，所有者可以把资产使用权出让给使用者。因此，这就涉及使用权的界定问题。海洋资源使用权界定至少包括两个方面：首先界定使用主体和客体。通过主体界定明确海洋资源的使用者和非使用者；通过客体界定，明确使用者可以利用哪些海洋资源。其次界定分离的内容，即确定所有者保留哪些权利，出让给使用者的又有哪些权利。分离的内容可以是多种多样的，分离的形式也可以是多种多样的。

3. 所有权与使用权分离　只能根据生产力发展的要求、海洋资源资产开发利用形式以及社会习惯等因素综合确定。一般情况下，所有者应当保留的权利有：①海洋资源部分收益权。收益权不仅表现为海洋资源所有者有权获得在海洋资源开发利用中产生的收益，而且还表现为对使用者留利享有控制、支配的权利。②整体资产处分权。处分权是保障所有权实现目标的根本问题，是最实在的权利。所有者应保留海洋资源的重大处分权。重大处分权应包括决定整体资产的转让、委托等重大变动。③监督权。所有者必须保留监督使用主体的权利，一旦发现重大问题可以通过对使用主体质询、撤换，直至追究法律责任来解决。

所有者可以授予使用者的权利应当包括：依法对产权主体占有财产的支配、使用、处分权；依法分配产权客体利用收益的收益权。

二、海洋资源产权相关概念

1. 海洋资源所有权 海洋资源的所有权是所有者依法排除他人，独占海洋资源，并通过占有、使用、收益及处分等方式利用海洋资源，以实现所有者应享利益的权利。所谓占有，指对海洋资源的实际控制；使用，指对海洋资源按其物理、化学性能和需要进行利用；收益，指利用海洋资源取得一定的经济利益；处分，指依法对海洋资源进行出让或赠予或以其他方式处置的权利。

2. 海洋资源管理权 管理权又称行政管理权或行政权力，是由国家宪法和法律赋予国家行政机关执行法律，实施行政管理活动的权力，是国家权力的组成部分。具体地说，管理权是由法律规定或者由政府授权某一行政权力机构对公共事务领域进行管理的权力。随着现代国家的发展，国家行政机关管理的公共事务越来越多，管理权也越来越庞杂。从总体上看管理权的内容有：规范制定权、组织权、证明权、审批权、命令权、检查监督权、处罚权、调解权、强制权、复议权、裁决权等。

3. 海洋资源使用权 海洋资源的使用权是指某一组织（如企业）或个人通过所有者授权所拥有的对海洋资源进行开发利用的权利。其内容同时包括占有权能、使用权能、收益权能和处分权能。

第二节 海洋资源管理制度

一、海洋资源产权制度概况

（一）海洋资源产权制度的概念

海洋资源产权制度，是对财产权利在海洋资源配置的经济活动中表现出来的各种权能加以分解和规范的法律制度，界定了所有者、使用者海洋资源的权利，是对各种经济活动主体在产权关系中的权利、责任和义务进行合理有效地组合、调节的制度安排。海洋资源产权制度的核心，是通过对海洋资源的所有者和使用者的产权划分和权益界定，使产权明晰化，以实现海洋资源的优化配置。

（二）海洋资源产权制度的要素

1. 海洋资源产权客体　产权客体代表着产权持有者对资产价值的权利范围。产权内含的客体种类越多，就说明产权内涵的深度越深，产权内含的深度代表着产权的完整性。如果某人（或组织）拥有海洋资源全部内含的产权，他就可能努力从海洋资源所有特性和可能用途上使其价值最大化；相反，如果他只拥有对海洋资源的使用权，而对于其他客体所产生的价值没有权利，他就会忽略其他客体的价值。

2. 海洋资源产权主体　在商品经济不发达阶段，资源所有者和使用者两者合一，因此产权主体可以行使对资源的占有、使用、收益以及处置的全部权能，不存在资源所有者以外的资源使用者。但是随着商品经济的发展，为了更好地利用资源，适应社会化大生产的需要，借助经济契约的手段，所有者可以把资源使用权出让给使用者，上述四项权能便在两者之间分配，但使用者必须在服从所有者利益的基础上行使其权能。

3. 海洋资源产权持续时间　产权持续时间代表着权利延伸的长度。持续时间的重要性在于它使海洋资源产权持有者必须考虑其行为影响的长度，是保障海洋资源产权持有者收益稳定性的基本因素。

4. 海洋资源产权利益分享规则　产权制度要素中的一个重要问题就是授予产权持有者分享资产利益的比例，即持有者如何从资源总价值中分享应得的利益。任何特定产权都是权能和利益的有机统一。这就要求在产权制度的安排过程中，在赋予不同产权主体各种权能的同时，也必须赋予其相应的利益。

（三）建立海洋资源产权制度的意义

1. 明晰海洋资源产权可以减少不确定性　21世纪是海洋的世纪，世界上各个沿海国家都把开发利用海洋作为一个战略。随着海洋开发力度的加大，海洋资源经济关系更加复杂，不确定性因素增加，确立或设置海洋资源产权或者把模糊的产权明晰化，就会使人们的经济交往环境变得比较确定，进而使海洋资源所有者、经营者的权益受到保护，使各权益主体在交易活动中形成一个可以把握的稳定的预期，从而使经济行为长期化。

2. 明晰海洋资源产权可以使外部不经济性内在化　外部性是指一个经济主体对另一个经济主体的影响不能通过市场来解决，经济主体的私人收益与社会收益不一致。海洋资源配置的外部效应是由于人们在交往关系中所产生的权利和义务不对称，或者权利无法界定而产生的。如果海洋资源产权明晰，受益受损效应由交易的双方直接承担，那么，这种行为就会受到内部和外部的有效阻止和激励，从而从内部产生更有效的开发和利用海洋资源的动力。

3. 明晰界定海洋资源的产权可以对产权主体进行有效的激励和约束 通过界定产权，明确不同产权主体的权利、责任边界，使权利与责任相对称，利益与权能相对称，利益的激励使产权主体合理有效地行使权能，责任的约束使其合理有效地行使权利。产权的重要功能是激励功能，界定了产权的边界和主体，主体就有努力的动力，并获得与努力程度相应的预期收益。特别是在产权体系发生分解，代理关系普遍化以后，更加需要赋予不同的主体以不同的产权并充分界定，以建立起有效的激励和约束机制，减少代理和监督成本。

4. 明晰海洋资源产权可以更好地进行收益分配 海洋资源产权的配置功能，既包括资源和生产要素在不同主体之间的配置，也包括在不同地区、产业、投资场所的配置。而海洋资源的收益分配只能针对海洋经济主体的所得而言，比海洋产权的配置功能小得多。

二、中国海洋资源管理制度

（一）海洋资源管理体制的内涵

1. 海洋资源管理的含义 海洋资源管理是以一定国家运行体制为基础的一种海洋经济运作方式。海洋资源管理是管理者为达到一定的目的，运用法律、行政、经济、宣传、说教引导等方法和手段，对海洋领域生产和再生产活动进行的以协调各种与海洋相关的行为当事人的计划、领导、组织、控制的活动。从全球的角度来看，海洋资源管理可以分为 5 个层次：

（1）以国际社会为管理主体的对涉及全球的可持续发展问题及公共海域的管理。

（2）以中央政府为主体的、代表国家对本国所属范围内的涉海问题的宏观指导性管理。

（3）以地方政府为主体的对其地方权力所管辖范围内的海洋区域进行的综合性管理。

（4）以政府行政部门为主体的对涉海产业所进行的行业和产业的协调和规范性管理。

（5）以涉海企业为主体以市场化运作为基础的经营性管理。

2. 海洋资源管理体制的含义 海洋资源管理体制一般是陆域经济管理体制在海洋经济领域延伸而形成的一种管理体制，是国家或地方政府对其所辖海域经济活动行使管理职能的具体体现。海洋资源管理体制是政府代表国家作为主体来组织、协调和管理海洋经济的具体制度、方式和方法的总称。它是国家在不同的发展阶段对海洋经济生产和再生产各方面、各环节联结成有机整体的具体组织形式和行动准则，是海洋领域生产关系具体表现形式。海洋资源管理体制一般包括以下内容：

（1）以政府为主体管理海洋经济所制定的有关海洋方面的原则、方针、政策和法律法规。

（2）政府或各种社会组织在海洋资源管理方面的各种组织形式、管理调节机构、监督机构的设置。

（3）有关海洋管理权限的划分、职责的配置，包括海洋经济的发展计划和各种人力、财力、物力等权限的配置，以及中央与地方、国家与企业、国家与集体和个人之间以及管理机构、各类人员的权限与职责、利益关系的划分。

（4）国家对海洋宏观经济活动和微观经济活动规定的一系列管理制度。

（5）政府在海洋资源管理过程中所使用的各种手段和方法，包括经济手段、法律手段、行政手段等。

3. 海洋资源管理体制的类型　海洋资源管理体制的内容不是单一、分散的，而是有机联系的，从不同方面构成完整统一的、相互协调的海洋资源管理体制。海洋资源管理体制的根本性目的是为了协调海洋开发活动，推动海洋利用和开发的有序进行，促进海洋经济和海洋科技的发展，保护海洋生态资源的可持续利用。从目前海洋资源管理的发展来看，海洋资源管理体制大致有以下几种类型：

（1）以英国、日本为代表的分散型的海洋资源管理体制。

（2）以美国为代表的相对集中型的海洋资源管理体制。

（3）以韩国、波兰为代表的统一型海洋资源管理体制。

（二）中国海洋资源管理体制

2018 年之前的中国海洋资源管理体制主要是在 1998 年政府机构改革的基础上形成的，是统一监督管理与分部门、分级管理相结合的管理体制和综合管理与行业管理互补、共促的运行机制。其中，国家海洋局作为国家海洋行政主管部门，代表国家对全国海域实施综合管理，主要承担海域使用管理，以及与海洋经济发展相关的资源管理、环境管理、海洋科学技术研究、海洋监测和监察与海洋执法，下设海洋管理分局、海监总队和陆岸海洋监察站；沿海省（自治区、直辖市）、市（地）、县三级分别成立了地方海洋行政管理机构，基本形成了中央与地方相结合的自上而下的海洋管理系统。同时，对海洋资源的开发管理以行业主管部门为主，基本上是陆地各种资源开发行业部门管理职能向海洋的延伸，如：渔业部门负责海洋渔业管理，交通部门负责海上航运和港口管理，地质矿产部门负责海洋矿产资源勘探管理等。综合看来，目前中国主要涉及海洋资源的行业管理部门包括渔业、矿产、交通、环保等部门。2018 年 3 月国家海洋局并入自然资源部，渔政渔监划归农业农村部，海洋航运及港口管理划归交通运输部，防灾减灾管理划归应急管理部，海洋环境保护管理划归生态环境部，海洋自然资源与海域使用管理、海洋执法与监察等由自然资源部统一管辖。

（三）海域使用权制度

海域使用权制度，是指海域使用权的取得、行使、流转、管理等内容的制度。2001 年，全国人大常委会通过了《中华人民共和国海域使用管理法》，确立了单位和个人可以有偿使用海域的法律模式。因此，中国海域使用权制度的核心是海域的确权和有偿使用。

1. 海域使用权的基本含义 海域使用是指人类为从海洋获取其生存与发展所需的各种利益，根据海域的区位、资源、环境条件，占据某一海域并对其资源进行开发利用活动的过程。海域使用权，是指民事主体基于海洋行政主管部门批准和颁发的海域使用权证书，依法在一定期限内对一定海域占有、使用、收益和处分的权利。

2. 海域使用权的基本特征

（1）派生性。海域使用权的派生性，是指海域使用权是在一定条件下与海域的所有权相分离而形成的一种权利。从物权理论来看，海域使用权是派生性权利，是他物权（民法上，他物权是指在他人所有的物上设定的物权，是从所有权中派生出来的权利）。

（2）从属性。海域使用权的从属性，是指海域使用权的产生是以海域的所有权的行使为前提的，海域使用权的存续受到所有权的制约。海域使用权从属于海域所有权。

（3）有偿性。海域使用权的有偿性，是指海域使用主体要取得一定年限的海域使用权，就必须向海域所有者即国家支付海域使用金。海域使用金的本质是海域所有者凭借海域所有权所取得的经济利益，是海域使用者为获取海域使用利益而向海域所有者支付的代价。

（4）排他性。海域使用权的排他性，是指在同一海域不能同时存在两个或两个以上性质不相容的同种或异种海域使用权，排斥他人在未经权利人允许且无其他法律根据的情况下，对标的物的占有、使用、收益和处分的行为。

（5）期限性。海域使用权的期限性，是指法律规定了海域使用权的一定有效期限。中国海域使用权的期限采取法定原则，即法律强行规定不同类型海域使用权的有效期限。《中华人民共和国海域使用管理法》对不同使用类型的海域规定了不同的期限。

（四）海域使用权的基本内容与分类

1. 海域使用权的基本内容

（1）海域使用权的主体和客体。从权利的主体看，按照海域使用管理法的用语，海域使用权人包括个人、单位和其他组织。从权利的客体看，海域使用权的客体为海域，包括内水、领海的水面、水体、海床和底土等海洋资源。

（2）海域使用权取得方式。依据海域使用管理法的规定，海域使用权的取得方式有以下 3 种：

第一种方式为申请-审批-登记-发证的方式。

第二种方式为招标的方式，由海洋行政主管部门制定招标方案，征求同级有关部门的意见，报经有审批权的人民政府批准后，按照招投标程序进行招标，向中标人颁发海域使用权证书。中标人自领取海域使用权证书之日起，取得海域使用权。

第三种方式为拍卖的方式，由海洋行政主管部门制定拍卖方案，征求同级有关部门的意见，报经有审批权的人民政府批准后，按照拍卖程序进行拍卖，向买受人颁发海域使用权证书。买受人自领取海域使用权证书之日起，取得海域使用权。

（3）海域使用权人的义务和权利。海域使用权人依法使用海域并获得收益的权利受法律保护，任何单位和个人不得侵犯。海域使用权人有依法保护和合理使用海域的义务；海域使用权人对不妨害其依法使用海域的非排他性用海活动，不得阻挠。海域使用权人在使用海域期间，未经依法批准，不得从事海洋基础测绘。海域使用权人发现所使用海域的自然资源和自然条件发生重大变化时，应当及时报告海洋行政主管部门。

（4）海域使用权期限。根据《中华人民共和国海域使用管理法》第二十五条的规定，海域使用权最高期限，按照下列用途确定：养殖用海 15 年；拆船用海 20 年；旅游、娱乐用海 25 年；盐业、矿业用海 30 年；公益事业用海 40 年；港口、修造船厂等建设工程用海 50 年。海域使用权期限届满，海域使用权人需要继续使用海域的，应当至迟于期限届满前 2 个月向原批准用海的人民政府申请续期。除根据公共利益或者国家安全需要收回海域使用权的，原批准用海的人民政府应当批准续期。准予续期的，海域使用权人应当依法缴纳续期的海域使用金。

（5）海域使用权人的变更。因企业合并、分立或者与他人合资、合作经营，变更海域使用权人的，需经原批准用海的人民政府批准。海域使用权可以依法转让。海域使用权转让的具体办法，由国务院规定。海域使用权可以依法继承。海域使用权人不得擅自改变经批准的海域用途；确需改变的，应当在符合海洋功能区划的前提下，报原批准用海的人民政府批准。

（6）海域使用权的终止与收回。海域使用权期满，未申请续期或者申请续期未获批准的，海域使用权终止。海域使用权终止后，原海域使用权人应当拆除可能造成海洋环境污染或者影响其他用海项目的用海设施和构筑物。

因公共利益或者国家安全的需要，原批准用海的人民政府可以依法收回海域使用权。依照前款规定在海域使用权期满前提前收回海域使用权的，对海域使用权人应当给予相应的补偿。

（7）海域使用权争议的解决。海域使用权发生争议，当事人协商解决不成的，由县级以上人民政府海洋行政主管部门调解；当事人也可以直接向人民法院提起诉讼。在海域使用权争议解决前，任何一方不得改变海域使用现状。

2. 海域使用权的分类 从《中华人民共和国海域使用管理法》的有关规定来看，海域使用的目的是多种多样的，主要包括水产养殖、交通运输、旅游及娱乐、盐业用海、港口和修造船厂用海等。这种划分主要是参照了《中华人民共和国土地管理法》的有关规定。根据土地管理法的规定，土地按其使用目的可分为建设用地和农业用地两大类。因此，比照该分类按照海域使用的目的，可以把海域使用权划分为建设、开发海域使用权和养殖海域使用权两大类。

建设、开发海域使用权，是指在海床、底土之上建设建筑物以及其他附着物的权利或者在海水表面设置悬浮物的权利，包括交通运输、旅游及娱乐使用海域，盐业和矿业使用海域，港口和修造船厂使用海域以及铺设海底电缆、管道使用海域等非以养殖为目的的所有建设、开发性海域使用活动。而养殖海域使用权，是指特定民事主体在特定海域进行海水养殖的权利，主要包括在特定海域饲养和繁殖鱼、虾、贝、蟹等海洋生物以及海带、紫菜、医用菌类等海洋植物使用海域的权利。

此外，依照不同的标准，可以将海域使用权划分为不同的类型，如表5-1所示。

表5-1 海域使用权类型

划分依据（标准）	海域权基本分类
海域使用目的是否具有公益性	公益性海域使用权、非公益性海域使用权
行使的主体是自然人个人、法人还是非法人团体	个人海域使用权、法人海域使用权、其他组织海域使用权

（续）

划分依据（标准）	海域权基本分类
海域功能区划	海洋工程、养殖、港口、海洋油气勘探开采、海底电缆管道等海域使用权
是否需要缴纳海域使用金	有偿取得的海域使用权、无偿取得的海域使用权
海域使用权是否具有依附性	独立性海域使用权、从属性海域使用权
海域使用权取得的关系	原始取得的海域使用权、继受取得的海域使用权
海域使用权排他性的强弱	完全排他性海域使用权、相对排他性海域使用权
用海期限的长短	临时性海域使用权、一般性海域使用权
对海洋环境影响程度的差异	保护性海域使用权、开发性海域使用权
海域的远近	内水海域使用权、领海海域使用权
使用者的国籍	国内海域使用权、涉外海域使用权

三、海域使用权管理制度

（一）海域使用许可、使用证制度

1. 海域使用许可制度　海域使用许可制度是指一切使用者，包括国有的企、事业单位，集体单位或个人，要取得海域使用权都必须向所有权人及其法定委托部门申请办理，只有获得批准后才能使用海域，否则都是非法的。海洋行政主管部门根据使用者申请海域的功能区划和海洋开发规划，组织专家进行评议审核，报请相应的人民政府批准。海域使用申请经依法批准后，由相应的人民政府登记造册，向海域使用申请人颁发海域使用权证书，并向社会公告。海域使用权是一种物权，必须登记、公告后才能有效，才能对抗第三者。

因此，海域使用许可、登记和公告制度是海域使用管理法的核心制度之一，它直接起到了保证海洋开发秩序化、布局合理化的作用。同时，在海域所有权和使用权分离的条件下，该制度明确了海域所有者和使用者双方的权利和义务。海域使用权登记和权属变更登记也可以使管理部门了解和掌握海洋开发利用的动态，维护海域所有者和使用者的合法权益，防止侵权行为和使用权的非法转移，加强对海域使用的管理。

2. 海域使用证制度　海域使用证是海域使用者取得海域使用权的法律凭证，调整的对象是国家作为海域所有者与海域使用者之间以及海域使用者相互之间的关系。一方面，海域使用者领取了海域使用证即依法对国家所有的海域取得使用权，而且这种使用权具有排他性和相对稳定性；另一方面，国家应当依法对海域使用权人的合法权益给予保护。海域使用证是一种物权证书，可以依法抵押或者转让。

（二）海域使用监督管理体制

海域使用监督管理体制是统一管理和分级管理相结合的体制，即国务院海洋行政主管部门负责全国海域使用的监督管理，沿海县级以上地方人民政府海洋行政主管部门根据授权，负责本行政区毗邻海域使用的监督管理。海域使用在广阔的海域进行，建立监督检查制度，加强监督检查和查处等也是一个极为重要的环节。

（三）海域有偿使用制度

《中华人民共和国海域使用管理法》规定："国家实行海域有偿使用制度。单位和个人使用海域，应当按照国务院的规定缴纳海域使用金。"同时，在海域有偿使用的原则下，对非经营性的公益性用海等作了免缴和减缴海域使用金的规定。其中还特别考虑了有偿使用中涉及的渔民负担问题，专门规定"对渔民使用海域从事养殖活动收取海域使用金的具体实施步骤和办法由国务院另行规定"。

第三节　市场失灵

一、海洋资源开发利用中的市场失灵

大体来看，垄断、外部效应、公共性、信息不对称等在一般市场经济形态中经常出现的市场失灵现象，均在推行市场机制的海洋资源开发利用领域同样存在，虽然程度各异。

（一）海洋资源开发利用主体的有限理性

这里所说的海洋资源开发利用主体，就是海洋资源的利用者——人，就是经济主体。尽管人总是有意识地尽可能把事情做得最好，但是人们从事决策或问题求解所需的信息是一种稀缺性资源，人的理解能力与计算能力是有限的，所以，正如西蒙所说，现实生活中的人仅仅是"有达到理性意识，但又是有限的理性意识"。就海洋资源开发利用问题而言，海洋资源开发利用主体的有限理性主要表现在以下 3 个方面：①人们对海洋资源开发利用的认识需要有一个历史过程；②受经济发展条件的约束，人们不得不采取以毁坏海洋资源为代价的经济增长模式——"贫穷污染"模式；③由于人的机会主义行为倾向，人在追求自身利益过程中会采用非常微妙隐蔽的手段，会耍弄狡黠的伎俩，如说谎、欺骗、偷窃和毁约等。

（二）海洋资源的公共性

公共性，来自对公共物品与私人物品的分类。一个物品是公共物品还是私人物品，可以根据排他性、强制性、无偿性和分割性4个特征来判断。所谓排他性，就是这种物品只能供它的占有者来消费，而排斥占有者以外的人消费。所谓强制性，就是某种物品是自动地提供给所有社会成员消费的，不论你是否愿意接受。所谓有偿性，就是消费者消费这种物品必须付费。所谓分割性，就是这种物品可以在一组人中按不同方法进行分割。

海洋资源由于不可分割性导致产权难以界定或界定成本很高，所以海洋资源往往属于公共物品，或具有一定的公共性。共同而又互不排斥地使用海洋资源这种公共物品有时是可能的，但由于"先下手为强"式的使用而不考虑选择的公正性和整个社会的意愿，一些海洋资源正在变得日益稀缺。结局可能是所有的人无节制地争夺有限的海洋资源。而每个人追求个人利益最大化的最终结果是不可避免地导致所有人的毁灭——这种合成谬误被哈丁称为"公地的悲剧"。

（三）海洋环境污染的负外部效应

海洋环境污染，是指人类活动产生的污染物或污染因素排入海洋环境超过了海洋环境容量和海洋环境的自净能力，使海洋环境的构成和状态发生改变，海洋环境质量恶化，影响和破坏人们正常的生产和生活条件。海洋环境污染是最典型的负外部效应行为。它表现为私人成本与社会成本、私人收益与社会收益的不一致。所谓私人成本，就是生产或消费一件物品，生产者或消费者自己所必须承担的费用。在没有外部效应时，私人成本就是生产或消费一件物品所引起的全部成本。当存在负外部效应时，由于某一厂商的环境污染，导致另一厂商为了维持原有产量，必须增加一定的成本支出（如安装治污设施），这就是外部成本。私人边际成本与外部边际成本之和就是社会边际成本。

假如代表性厂商的私人边际收益为 PMR，它等于社会边际收益 SMR；私人边际成本为 PMC，社会边际成本为 SMC，由于厂商污染（或资源过度利用）所引起的外部边际成本为 XC，结果是

$$SMC=PMC+XC$$

这种私人成本与社会成本的偏离可以用图5-1加以表示。

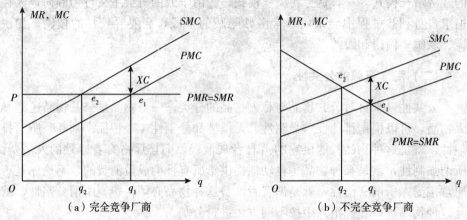

（a）完全竞争厂商　　　　　　（b）不完全竞争厂商

图 5-1　海洋环境污染的负外部效应与外部成本

图 5-1（a）和（b）的区别在于：在完全竞争条件下，代表性厂商的私人边际收益曲线（PMR）与需求曲线是重合的，并且是水平的；在不完全竞争条件下，代表性厂商的私人边际收益曲线（PMR）处在需求曲线之下，并且是向右下方倾斜的。在没有环境恶化（或资源过度利用）时，追求利润最大化的代表性厂商的产量决策按照 $PMC = PMR$ 的原则确定，即 e_1 点所决定的产量 q_1。存在环境恶化（或资源过度利用）时，由于环境恶化（或资源过度利用）所导致的外部成本 XC 不是由代表性厂商来承担，则代表性厂商仍会把产量确定在 q_1 水平。代表性厂商的污染（或资源过度利用）行为导致了 XC 的外部成本，使边际成本曲线由 PMC 移向 SMC。这时，从社会的角度看，社会福利最大化的产量决定应按照 $SMC = SMR$（等于 PMR）的原则来确定，即由 e_2 点所决定的产量 q_2。可见，由于负外部效应的存在，代表性厂商按利润最大化原则确定的产量 q_1 与按社会福利最大化原则确定的产量 q_2 严重偏离。$q_1 - q_2$ 的产量就是资源过度利用、污染物过度排放的低效率产出。即使是完全竞争厂商也不例外。因此，当存在负外部效应时，代表性厂商的利润最大化行为并不能自动导致海洋资源配置的帕累托最优状态，市场配置因而就缺乏效率，即市场失灵。

（四）海洋环境保护的正外部效应

海洋环境保护是指采取各种政策措施，防止海洋环境污染和海洋环境破坏，扩大有用海洋资源的再生产，保障人类社会的发展，如海洋环境保护法规的制定与执行、海洋环境科学技术的研究与开发、海洋环境管理队伍的建设与提高、海洋环境保护工程的建设与养护等。海洋环境保护是一种为社会提供集体利益的公共物品，它往往被集体加以消费。这种物品一旦被生产出来，没有任何一个人可以被排除在享受它带来的利益之外。因此，它是正外部效应很强的公共物品。在进行海洋环境保护这一公益事业时，如果要求每个人自愿支付费用，有些人也许会为此支出付费，而更多的人也许不愿意，但后一部分人同样可以从生态建设和环境保护中得到好处。这样，就产生了"搭便车"问题，即经济主体不愿主动为公共物品付费，总想让别人来生产公共物品，而自己免费享用。

存在正外部效应时厂商的定产决策可以用图 5-2 加以表示。

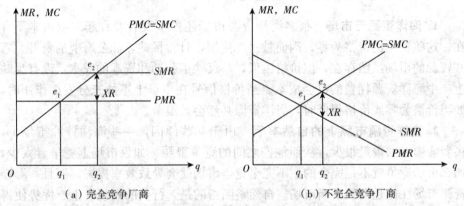

（a）完全竞争厂商　　　　　　　　　（b）不完全竞争厂商

图 5-2　海洋环境保护的正外部效应与外部收益

图 5-2（a）与（b）分别表示完全竞争条件下与不完全竞争条件下厂商的定产决策情况。图中，PMC 表示私人边际成本，SMC 表示社会边际成本，两者相等；PMR 表示私人边际收益，SMR 表示社会边际收益，PMR 低于 SMR，说明存在一个外部收益，以 XR 表示。即 $SMR=PMR+XR$。在没有正外部效应时，厂商追求利润最大化的定产决策按照 $PMC=PMR$ 的原则决定，即 e_1 点所决定的产量 q_1。由于某厂商进行环境保护，存在一个外部收益 XR。因此，从社会角度看，环境保护的最优产出应按 $SMC=SMR$ 的原则决定，即由 e_2 点所决定的产量 q_2。q_2-q_1 就是由于外部收益 XR 的存在而导致的产出不足。可见，"搭便车"问题的存在，使得纯粹个人主义机制不能实现社会资源的帕累托最优配置，使海洋环境保护这种公共物品的生产严重不足。

（五）海洋资源开发利用信息的稀缺性和不对称性

1. 信息的稀缺性　海洋资源经济系统就像一只"黑箱"，人类对它的了解还微乎其微。与人类对信息的需求相比，信息的供给是严重不足的。由于信息一旦公之于众，那么一部分人的信息消费就不能排除另一部分人的消费，也就是说，信息一旦公开就成了公共物品。因此，人们总是进行"信息封锁"，以保证自身的信息优势。

2. 信息的不对称性 信息的公共性和人的机会主义行为倾向，容易导致信息的不对称。例如，海洋污染者往往对其生产过程、生产技术、排污状况、污染物的危害等方面的了解比受污染者要多得多，但受个人经济利益的驱使，他往往会隐瞒这些信息，实施污染行为。相反，受污染者由于所拥有的相关信息少，想"讨回公道"需要付出很大的信息成本。

（六）海洋资源无市场和自然垄断

1. 海洋资源无市场 很多海洋资源市场还根本没有发育起来或根本不存在。这些资源的价格为零，因而被过度使用，日益稀缺，如公海上的资源。有些资源的市场虽然存在，但价格偏低，只反映了劳动和资本的成本，没有反映生产中海洋资源耗费的机会成本。当价格信号在市场上不能充分发挥作用时，如当价格为零或价格很低时，海洋资源必然会被浪费。

2. 海洋资源市场上的自然垄断 由于某些原因，一些海洋资源市场上，买者或卖者的数量很少，从而他们之间的竞争很弱。如果市场上竞争者太少，那么市场竞争就不是完全的。不完全竞争市场就会导致效率损失。而且，海洋资源市场往往是自然垄断市场。自然垄断指的是，行业的大规模生产优势使得只要一家厂商就能以比几家厂商共同生产还要低的成本生产满足整个市场需要的产品。

二、海洋资源开发利用中市场失灵的解决

如何解决市场失灵问题，目前的研究可以概括为两大理论，即以庇古为代表的"政府干预"理论和以科斯为代表的"产权安排"理论。

1. 庇古的"政府干预"理论 在 20 世纪 60 年代之前，经济学界基本上因袭庇古的传统，认为应引入政府干预力量来解决因外部效应等导致的资源非帕累托最优配置问题。以庇古为代表的福利经济学派认为，导致外部效应的根本原因是私人边际成本与社会边际成本的背离，因此解决问题的途径是：政府可以通过税收与补贴等经济干预手段使边际税率（边际补贴）等于外部边际成本，使外部性内部化。但是，庇古手段也受到一些条件的约束，如税率的计算较为困难。因此，庇古手段受到一些经济学家的责难。

2. 科斯的"政府干预"理论 20 世纪 60 年代，美国经济学家罗纳德·科斯（Ronald Coase）提出了不同于庇古的思路。他认为，在交易费用为零和对

产权充分界定并加以实施的条件下，私人之间所达成的自愿协议可以使经济活动的私人成本与社会成本相一致，从而可排除导致外部效应存在的根源，实现资源的帕累托最优配置，这就是著名的"科斯定理"。依照科斯的观点，公共资源过度利用以至衰竭的主要原因是公共资源的公有或自由进入的产权状态。如在公有放牧地中，如果将产权变更，把土地卖给牧场主，即将公共产权变为牧场主个人私有，他们就会仔细照料自己的土地，在决定今年放多少牲畜时，要考虑对牧草和土地肥力的影响，从而不至于减少未来的收益流。为此，科斯提出了"当各方能够无成本的讨价还价并对大家有利时，无论产权如何界定，最终将是有效率的"。可以看出，科斯方案的实质是在产权私有化的前提下，当事人双方可以通过自愿的交易方式重新明确产权安排来解决外部性问题。

3. 海洋资源开发利用中市场失灵的解决 如果完全根据科斯的界定明晰产权结构，以及选择经济组织形式来实现外部性的内部化，提高资源的配置效率，达到帕累托最优状态，而无须抛弃市场机制或引入政府干预，则外部性问题完全可由私人合约解决。但作为一种公共性程度很强的物品，海洋资源产权不具备一般产权所具有的全部特征，从而限制了产权制度功能的发挥。另外，科斯定理所指的只是一种静态的、双头的博弈格局，而一旦参与人增加，该方法并不能很好地解决外部性问题，政府干预还是必不可少的。因此，完全采用产权经济学派的手段来解决海洋资源开发利用中的市场失灵不是现实的选择，最为有效的方法是将福利经济学派和产权经济学派的观点结合，即在政府干预存在的条件下，明晰并优化产权，提供并执行相应的公共政策，从而合理配置海洋资源。

第四节 产权与公共政策

一、海洋资源产权制度优化

(一) 海洋资源产权制度优化的目标

1. 实现海洋资源的可持续发展 随着人类对海洋资源需求的不断增加，海洋资源的有限性变得日益突出，实现海洋资源开发利用的社会平等由此也凸现出来。但是，基于海洋资源的有限性和海洋环境的脆弱性，海洋资源的开发利用必须遵循可持续发展原则，这是海洋资源开发利用的唯一出路。而由于各涉海行业用海目的不同、利益需求不同，海洋又是一个无法截然分开的整体，如果海洋资源产权不明晰，使用权属不明，必然导致各涉海行业之间的矛盾冲突，进而影响到海洋资源的可持续开发和利用。海洋资源产权制度的目标之

海洋经济学

一，就是通过明晰海洋资源的产权并通过有效实施，调整各海洋资源使用主体之间的矛盾和冲突，合理确定海洋资源使用功能顺序，减少对海洋资源的掠夺性开发，促进合理开发，维护海洋资源的可持续发展。

2. 实现海洋资源的社会公平性配置　资源产权不清晰就会导致所有权和使用权问题模糊不清，最终会致使争占资源的纠纷发生。资源的这种不公平配置状况，不仅扰乱了开发利用的正常秩序，阻碍了资源的合理开发，而且也带来了一定的社会不稳定因素。因此，优化海洋资源产权制度的政策目标之一，就是实现海洋资源的社会公平性配置。具体地讲，就是兼顾海洋资源开发利用活动的历史继承性和当地的就业格局，将海洋资源公平合理配置，实现海洋资源利用中各方利益的协调和统一。

3. 提高海洋资源的配置效率　西方产权经济理论系统研究了产权界定和明晰对资源配置效率的影响。科斯认为，资源配置的外部效应是由于人们交往关系中所产生的权利和义务不对称，或权利无法严格界定而产生的，市场失灵是由产权界定不明所导致的。在研究产权交易的外部性时，科斯全面分析了产权明晰化在市场运行中的重要作用。他认为，产权的主要经济功能在于克服外部性，降低社会成本，从而在制度上保证资源配置的有效性。因此，针对海洋资源的公共物品属性，要从根本上解决海洋资源开发利用的市场失灵问题，就必须建立明确的海洋资源产权制度，从制度上保证海洋资源的高效配置和合理利用。

（二）海洋资源产权制度优化的要求

1. 产权清晰，权责分明　在海洋资源产权制度安排中，要通过科学的方法和手段，合理划分不同产权主体的产权边界，严格界定不同产权主体的责任和权利，努力实现各产权主体所承担义务与所享有权利的对称与平衡，最大限度地调动各当事人保护和利用海洋资源的积极性。

2. 内在激励与外部约束相结合　由于海洋资源不但具有经济效益，还具有社会效益和生态效益，这就要求我们在对海洋资源开发利用过程中，必须综合平衡、共同发展，达到整体效益的最佳协调，从而实现海洋资源的可持续利用。实现这一目标，必要的产权外部强制性约束必不可少。但更为重要的是，要通过产权的合理安排调动起产权主体保护生态环境的内在积极性。随着经济、社会对良好生态环境需求的日益增强，我们有必要对在海洋资源开发利用中产生积极外部效应的产权主体通过一定的方式予以补偿，从而使海洋资源的外部效应在一定程度上内部化，真正发挥产权安排在实现海洋资源可持续利用方面的激励作用。

3. 帕累托改进　所谓帕累托改进，是指制度改革时，使一部分人的福利状况得以改进的同时，并没有使其他人的福利明显受损。因此，如果海洋资源产权制度改革是帕累托改进式的，那么这项改革遭受的阻力就相对较小。

（三）中国海洋资源产权制度优化的措施

1. 保持使用权的长期稳定　由于海洋资源的所有权属于国家，使用者获得的只是一段时间内的使用权，这就注定他们的开发利用是短期行为，他们的目标就是在开发利用期内获得最大的收益，资源的最终状况如何，他们根本不关心。应该确保使用权的长期稳定，稳定使用者的合理收益预期，促进海洋资源开发利用过程经济效益与生态效益的有机统一，保障海洋资源的可持续发展。为保持使用权的长期稳定，首先要确保使用权期限与资源开发利用的经济周期相匹配。保持相关法律、政策的稳定，尽量避免在使用权期限内对使用权的频繁调整。根据不同类海洋资源开发利用的经济周期，确定资产使用权期限。尤其对周期长的资源，必须以法律形式确认其使用权期限或建立使用权延续制度，以确保使用权的长期稳定。

2. 有偿获得海洋资源使用权　目前针对海洋资源的相关法规已规定采取使用权的有偿获得方式，但实际中往往以较低标准收取、交纳使用金。因此，对海洋资源使用权的获得，应根据不同海洋资源的性质和用途规定不同的使用税费和获得途径，如对紧缺的海洋资源实行高标准收费使用制度；对不可再生的特别的海洋资源实行管制使用制度；对一般性再生海洋资源实行市场定价制度；对公益性海洋资源实行限价使用制度等。

3. 建立海洋资源产权的流转机制　产权对于资源配置效率的重要影响体现在 3 个方面：

（1）产权的全面性，即所有有价值的资源都应有明确的所有者。因为无主的自由准入的资源容易出现无节制的利用或浪费，所以，产权全面性的意义在于通过界定产权使所有有用的资源都得到有效利用。

（2）产权的排他性，即排除他人对资源的利用和对利用资源产生的收益的享有。一般而言，财产权越专有，对资源的投资刺激就越大，产权的效率就越高。产权排他性的意义在于将成本和收益内部化，并对产权主体产生有效的激励。

（3）产权的可转让性，即产权可在不同的所有者之间转移。同一财产，对不同的运用主体而言，可能存在不同的利用方式，因而会产生不同的收益。产权的自由转让，有利于财产（资源）从较低价值的用途转向较高价值的用途，从而促进资源增值，提高社会产出。只有海洋资源的产权主体明确，允许产权自由转让，产权主体才有可能最大限度地在产权约束的范围内配置海洋资源以获取最大收益。

4. 创建新产权　国际社会于 20 世纪 70 年代发展起来的排污权交易或称为可交易污染许可（Tradable Pollution Permits，TPP），不仅是对科斯解决资源利用中外部性的理论的一个发展，同时也是通过创建新产权来解决负外部性的一种机制。美国著名经济学家戴尔斯（J. H. Dales）于 1968 年提出，环境等共有资源是一种商品，政府是该商品的天然所有者。作为环境的所有者，政府可以在专家的帮助下，创建一种有关环境资源的新产权——污染权。也就是说在满足社会公众对环境质量要求的前提下，通过把污染分割成一些标准的单位，确立一种新的合法的污染物排放权利，并允许这种权利在市场上进行交易，以此来进行污染物排放的总量控制。有了排污权交易市场，排污者就可以在购买排污权、自行治理污染以及出卖自己的排污权这三者间进行选择。排污者之间根据其成本效益进行排污权交易，使稀缺的资源流向利用效率高的厂商，促进资源的合理配置。

二、海洋资源开发利用的公共政策

（一）海洋公共政策的含义

所谓海洋公共政策，是指行政部门出于维护公共利益的需要，通过影响海洋产品生产经营者和消费者的政治利益结构、经济利益结构、生态利益结构和社会心理结构，对特定时期或特定区域涉及海洋资源环境、海洋产品以及海洋开发利用活动相关各类投入品等较具普遍性的行为所制定并执行的公共政策。其中，公共利益是由社会的政治利益、经济利益、生态利益和社会利益构成。海洋资源经济活动所涉及公共利益的多维性决定海洋公共政策具有多样化特征。

（二）海洋公共政策的分类

在海洋资源开发利用领域，涉及规避市场失灵、促进资源配置等功能的海洋公共政策一般包括政治类政策、经济类政策、环境类政策、社会类政策等。

1. 海洋政治类政策　海洋政治类政策是对海洋经济活动所依托及触发的政治利益进行调节和规范的政策，包括涉海行政组织政策、涉海国防与军事政策、涉海外交政策。其中，涉海行政组织政策决定着海洋公共政策实施主体的基本框架，相对更具基础意义。海洋政治类政策，一般直接作用于各类经济主体的政治利益结构并影响经济、社会甚至生态利益结构，继而影响海洋经济运行。

(1) 涉海行政组织政策。涉海行政组织政策是指政府针对涉及海洋事务的具体行政部门特别是其中的组织机构与人员结构，就其基本职能与相互关系所制定的政策，其中也包括行政部门与司法部门、立法部门之间以及行政部门与非营利组织之间的协调政策，常设的综合性海洋管理机构的行政规制政策。涉海行政组织政策奠定了行政机构在海洋经济活动中的基本权威和政治秩序，为调节海洋经济利益乃至协调整个国民经济运行提供了主体支撑。在治理海洋经济领域市场失灵现象方面，可通过变更涉海政府机构的规模、结构、协调机制、行政管理方式及效能，改进资源配置效率，减少市场失灵现象。

(2) 涉海国防与军事政策。涉海国防与军事政策是指由政府相关的国防及军事部门针对国防安全与军事建设的涉海事务制定的政策，其中包括海洋国防经济政策。涉海国防与军事政策从武装力量角度保障海洋经济的日常运行秩序及运行中的各类权威关系。在治理海洋经济领域市场失灵现象方面，可以将部分军事资源用于保障提供公共物品或遏制自然生态恶化。

(3) 涉海外交政策。涉海外交政策是指由政府相关的外交部门针对对外基本关系中的涉海事务制定的政策，它影响着海洋经济活动所依赖的基本国际政治秩序以及国际海洋关系或海洋权益的结构和趋势。在国际海洋经济活动中，涉海国防与军事政策同涉海外交政策的密切配合，对打击国际海盗组织的犯罪活动、维护全球海洋资源环境质量及海洋经济的正常运行尤为重要。

2. 海洋经济类政策　海洋经济类政策是借助经济杠杆作用于各类经济主体的经济利益结构，对海洋经济运行进行调节和规范，包括涉海财政政策、涉海金融政策、涉海贸易政策、涉海产业经济政策以及涉海区域经济政策，其中财政、金融、贸易政策更具工具性或基础地位。

(1) 涉海财政政策。涉海财政政策是指由政府相关的财政部门从财政收支角度针对海洋经济活动制定的政策。政府财政部门可运用税收、国有资本收益、收费、补贴、行政费用支出、政府购买支出（或财政投资、政府转移支付、公债发行乃至预算）等手段，调节公共部门与海洋产品生产经营者及消费者之间的收益分配结构甚至收益规模，进而影响海洋经济的规模、结构与趋势。在治理海洋经济领域市场失灵现象方面，涉海财政政策有较为广泛的作用，如税收、收费、补贴甚至转移支付等手段可直接用于规避外部效应，抑制垄断和自然环境恶化，行政费用支出及政府购买支出可维持或增加公共产品与公共服务供给。

(2) 涉海金融政策。涉海金融政策是指由政府相关的金融部门从货币金融运行角度针对海洋经济活动制定的政策。政府金融部门可运用利率、再贴现率、公开市场业务、贷款规模与结构、保证金比率、授信额度与结构、金融机构准入与退出机制变更甚至道义劝说和窗口指导等手段，调节海洋产品生产经营者及消费者的资金规模、结构及效益，进而影响海洋经济的规模、结构与趋势。在治理海洋经济领域市场失灵现象方面，涉海金融政策可运用差别化的利率或信贷以及债务工具，规避外部效应，抑制垄断和自然环境恶化，乃至维系政府的公共产品供给。

（3）涉海贸易政策。涉海贸易政策是指由政府相关的对外贸易部门从国际经贸联系角度针对海洋经济活动制定的政策。政府对外贸易部门可运用关税壁垒（主要包括进口关税、出口关税和过境关税）、非关税壁垒（主要包括进口许可和进出口配额）甚至国际贸易结算方式安排等手段，调节国际范围内海洋产品生产经营者和消费者的成本与收益，进而影响海洋经济在国际范围内的规模、结构及趋向。在治理海洋经济领域市场失灵现象方面，涉海贸易政策可采取差别化的关税及非关税措施规避国际海洋经济活动中可能存在的外部效应、国际垄断（表现为国际贸易倾销）和自然环境恶化，增强国内公共产品供给。

（4）涉海产业经济政策。涉海产业经济政策主要是指由政府相关的综合计划部门从产业经济发展角度对海洋经济活动制定的政策。综合计划部门可同海洋产业相关主管部门配合，基于国民经济发展目标及海洋产业发展状况，运用财政、金融、贸易以及行政执法等手段对各海洋产业的规模、结构、秩序及其关系等进行规划或管制。在治理海洋经济领域市场失灵现象方面，行政执法可直接克服行业垄断，差别化的财政、金融及贸易手段有助于遏制外部效应与自然环境恶化。

（5）涉海区域经济政策。涉海区域经济政策主要是指由政府相关的综合计划部门从区域经济发展角度对海洋经济活动制定的政策。综合计划部门可同所辖各级下属职能部门进行配合，基于国民经济发展目标及海洋区域发展状况，运用财政、金融、贸易以及行政执法等手段对各涉海地区的海洋经济规模、结构、秩序及其关系等进行规划或管制。在治理海洋经济领域市场失灵现象方面，直接管制以及政府间的协调机制对于克服地区保护、防范可能的区域性外部效应乃至遏制自然环境恶化均有重要作用。

3. 海洋环境类政策 海洋环境类政策是对海洋经济运行所依托及触发的各类经济主体的生态利益进行调节和规范的政策，主要包括海洋自然环境科学研究政策和海洋自然环境技术开发政策。生态利益结构构成海洋经济活动的自然基础，海洋环境类政策推进人类对海洋自然环境认识与合作，持续增进人类的生态、经济、社会甚至政治利益，继而推动海洋经济稳健运行。

（1）海洋自然环境科学研究政策。海洋自然环境科学研究政策主要是指由政府相关的科研主管部门基于探索海洋自然资源与海洋生态环境（包括人海生态关系）方面的本质联系制定的政策。政府科研主管部门可根据海洋自然环境科学的发展态势与社会的海洋资源建设及生态发展需要，运用经济和行政手段调动社会资源，在稳步提高规模的前提下，不断优化海洋自然环境科学研究的人力、物力及财力结构。在治理海洋经济领域市场失灵现象方面，海洋自然环境科学研究政策作用通常不够明显，但其累积效应却不容忽视，甚至极具革命性。

（2）海洋自然环境技术开发政策。海洋自然环境技术开发政策主要是指由政府相关的科研主管部门基于海洋自然资源与海洋生态环境的保护与经济利用制定的政策，一般涉及海洋自然资源的利用、海洋自然灾害防治、海洋生态环境污染控制、海洋生态环境建设等技术研发活动，尤其包括相关的标准化与质量控制技术制定与运用的政策。政府科研主管部门可根据海洋自然环境保护与利用技术的发展态势及社会的战略需要或重大需要，运用经济和行政手段调动社会资源，在稳步扩大海洋技术研发规模的前提下，不断优化海洋技术研发的人力、物力及财力结构。在治理海洋经济领域市场失灵现象方面，海洋自然环境技术开发政策作用通常较为明显，不过也会在相当程度上受到海洋科学研究进程的约束。

4. 海洋社会类政策　海洋社会类政策是在海洋经济活动中对海洋经济运行所依托及触发的社会利益进行调节和规范的政策，包括涉海文化政策、涉海传播政策、涉海收入分配政策、涉海人力资源与劳动保障政策、涉海民族及宗教政策。海洋社会类政策直接作用于海洋经济活动的社会文化心理基础或伦理道德基础，继而影响各类经济主体的社会利益结构，且对海洋经济领域政治利益结构、经济利益结构和生态利益结构的形成与变革有着深层的约束作用。

（1）涉海文化政策。涉海文化政策主要是指由政府相关的文化及艺术主管部门针对海洋相关艺术及人文社会科学知识的普及制定的政策，还可进一步细分为涉海文艺工作政策及涉海人文社科研究政策。

（2）涉海传播政策。涉海传播政策是指政府相关的宣传和教育部门针对涉海知识与文化的宣传与教育而制定的政策，可进一步细分为涉海教育培训政策与涉海舆论宣传政策。

（3）涉海收入分配政策。涉海收入分配政策主要是指由政府相关的综合管理部门针对特定海洋产业或特定涉海区域的居民收入分配状况制定的政策，其中往往涉及与涉海财政、金融政策的匹配。

（4）涉海人力资源与劳动保障政策。涉海人力资源与劳动保障政策是政府相关的人力资源与社会保障主管部门针对特定海洋产业或特定涉海区域内的人口规模、结构、趋势以及就业状况、劳动条件、劳动强度、劳动保障、健康卫生状况等制定的政策，可进一步细分为涉海人口政策与涉海劳动就业政策。

（5）涉海民族及宗教政策。涉海民族及宗教政策主要是指由政府相关的民族、宗教事务及意识形态主管机构针对特定海洋产业或特定涉海区域内的民族关系及宗教结构制定的政策，可细分为涉海民族政策和涉海宗教政策。

（6）海洋社会利益结构调整政策。海洋社会利益结构调整政策主要通过影响社会利益结构，进而作用于海洋产品生产经营者及消费者面对海洋经济运行状况和海洋经济领域市场失灵现象时的行为选择。

第六章

海洋环境经济

学习目的

掌握海洋环境经济系统的组成部分；了解海洋环境与海洋经济发展的相互关系；掌握海洋环境价值评估的理论与方法；理解海洋环境价值的费用-效益分析原理、步骤与评价标准；了解海洋环境资产化管理的目标和核心；掌握涉海建设项目环境经济的评价指标体系；了解海洋排污权交易与庇古税。

第一节　海洋环境经济系统

一、海洋环境经济系统组成

海洋环境经济系统，是由海洋环境系统与经济系统耦合而成的复合系统，反映了海洋环境系统与经济系统之间的关系。

1. 海洋环境系统　《中华人民共和国环境保护法》指出，环境包括大气、水、海洋、土地、矿藏、森林、草原、湿地、野生生物、自然遗迹、人文遗迹、自然保护区、风景名胜区、城市和乡村等。由此可见，环境是一种人类环境，即以人类为主体的环境。

在海洋环境经济研究中，我们将环境定义为作用于人类及其活动、行为的所有外界事物，那么海洋环境就是海洋空间范围内人类生产和生活所处的周边自然条件。因此，海洋环境系统是指围绕人类及人类活动而形成的一个涉及多因素、多层次的有机统一体，由大气圈、海水圈、近岸土壤及底土圈和生物圈4个子系统构成。在这4个子系统中，大气圈、海水圈、近岸土壤及底土圈3个子系统是海洋环境系统的基础子系统；生物圈是在此基础上形成的子系统，包括动物、植物和微生物等，也是海洋环境系统中最活跃的子系统，在海洋环境系统的物质循环、能量转换、信息传递等方面有着特殊的作用①（图 6-1）。

2. 经济系统　经济系统是由经济再生产过程中的生产、交换、分配和消费 4 个相互影响、制约的环节所组成的有机整体。其中，生产起决定作用，它决定着交换、分配和消费，而交换、分配和消费又反过来影响生产，即在某些特定条件下，交换、分配和消费也有可能对生产起决定作用。显然，该经济系统并未考虑环境影响，我们称之为传统经济系统模型，它把人类的经济社会看做一个封闭系统，在这个系统中有两个基本的行为主体——生产者和消费者，这两个行为主体通过物质流与货币流形成产品和要素两大市场，构成循环运行的 4 个环节。在产品市场上，生产者生产产品，消费者支付货币购买产品，实现消费需求；在要素市场上，消费者进入劳动市场，为生产者提供劳动、资源、技术等生产要素，生产者支付货币给要素提供者，实现生产意愿（图 6-2）②。

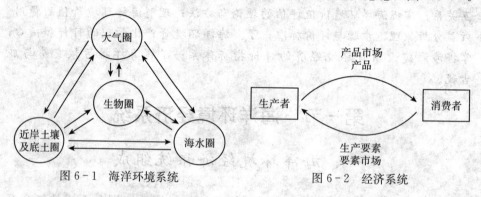

图 6-1　海洋环境系统　　　　　　　图 6-2　经济系统

3. 海洋环境经济系统　将海洋环境系统与海洋经济系统相互耦合，通过物质、能量、信息的交换，构成海洋环境经济系统。海洋环境经济系统不仅考虑了经济运行规律，同时也避免了传统经济模型的弊端，将海洋自然客观环境对生产的作用、环境容量等方面都纳入分析系统（图 6-3）。

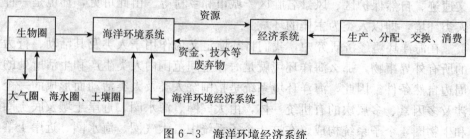

图 6-3　海洋环境经济系统

---

①　朱坚真，2010. 海洋环境经济学［M］. 北京：经济科学出版社：111-113.
②　刘传江，侯伟丽，2006. 环境经济学［M］. 武汉：武汉大学出版社：99-101.

海洋环境系统和海洋经济系统是有机统一的整体，在这个整体中各子系统是相互制约、相互依存的，具有严密的内在、本质的关系。在这个复杂的系统中，人类处于核心和主体地位，具有对系统进行调控的能力，人类通过各种经济活动完成与环境之间的物质和能量交换，以满足人类社会经济发展所需的物质要素。在这个过程中，环境与经济同属一个大系统，海洋环境系统是海洋经济系统的自然物质基础，海洋经济系统是在海洋环境系统的基础上产生和发展起来的。海洋环境系统涉及生命系统与非生命系统，为海洋经济系统提供各种形式资源，同时也要承受海洋经济系统所排出的废弃物，制约着海洋经济系统的可持续发展；海洋经济系统不是单一的部门经济或者行业经济，它通过为海洋环境系统提供资金、技术等，将存在于海洋环境空间所有涉海经济活动联系起来，同时，海洋经济系统通过产生排出各种废弃物影响着海洋环境系统。

二、海洋环境与海洋经济发展

21世纪是海洋的世纪，开发利用海洋资源、发展海洋经济已经成为沿海国家获得经济可持续发展的新的突破口。同样，可持续发展海洋经济也要面对海洋环境与海洋经济发展之间的相互影响、相互制约的关系。

1. 海洋环境是海洋经济可持续发展的基础　健康的海洋环境，可为人类的生存、生活与生产提供良好的物质资源与环境，提高人类再生产效率，促进海洋产业健康、良好、快速发展。相反，愈益恶化的海洋环境则会给人类的生活、生产活动带来极大影响，甚至是威胁。海洋环境异于大陆环境系统，极具脆弱性，一旦被破坏，往往是不可逆转的，同时也会给海洋经济可持续发展带来巨大损害。海洋环境污染对海洋渔业、海洋旅游业的影响是直接的，其中海洋污染对海洋渔业造成的损害则是巨大的。要保持海洋经济的可持续发展必须解决海洋环境问题[①]。

2. 海洋经济发展是双刃剑　发展海洋经济，是当下沿海国家寻求可持续发展的重要战略。发展海洋经济对改善人类生活状态、带动社会就业、维持社会稳定等具有极大影响，而且还可以吸引更多的人力、财力、物力投入到海洋资源开发和海洋环境保护当中，提高海洋科技研究水平，提高海洋资源开发利用效率，提高海洋环境的质量，从而将更丰富的海洋资源为人类所用，提高人类物质生活水平，亦能够将更美好的和蔚蓝的海洋呈现在人们的面前，美化人

---

① 崔凤，2009. 改革开放以来我国海洋环境的变迁：一个环境社会学视角下的考察 [J]. 江海学刊 (2)：116 - 121.

类的生存和生活环境。

片面追求海洋经济效益，忽视海洋环境保护，采用竭泽而渔的形式开采海洋资源，会给海洋环境资源系统带来不可逆转的损害，甚至会剥夺下一代人开发利用海洋资源、享受海洋环境的权利。日益恶化的海洋环境带来的海洋灾害，给未来人类生存与发展带来威胁，使人类丧失发展海洋经济的环境，甚至可持续发展的机会。因此，发展海洋经济具有两面性，为了人类社会可持续发展，必须坚持海洋经济效益、生态效益、环境效益相协调原则，实现人与海洋的和谐共存。

三、海洋环境经济再生产

（一）海洋环境经济循环

在海洋环境经济系统中，存在一个巨大的循环转化的立体网络，即海洋环境经济立体网络。海洋环境经济网络中的物质、能量、货币、信息的循环转化，就构成了海洋环境经济循环。

1. 物质循环　海洋环境经济系统的物质循环包括自然物质流和经济物质流。自然物质流一般在 3 个级别上进行：①生物个体水平上的循环，即通过生物的新陈代谢作用来实现；②生物圈水平上的物质循环，即通过食物链实现物质循环；③环境系统水平上的循环，即物质在生物圈、大气圈、水体圈、岩石土壤圈之间进行的生物地球化学循环。经济物质流是由人的经济活动所形成的物质循环运动。经济物质流包括直接生产过程中的物质流、流通过程中的物质流和消费过程中的物质流。生产物质流是人类用人工合成、分解等手段，将自然物质流的产物加工成具有某种用途的产品，然后通过运输等进入流通领域；流通过程中的物质流又叫商流，即用于交换的商品流；消费过程中的物质流主要指消费过程中消费后的物质残渣归还环境。

2. 能量流　海洋环境经济系统的运行需要能量的支持，能量流是指各种形态的能量在海洋环境经济系统内部的流动状况及其动态传递。能量流也包括自然能流和经济能流两部分。能量流是单程流，是不可逆的过程。

3. 货币流　货币流是经济发展的产物，它是经济物质流、经济能量流、经济信息流的内在价值的外在体现，并与物质流、能量流、信息流呈相反方向流动。

4. 信息流　海洋环境经济系统中的信息包括自然信息和人工信息，自然信息和人工信息的交换构成了信息流。信息流在海洋环境经济系统中起着支配作用，它调节物质流、能量流、货币流的数量、方向、速度和目标。

（二）环境经济再生产

根据环境经济学理论，环境经济再生产包括人口再生产、物质资料再生产、精神产品再生产和环境再生产。

1. 人口再生产 人口再生产是环境经济再生产的内在动力和主体，它是在一定的社会经济、科技、文化教育和生态环境条件下人口的繁衍、更新过程，它包括就业人口再生产（现有劳动力再生产）、新增人口再生产（后备劳动力再生产）和退业人口再生产。

2. 物质资料再生产 物质资料再生产是环境经济再生产的主导，它为人类社会创造物质财富，满足社会人口再生产、精神产品再生产和环境再生产的物质需求。物质资料再生产是社会再生产和自然再生产的统一体。

3. 精神产品再生产 精神产品再生产是环境经济再生产的中介，它是指尚未转化为现实生产力的知识形态的智力（脑力）劳动成果以及专门为满足人们精神消费需求的产品的再生产过程。

4. 环境再生产 环境再生产是指在自然力和人力共同作用下，生态环境的自然结构和状态的维持与改善的过程。它包括：为抵御人类社会经济活动中各种负面影响而维持环境系统各种正常功能的过程；对各种退化环境系统进行改造、恢复、重建，使生态环境最终适合于人的生存和发展的过程。

第二节 海洋环境价值评估

一、海洋环境评估理论与方法

（一）海洋环境价值理论

海洋环境价值的理论来源包括可持续发展理论、产权经济学理论与资源价值理论（效用价值论、劳动价值论、生态价值论、稀缺价值论），从不同的学科不同角度理解，可概括为两方面：首先是海洋环境内在价值。根据张德昭等的研究[1]，内在价值即海洋环境价值所具有的、与其他事物区别开来的本质属性，不依赖于评价主体的评价，是一种客观价值、非工具价值，具体包括：海洋环境系统成分、结构及生态过程功能[2]；存在价值；系统内部成分之间的关

---

① 张德昭，袁媛，2006. 价值层面的可持续发展 [J]. 自然辩证法研究，22（3）：14-17.
② 徐虹霓，2014. 海洋生态系统内在价值评估方法研究 [D]. 厦门；厦门大学：11-18.

系。其次是海洋环境外在价值，参考卢见[1]、王海明[2]、Farber 等[3]对海洋环境外在价值定义。相对于海洋环境内在价值，海洋环境外在价值所具备的工具价值或手段价值，包括供给服务、调节服务、文化服务和支持服务价值[4]。由此，可将海洋环境价值理论分解为可持续发展环境价值论、存在价值论、劳动价值论、外部性环境价值论。

1. 可持续发展环境价值论　可持续发展环境价值理论是基于经济发展与环境系统不平衡的现实矛盾，考虑到未来环境的可利用性和对未来发展应承担的义务，运用可持续发展的原理来对环境的价值进行评估的应用理论。其基本内容是：改变片面追求经济增长、忽视环境保护的传统发展模式；由资源型经济过渡到技术应用型经济，综合考虑经济、社会、资源与环境效益；通过优化产业结构、开发应用高新技术、实行清洁生产和文明消费、集约利用资源及减少废弃物排放等措施，协调环境与发展之间的关系，使经济发展在满足当代人需求的基础上，兼顾后代人的利益，最终达到经济、资源、环境与社会的持续稳定发展。

2. 存在价值论　John V. Krutilla 在 1967 年《自然保护的再认识》一书中首次提出非使用价值、存在价值的概念。Krutilla 认为，当人类不是出于任何功利意图的考虑，只是因为舒适性资源的存在而表现的支付意愿，即为环境的"存在价值"[5]。D. Psarc 将存在价值视为事物所具有的内在价值，它完全与人类无关，可以独立于人类而存在，将其归于非使用价值。非使用价值和存在价值的提出使人们对环境价值有了更全面的认识，在很大程度上影响了人类行为。存在价值不是一个独立的价值论系统，它是资源价值的重要组成部分之一，存在价值的提出打破了传统经济学以个体理性、效率为核心的基础[6]。海洋环境资源，尤其是未经人类劳动参与的天然的海洋自然资源，如原始的海洋地理景观，具有使用价值是人们所认可的。海洋环境资源的价值是自然环境与人类之间关系的表现。长期以来，海洋环境价值被忽略使得海洋环境资源价值体系不完全，造成补偿不足。国家需要研究制定海洋环境价值体系及相关的收

①　卢见，2000. 自然的主体性和人的主体性 [J]. 湖南师范大学社会科学学报，29（2）：16-23.

②　王海明，2002. 自然内在价值论 [J]. 中国人民大学学报，16（6）：36-43.

③　FARBER S C, COSTANZA R, WILSON M A, 2002. Economic and ecological concepts for valuing ecosystem services [J]. Ecological economics，41（3）：375-392.

④　吴欣欣，2014. 海洋生态系统外在价值评估：理论解析、方法探讨及案例研究 [D]. 厦门：厦门大学：23-28.

⑤　KRUTILLA J V, 1967. Conservation reconsidered [J]. American economic review，57（4）：777-786.

⑥　田春暖，2008. 海洋生态系统环境价值评估方法实证研究 [D]. 青岛：中国海洋大学.

费政策，实行足量补偿，足量补偿的价值就是存在价值。因此对海洋环境资源数量和质量上的折损，必须进行足额的补偿，使海洋环境资源的存在价值不断完善。

3. 劳动价值论　劳动价值论最早起源于威廉·配第的《赋税论》[①]，配第提出"自然价格"概念，此后亚当·斯密对劳动价值论作了系统阐述，李嘉图在亚当·斯密研究基础上提出商品的交换价值和其生产时所耗费的劳动成正比、和劳动生产率成反比。马克思在批判继承亚当·斯密和李嘉图理论的基础上，主张商品包括使用价值和价值（价值实体、价值量）两个因素，前者是商品的自然属性，是由具体劳动创造的；后者是商品的社会属性，由抽象劳动创造。按马克思劳动价值论，价值是通过物与物形式表现出来的人与人的关系，价值量的大小取决于所消耗的社会必要劳动时间。运用马克思的劳动价值论来考察海洋环境资源的价值，关键在于海洋环境资源是否凝结着人类的劳动。

第一种观点认为，处于自然状态下的海洋环境，是天然的产物，不是人类创造的劳动产品，没有凝结着人类的劳动，因而没有价值。这种观点的依据是马克思说过："如果它本身不是人类劳动的产品，那末，它就不会把任何价值转给产品。它的作用只是形成使用价值，而不是形成交换价值。一切未经人的协助就天然存在的生产资料，如土地、风、水、矿脉中的铁、原始森林中的树木等等，都是这样。"[②] 第二种环境观点认为，当今时代已不是马克思所处年代，人类为了使环境和经济均衡发展向海洋环境投入大量人力物力，现在的海洋环境资源已不是纯天然的自然资源，它有人类劳动的参与，海洋环境价值就是人们为使经济社会发展、自然资源再生产和海洋生态环境保持平衡与良性循环而付出的社会必要劳动[③]，因而具有价值。

上述两种观点都是从海洋环境资源是否物化了人类的劳动为出发点展开论证的，但所得结论截然相反。究其因，主要归结于劳动价值论是否适用于时代环境。第一种观点，基于经济尚不发达、资源相对丰富、海洋环境问题尚不突出的时代背景，认为海洋环境没有价值是可以理解的。到了环境成为人类生存和企业、个人追求的稀缺要素时，环境就有了价值和价格。第二种观点则相反，经济相对较发达，资源开发已面临枯竭危机，海洋环境污染日渐严重，为了满足经济发展需求，人们必须参与自然环境的再生产，不可避免投入大量劳

---

① 配第，2011. 赋税论（全译本）[M]. 武汉：武汉大学出版社.

② 中共中央马克思恩格斯列宁斯大林著作编译局，1972. 马克思恩格斯全集：第 23 卷 [M]. 北京：人民出版社：230.

③ 袁栋，2008. 海洋渔业资源性资产流失测度方法及应用研究 [D]. 青岛：中国海洋大学：42-48.

动，因此海洋环境具有价值也是符合马克思劳动价值论的。事实上，这两种观点都没有从根本上解决环境被无偿使用的问题：前者认为海洋环境没有价值，无偿使用是合理的，导致海洋环境问题恶性循环；后者尽管认为海洋环境具有价值，但其只是对耗费劳动的补偿，虽然在一定程度上通过经济杠杆的调节作用对海洋环境破坏等行为进行了限制，但最终没有从根本上解决海洋环境被无偿使用的问题。

4. 外部性价值论　环境经济思想建立在庇古的外部性理论基础上。20世纪环境问题尚未引起广泛关注，庇古在《福利经济学》中以河流污染为案例，提出了外部性导致环境污染加剧的问题，主张对私人生产产生的外部成本进行等额征税，使私人成本与社会成本相等；对私人成本产生的外部收益进行等额补贴，使私人收益与社会收益一致，从而使资源配置接近帕累托最优状态。庇古认为政府有责任通过补贴、赋税或法规使得个人边际净成本与社会边际净成本趋于相等，主张把生产规模和污染物的排放量控制在有效率的污染水平上。庇古的外部性理论为海洋环境资源的科学定价确立了理论基础。现代资源经济学正是在这一理论基础上建立环境资源价值的基本定价模型：环境资源价值＝私人成本＋外部成本＝私人生产成本＋使用者成本＋环境成本。

基于以上价值论，将海洋环境资源的价值理解为其总经济价值，它包含两部分（图6-4）：①使用价值（直接使用价值与间接使用价值）；②非使用价值（选择价值、存在价值）。

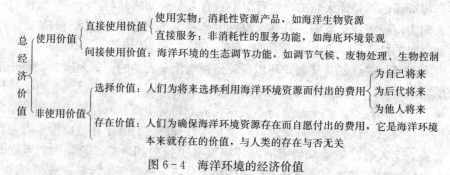

图6-4　海洋环境的经济价值

（二）海洋环境价值评估方法

海洋环境价值评估是指通过一定的方式，对海洋环境所提供的物品或服务进行定量评估，以货币量形式表现出来。一般情况下，海洋环境的价值主要包括使用价值与非使用价值，具体表现在：为生物物种及非生物物种提供生存和时空背景；为生物提供生存的生活资料，对生物物种的更新和物质转化有着特殊的功能价值；为非生物的形成提供生成条件。海洋环境资源的自身内在价值，称为"自然价值"，而对于凝结于海洋环境中的一定的人类劳动所形成的价值，称为"附加劳动价值"。因此，可以得到海洋环境价值的评估公式

$$V=V_1+V_2+V_3$$

式中：V 为海洋环境资源总价值；V_1 为海洋环境提供物质性资源的价值；V_2 为海洋环境的生态调节价值；V_3 为海洋环境中凝结的人类劳动所形成的价值。

海洋环境价值评估要反映个人的经济偏好，这里有一个基本假设：人类对于海洋环境质量和资源保护的偏好对资源配置有重要影响。环境价值评估的基础是人们对海洋环境改善的支付意愿，或是接受破坏环境的赔偿意愿。因此，海洋环境价值评估通常从估计人们的支付意愿或代价入手。一般来说，获得人们支付意愿或接受赔偿意愿的途径主要有 3 种：直接受影响资源的相关市场信息；其他事物中包含的有关信息；直接调查个人的支付意愿或接受赔偿意愿。基于这 3 种信息途径，可将海洋环境质量评估方法分为 3 种类型：直接市场法（机会成本法、市场价值法、人力资本法）；间接市场法（防护费用法、恢复费用法、替代市场法）；陈述偏好法（调查评价法）。

1. 机会成本法　新古典经济学提出，人们得到某种东西的成本就是为了得到它所放弃的东西的价值。每次我们采用一种方法使用资源时，我们就放弃了其他方法利用该资源的机会，错过了的物品或劳务的价值，称为"机会成本"。例如，面临海岸带开发与保护的选择时，如果选择开发，那么开发活动的机会成本就是在未来某一段时间内保护原有海岸带而得到的净效益的现值。因此，使用一种资源的机会成本，就是把该资源投入某一用途后所放弃的其他用途中所能够获得的最大效益，计算公式为

$$L_i=S_i\times W_i$$

式中：L_i 为第 i 种资源损失成本的价值；S_i 为第 i 种资源单位机会成本现值；W_i 为第 i 种资源损失的数量

机会成本法常常应用于那些资源使用的社会净效益不能直接用市场价格核算的项目。当海洋项目开发可能给沿海地区带来环境污染，甚至于造成海洋环境系统的不可恢复性破坏时，项目开发的机会成本就是在未来一段时期内，保护海洋环境系统得到的净效益现值。而大多数环境资源无市场交易和市场价格特征，因此，可以换个思路，保护环境系统的机会成本，就是损失的开发效益的现值。

2. 防护费用法　所谓防护费用法，指以个人或厂商为消除或减少环境恶化的有害影响而自愿承担的防护费用，作为环境提供产品或服务的潜在价值的

评估方法。比如，为了防止风暴对海水养殖的影响而安装抗风浪设备等。以海水污染对海水养殖的费用评价为例说明：假设养殖户的污染损失价值用迁出或留在污染海域的支付意愿和支付费用来衡量。若每个养殖户完全掌握相关信息，对海水污染引起的负效用的价值预计为 V。

（1）如果养殖户决定迁出污染海域则产生一定费用：消费者剩余 S——养殖户支付给政府相关部门的海域使用金超过市场价值的部分；污染引起的水产品供给量减少造成的收益损失 D；搬迁费用 F。此时，若 $V>S+D+F$，那么养殖户就会选择迁出污染海域；若 $V<S+D+F$，那么养殖户就会选择留在污染海域。

（2）对污染海域进行治理，使得养殖户选择留下。假设治理污染的费用为 C，采取污染治理后剩余的负效用价值评价为 V'，此时，养殖户决定留下，但不愿意出资治理污染的条件是

$$C+V'>V$$
$$S+D+F>V$$

养殖户决定留下，并愿意出资治理污染的条件为

$$V>C+V'$$
$$V<S+D+F$$

养殖户愿意出资治理污染的最大边界为

$$V-V'=C$$

防护费用法是依据个人自愿的行为进行的评估，相较于其他估计方法更为直接，但该方法应用的前提是：①个人可以获取充分信息便于正确预估环境变化的危害。②个人采取的防护行为不受诸如经济条件或市场不完善等因素的制约。然而，在实际使用时，防护费用法会因行为动机和环境目标等多种因素导致对环境价值补偿不合理。另外，防护费用法考察的仅是环境的使用价值，对环境的非使用价值无法做出合理评估。

3. 恢复费用法 海洋环境不同于一般意义资源，由于海洋环境无标准市场交易特征，因此，海洋环境或海洋环境资源是无法可靠定价的。但海洋环境遭受污染、破坏，要修复需付出一定量的代价。因此，可以将此部分费用作为评估保护或改善环境的最低期望效益，或作为海洋环境质量损失的最低经济价值。

4. 替代市场法 替代市场法用于所讨论的环境不能以市场价格计价时，用替代物市场价格作为该环境价值的依据。这类方法主要有资产价值法、工资差额法、旅行费用法。

（1）资产价值法。资产价值法把海洋环境质量作为影响资产价值的一个因

素，当影响资产价值的其他要素不变时，以环境质量变化引起资产价值的变动量来估计环境污染造成的经济损失，或保护、改善海洋环境所得收益的一种方法。比如，海岸治理或修复工程引起了周围海景房价格的大幅上涨。值得指出的是，资产价值法所涉及的个人支付意愿是一种隐含支付意愿，它只能从有关市场交易中得到间接体现。

（2）工资差额法。该方法将不同环境质量下工人工资差异，作为海洋环境质量变化造成的损失或带来的经济收益。一般而言，高工资水平吸引工人前往受污染或环境条件恶劣地区工作，如果不受其他条件影响，那么工资差异部分就归因于工作地点的环境质量。因此，工资差异的水平可以用来估计环境质量变化带来的经济损失或效益。

（3）旅行费用法。该方法用旅行费用作为替代物衡量人们对旅游景点或其他娱乐物品的支付意愿。通常情况下，旅游者认为，景点有较高价值，则愿意为其付费。因此，在排除了其他影响因素后，可以用旅行费用来间接衡量环境质量变动的货币价值。

5. 市场价值法 市场价值法把海洋环境质量看作一个生产要素，海洋环境质量变化导致生产力和生产成本发生变化，从而导致产值和利润发生变化，而产品的价值和利润是可以用市场价格来计量的。假设海洋环境质量的变化影响生产函数，从而影响了一定资源条件下市场商品的供应数量。在另外一些市场，这种变化将导致产量或预期收益的损失。下面以海洋污染对海水养殖效益造成的影响说明市场价值法的估算方法[1]。海域污染对养殖业造成的损失包括两个部分：①污染损失严重不能进行正常养殖生产；②污染造成被养殖海洋生物食用价值的降低。

（1）不能正常养殖损失的计算。其损失计算公式为

$$H_1 = S_1 \times P \times V - M$$

式中：H_1 为不能正常养殖的损失；S_1 为严重污染不能进行正常养殖的面积；P 为正常养殖密度；V 为供食用海产品价格；M 为正常生产成本。

（2）食用价值降低损失计算。有些海洋生物耐污性较强，在被污染的水质中也能生存，并对污染物有一定的富集作用。例如贻贝受污染后有异味，只能作为饵料出售，其食用价值降低。这部分损失可通过以下公式计算：

$$H_2 = S_2 \times P \times (V_1 - V_2)$$

式中：H_2 为食用价值降低造成的损失；S_2 为受污染面积；P 为正常养殖密度；V_1 为供食用海产品价格；V_2 为用作饵料的海产品价格。

① 徐忆红，1993. 海域污染对水产业经济损失估算方法初探［J］. 海洋环境科学 (3)：1-6.

上述公式中的参数确定：综合地区养殖面积、海域环境监测结果，确定污染物浓度等值线图，按水质将海区进行污染程度划分，确定能正常养殖区、养殖海洋生物价值降低区、不能正常养殖区；正常养殖密度、产量、成本、价格可通过相关部门调研取得。

6. 调查评价法　当缺乏市场价格数据时，可以借助调查评价法推导人们的环境支付意愿或者赔偿意愿。调查评价法主要有投标博弈法、权衡博弈法和德尔菲法。

（1）投标博弈法。投标博弈法是被调查者参加某项投标过程中确定支付要求或补偿意愿的方法，是目前常用的方法。例如，对海域使用者征收海域使用金，而海域使用金的标准是由竞标确定的。

（2）权衡博弈法。权衡博弈法，又称比较博弈法。它要求被调查者在不同的物品和对应数量的货币之间进行选择。在海洋环境资源的价值评估中，通常给定被调查者一组环境商品或服务以及相应价格的初始值，询问被调查者愿意选择哪一项。根据被调查者的反应，不断提高或降低价格水平，直至被调查者认为选择二者中的任意一个为止。此时，被调查者所选择的价格就表示他对给定环境商品或服务的支付意愿。此后，再给出另一组组合，比如环境质量下降了，价格也下降了，然后重复上述步骤。经过若干轮的询问，根据被调查者对不同海洋环境质量水平的选择情况，估算出他对边际海洋环境质量变化的支付意愿。

（3）德尔菲法。德尔菲法又称专家函询法，它首先询问个别专家对海洋环境资源价格的意见，并用图表的形式将初值列出；然后对其中偏离的数据请有关专家解释，再反馈并重新评校得到新值；这样连续校正几次就取得统一的估值。这种方法的优点在于专家之间相互回避，避免在决策过程中的相互影响。德尔菲法的缺点在于估值的准确度主要取决于专家的水平，即专家反映社会价值的能力和实施这个方法的技能。

7. 模拟市场价格法　模拟市场价格法亦称条件价值法、假设评价法、或然价值法，是目前世界上最为流行的环境资源评估方法。它以调查问卷为工具，以调查结果为基础，用于在缺乏市场价格或替代市场价格数据情况下，估价环境资源价值。它通过询问人们对于环境质量改善的支付意愿或忍受环境损害的受偿意愿来评估环境物品或服务的价值。该法适宜于对那些非使用价值（存在价值、遗赠价值和选择价值）占较大比重的独特景观和文物古迹价值的评价，因此，被广泛应用于估算公共资源、空气或水的质量，以及具有美学、文化、生态、历史价值但没有市场价格的物品的价值。

8. 人力资本法或收入损失法　环境的基本功能之一是为人类生存提供条件。环境污染导致环境功能变化，会对人类健康有多方面的影响。这种影响不仅表现为因劳动者发病率与死亡率增加而给生产直接造成的损失（可采用市场价值法进行测算），还表现为因环境质量恶化而导致医疗费开支的增加等。人力资本法或收入损失法是专门用于评估反映在人身健康上的环境价值的评价方法。

在利用该方法时，应将重点放在海洋环境质量变化对人体健康的影响（主要是医疗费用的增加），及由于这一影响而导致的个人收入损失。前者相当于因海洋环境质量变化而增加的病人人数与病人的平均医疗费用（按不同症状加权所得）的乘积；后者则相当于海洋环境质量变动对劳动者预期寿命和工作年限的影响与劳动者的预期收入（不包括非人力资本的收入）的现值的乘积①。

二、海洋环境价值的费用-效益分析

（一）环境质量影响分析

1. 环境质量影响　人类活动（包括经济活动）会对周围的环境质量产生极大影响，其中，负面影响就是引起环境破坏和污染，从而把经济费用强加于社会，即环境破坏和污染带来的经济损失。

环境破坏或污染引起的经济损失分为两大类：直接经济损失和间接经济损失。前者是直接造成的减产、损坏或质量下降所引起的经济价值损失，是可以直接用市场价格计量的；后者则是由于环境资源功能的损害影响其他生产和消费系统而造成的经济损失，往往没有市场价格可遵循，须通过寻求它的机会成本或影子价格间接计算。

2. 环境保护措施的费用-效益　基于费用-效益理论的分析基础，并结合海洋环境利用与保护情况，对海洋环境保护的费用-效益做分析（表6-1）。

表6-1　海洋环保措施的费用-效益

名　称	内　容	含　义
环境费用	直接费用	指用于海洋环境保护和利用的投入，如环境保护设施建设、环保部门管理费用、海洋环境科普运行费等
	间接费用	①相对于间接效益的延伸费用，如对某一海域进行生态修复、污染治理，使得该海域的水产养殖功能得到恢复和发展，水产养殖的发展又带动了水产品加工、贸易等相关产业的发展，为发展水产品加工、贸易业而进行的投入就是对该海域进行污染治理的间接费用；②对海洋环境的利用和保护所产生的机会成本，如在某一海域发展水产养殖业就意味着放弃了该海域的通航功能

---

① 陈喜红，2006. 环境经济学 [M]. 北京：化学工业出版社.

(续)

名　称	内　容	含　义
环境效益	直接经济效益	指采取环境保护措施后能直接提供的产品或服务的价值，主要包括物料流失的减少，资源、能源综合利用率的提高，废弃物综合利用和废弃物资源化等的效益
	间接经济效益	指预防和控制污染后减少的环境影响支出和环境损失支出，主要包括环境质量改善、减少生命死亡、美化风景等环境和社会效益

费用-效益分析的基本公式有两种：①费用效益比；②净效益。

费用效益比：

$$\alpha = M/(A-B)$$

式中：M 为费用；A、B 分别为正、负效益。当 $\alpha > 1$ 时，拒绝接受；当 $\alpha = 1$ 时，项目盈亏平衡；当 $\alpha < 1$ 时，接受。

净效益：

$$\beta = (A-B)-M$$

式中：M 为费用；A、B 分别为正、负效益。当 $\beta < 0$ 时，拒绝接受；当 $\beta = 0$ 时，项目盈亏平衡；当 $\beta > 0$ 时，接受。

（二）费用-效益分析的基本原理

费用-效益分析是以新古典经济学理论为基础的，该理论强调个人的福利及个人和社会福利的改进。其基本思想是：个人欲望所满足的程度和经济福利水平可以用人们为消费商品和劳务而愿意支付的价格来表示。在很多情况下，个人消费的物品和劳务实际并未支付费用，但个人所愿意支付的代价原则上可以从行为观察、调查资料或其他方法计算得到，而且还设想用个人货币值的累加量来衡量社会福利。

1. 总效用和边际效用　边际效用理论认为，商品是否有价值取决于两点：①能否引起人们对其效用给予主观评价；②是否具有稀缺性。两者都满足时，商品才会有价值。但决定商品价值的不是其最大效用，而是最小效用，即边际效用。

图 6-5 为个人总效用曲线，纵坐标 Y 表示个人的总效用，横坐标表示单位时间内消费商品 X 的数量。总效用在边际效用率逐渐降低的情况下呈上升趋势，在 X_S 达到饱和，之后逐渐下降，所以，在一定的消费范围内，个人消费商品量越多，其总效用水平就越高。

图 6-6 为商品 X 的个人边际效用曲线。个人边际效用呈递减趋势，典型

的情况是，边际效用开始是正的，然后逐步减少，在 X_S 达到零，然后为负。

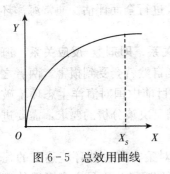

图 6-5　总效用曲线

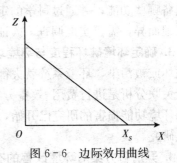

图 6-6　边际效用曲线

2. 需求曲线和消费者剩余　根据个人对商品 X 的支付意愿，可确定在该支付意愿的消费水平上的边际效用，而测定消费数量的变化，也可得出个人基于边际效用函数的支付意愿，从而得到个人对商品 X 的需求曲线。因此，海洋环境质量的需求曲线，在一定条件下也是一条从左向右倾斜的曲线（图 6-7）。

消费者愿意支付的商品价格和该商品市场价格的差额，就叫做消费者剩余。在图 6-7

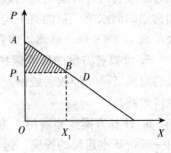

图 6-7　需求曲线

中，商品 X 全部价值为 OX_1BA，实际支付 OX_1BP_1，因此，消费者剩余为阴影区域 P_1BA。而当商品价格提高时，需求量会下降，此时，消费者剩余会减少。根据消费者剩余，可以测定高出实际支付以外的最大支付意愿，因此，经常将消费者剩余加到所消费商品的市场价格内，以正确估算出总的经济效益。

3. 帕累托最优　费用-效益分析中，一个重要的概念是帕累托最优。帕累托最优是指，一个人得到利益且不会对他人造成损害时的资源分配水平是最优的。根据这个标准，社会净福利和净效益最大时，也就是总效益和总费用差额最大时，社会资源的利用效率最高。

（三）环境费用-效益分析的步骤

1. 弄清问题　费用-效益分析的重要任务就是评价解决环境问题各方案的费用和效益，通过比较，确定净效益最大的方案作为决策方案。因此，在费用-效益分析中，首先必须弄清环境工程或政策的目标，分析环境问题所涉及地域，列出解决问题的多项方案及方案跨越的时间范围、适用性等。

2. 环境功能分析　环境问题带来的经济损失，往往是由于环境资源的功能遭到了损害，进而影响到人类健康与生活、生产活动。海洋环境资源的功能具有多样性，为了核算海洋环境问题带来的经济损失，首先要弄清楚被研究对象具备哪些功能，并通过科学的定量分析对其进行全面评估。通常海洋环境功能因地而异，需要实地调查、验证。

3. 确定环境破坏程度与环境功能损害的关系，即剂量-反应关系 海洋环境破坏或被污染，环境系统就失衡，环境功能自然就会受到损害，两者之间的定量关联分析是进行费用-效益分析的关键。目前中国对海洋生态环境破坏程度与环境功能损害的研究已开始，但仍不能满足决策分析的要求，需要进一步加强研究。

4. 弄清各方案对环境改善的有效水平 对策方案改善环境达到的程度决定方案改善海洋环境功能的效益。例如，同样时间内，1号方案可以使遭受溢油污染的海水沉积物油类平均含量比事故前高出0.1倍，而2号方案则是比事故前高出0.68倍，显然，前者的效果优于后者。

5. 计算各方案的环境保护效益 根据方案改善海洋环境的程度和由此带来的海洋环境功能改善或恢复程度，来计算各方案环境改善的效益（包括直接经济效益）。

6. 计算方案实施费用 方案实施费用包括投资费用和运行费用。投资费用一般指基本建设的投资；运行费用则是对工程项目的维护、运行、更新所发生的费用。

7. 费用与效益的现值 费用-效益分析所研究的问题，往往跨越较长时间，因此，必须考虑时间因素，计算费用和效益的现值。

8. 费用与效益的比较分析 通常有两种方法：净现值法与比值法。

（1）净现值法。海洋环境问题应对方案实施需要费用，实施后带来效益，用净效益的现值来评价该项环境对策的经济效益，计算公式为

$$PVNB = PVDB + PVEB - PVC - PVEC$$

式中：$PVNB$ 为环境保护设施净效益的现值；$PVDB$ 为环境保护设施直接经济效益的现值；$PVEB$ 为环境保护设施使环境改善效益的现值；PVC 为环境保护设施费用的现值；$PVEC$ 为环境保护设施带来新的污染损失的现值。

比较各方案的净效益现值，以其中净效益现值最大者为最优方案。

（2）比值法。用效益与费用的现值进行对比，其比值最大者为最优方案。

（四）环境费用-效益分析的评价标准

1. 净现值 不可再生资源在开发过程中会随开发而减少，可再生资源的过度开发也会影响资源再生，在成本和效益发生在不同时间的情况下，需要计算现在或将来的费用和效益，再按总净收益对方案进行评价，即把不同时间的

收益折现后再汇总。计算公式为

$$NB_p = \sum_{t=0}^{n} \frac{NB_t}{(1+r)^n}$$

式中：NB_p 为净收益现值；NB_t 为 t 年净收益；n 为时间范围；r 为贴现率；t 为时间变量，从 0 到 n。

2. 偿还期限　用偿还期限表示一项环保投资需要多少年才能收回，偿还期限可用公式表示为

$$偿还期 = \frac{投产前的费用或投资}{投产后的年净收益}$$

此方法优点是简单易行，但是因为是静态的，没有考虑利率的变动，因而精度低。

3. 内部收益率　内部收益率指可以使项目寿命期内一系列收入和支出的现金流量净现值等于零的利率。按内部收益率折算的总收益现值与总费用现值相等或总收益现值达到最大时，该投资活动的成本全部收回。计算公式为

$$\sum_{t=0}^{n} \frac{B_t}{(1+i)^t} = \sum_{t=0}^{n} \frac{C_t}{(1+i)^t}$$

式中：i 为内部收益率；B_t 为 t 年内收益；C_t 为 t 年内费用；n 为规划的时间范围。

评价时，如果 i 超过指定的贴现率，该项目即可进行；如果有多种投资方案，内部收益率较高者应优先考虑。

4. 收益费用比值　这是一种常用的评价标准，其原则是，收益必须大于或等于费用，该活动才有效率，才可以投资，否则就不可以投资。

三、海洋环境资源资产化管理

(一) 海洋环境资源资产化管理概念

所谓海洋环境资源资产化管理，即把海洋环境资源这种特殊的资产，从其开发利用到生产、再生产，遵循自然规律与经济规律进行投入产出管理。其内容主要包括对天然的海洋环境资源实行有偿使用制度和核算制度，将收益用于资源补偿与再生产；对凝结了人类劳动的海洋环境资源，将其生产和再生产由事业型转变为经营型，最后形成以资源养资源的良性循环，提高资源利用的经济效益、社会效益和生态效益。

(二) 海洋环境资源资产化管理的目标

1. 经济效益评价真实化　把海洋环境资源全面纳入国民经济核算体系，

使资源消耗成为商品成本的一部分，使资源的价值或价格在经济评价中得到实现和补偿。

2. 国有资产所有权实心化　保证"海洋资源归国家所有"不再只是一句空洞的法律条文，落实海洋环境资源国有产权代表，实现产权主体的经济利益，实行"分利不分权""分类分级"的管理模式，保证国家应得利益不流失。

3. 资源产权权能流动化　通过海洋环境资源商品化，赋予海洋环境资源经营者以经济法人地位，促使资源部分产权内容进入市场流通。在国家宏观调控下，发挥市场机制配置资源的基础作用，使海洋环境资源的使用权流向综合效益更高的部门和地区。

4. 资源再生产循环良性化　针对可再生资源，通过资产化管理，消除资源利用的短期行为，将海洋可再生资源的利用强度控制在资源再生能力的一定程度之内，并将资源经营所得部分收益用于海洋环境资源的保护、恢复和增值，形成以资源养资源的良性循环，达到经济效益和生态效益的统一，从而实现海洋环境资源的可持续利用；针对不可再生资源，主要通过价值转移积累资金，用于发现和开发替代性资源新品种①。

（三）海洋环境资源资产化管理的核心

由海洋环境资源的稀缺属性及中国海洋环境资源的管理现状，可以看出，中国实现海洋环境资源资产化管理的核心在于完善资源的产权问题。中国传统海洋环境管理上一直存在着误区，仅认识到海洋环境资源的生态服务功能和有形的物质性资源等自然属性，却忽视了海洋环境资源的社会属性。在海洋开发利用实践中，大量的海洋环境资源被无偿使用，导致"资源无价、原料低价、产品高价"的不合理现象，造成经济评价失真。外部性的存在，加之海洋环境管理的不完善，使得海洋环境的使用短期行为严重，制约了海洋经济的可持续发展。这就要求我们当前应尽快完善海洋环境资源的产权管理，借助产权的排他性，构筑滥用稀缺资源的屏障，从而有效防止这种稀缺资源利用的"搭便车"现象，以解决中国海洋环境资源长期以来不合理利用局面。

（四）海洋环境资源资产化管理的重点：价值评估

海洋环境资源资产化管理重点在于对海洋环境资源资产进行价值评估。根据国务院《国有资产评估管理办法》的规定，适用于中国海洋环境资源资产的

---

① 于英卓，戴桂林，2002. 海洋资源资产化管理与海洋经济的可持续发展 [J]. 经济师（11）：19-20.

评估方法主要有资产现值法、重置成本法、现行市价法、清算价格法等。值得注意的是，不同的海洋环境资源由于分布、特征、供求状况等存在差异，在具体的资产价值评估过程中，应根据海洋环境资源的差异按照不同的方法进行价值确定。

1. 对海洋环境资源进行定级 海洋环境资源在区位条件、资源丰度和利用效益等方面存在着客观性差异，需对各种经济、社会和自然影响因素综合分析，并依据定级因素与社会、经济活动的相关程度确定各定级因素的相对重要性，并相应赋予各因素一定权重，以此按差异划分出各类海洋环境资源的级别。

2. 确定海洋环境资源资产基准价 一般可以采用级差收益测算法评估海洋环境资源资产的基准价。但是由于海洋环境资源资产是由不同类型的海洋环境资源构成，各类资源的客观情况不同，所以不能完全用一种方法对所有海洋环境资源进行基准估价，而应针对海洋环境资源多样性的特点，利用各种有效方法对其进行测定。例如海洋盐田环境使用和滩涂环境使用可采用级差收益测算法；港口环境使用可采用成本法；油气环境使用可采用净价法和成本法等。

第三节 涉海建设项目环境经济评价

随着人类活动向海洋不断深入，涉海建设工程对海洋环境的影响日渐增大，要实现海洋开发与保护的协调发展，就必须加强对涉海建设项目的海洋环境影响监督管理，其主要的内容就是加快对涉海建设项目环境经济评价指标体系的完善的研究，实现对涉海建设项目环境影响的全面评价。

一、涉海建设项目环境影响评价

(一) 涉海建设项目概述

1. 涉海建设项目 涉海建设项目是指所有为了特定目的，在海岸、海面、海底、海洋上空建设的一切对海洋有直接或间接影响的工程，主要包括海岸工程建设项目和海洋工程建设项目。

2. 海岸工程建设项目 根据《防治海岸工程建设项目污染损害海洋环境管理条例》，海岸工程建设项目是指位于海岸或者与海岸连接，工程主体位于海岸线向陆一侧，对海洋环境产生影响的新建、改建、扩建工程项目。具体包括：港口、码头、航道、滨海机场工程项目；造船厂、修船厂；滨海火电站、核电站、风电站；滨海物资存储设施工程项目；滨海矿山、化工、轻工、冶金等工业工程项目；固体废弃物、污水等污染物处理处置排海工程项目；滨海大型养殖场；海岸防护工程、砂石场和入海河口处的水利设施；滨海石油勘探开发工程项目；国务院环境保护主管部门会同国家海洋主管部门规定的其他海岸工程项目。

3. 海洋工程建设项目　根据《防治海岸工程建设项目污染损害海洋环境管理条例》，海洋工程建设项目是指以开发、利用、保护、恢复海洋资源为目的，并且工程主体位于海岸线向海一侧的新建、改建、扩建工程。具体包括：围填海、海上堤坝工程；人工岛、海上和海底物资储藏设施、跨海桥梁、海底隧道工程；海底管道、海底电（光）缆工程；海洋矿产资源勘探开发及其附属工程；海上潮汐电站、波浪电站、温差电站等海洋能源开发利用工程；大型海水养殖场、人工鱼礁工程；盐田、海水淡化等海水综合利用工程；海上娱乐及运动、景观开发工程；国家海洋主管部门会同国务院环境保护主管部门规定的其他海洋工程。

（二）海洋环境影响评价

海洋环境影响评价，是指对涉海规划和建设项目实施后可能造成的环境影响进行分析、预测和评估，并提出预防或使环境损害降至最低限度的对策和措施的一系列工作，是海洋环境建设和环境管理的重要内容。

1. 海洋环境影响评价的内容　评价的内容主要包括：①项目名称、地理位置、工程规模；②项目所处海域的自然环境、海洋水文条件、海洋资源状况；③项目建设过程中及投产后排放废弃物种类、成分、数量、处理方式及排污口位置；④项目建设地点附近海域的环境监测（水质、地质、生物）及环境质量现状评价；⑤对项目建设过程中及投产后的附近海域环境质量监测；⑥对项目建设过程中及投产后的海洋环境影响分析；⑦污染防治对策及环境保护措施（防范重大污染事故的应急措施）；⑧海洋环境影响经济损益简要分析；⑨结论，包括建设规模、性质、选址是否合理，环境措施是否切实有效，经济上是否合理可行，不同环保措施方案的对比、择优。

2. 海洋环境影响评价的流程　一般情况下，涉海建设项目环境影响评价的流程大致分为3个步骤：①准备工作。该阶段主要工作包括收集研究有关资料、工程初步分析、区域环境现状调查、筛选评价要素、编制评价大纲等。②环境影响预测与评价。该阶段是整个评价工作的核心：a. 环境影响预测，包括划分环境影响时段，界定预测内容，选择预测方法，评价结果及分析说明；b. 环境影响评价，包括建设项目环境的范围、性质、程度及特征分析，多厂址方案的环境影响比较，环境保护措施及技术经济论证，环境影响经济损益分析，环境监测制度及环境管理规划，环境影响评价结论。③环境影响评价报告。环境影响评价报告是评价工作的全面总结，根据建设项目类别，选择编制环境影响报告书、环境影响报告表、环境影响登记表。

3. 海洋环境预测方法

（1）定性预测方法。首先是专家判断法。邀请海洋管理者、海洋专家学者、海洋产业从业者代表等对各种可能产生的影响海洋环境的因素，进行分析研究，然后请参与者提出自己的意见，如此往复几次，从而使专家的意见统一，进而得出项目建设可能产生的海洋环境影响的定性结论。其次是类推法。寻找在项目性质、规模、环境等方面与规划项目类似的已建项目，根据已建项目的环境影响来对规划项目的环境影响进行评价。定性预测方法具有简单、省时、省力和省经费的优点，但定性预测主观色彩较强，缺乏准确的数据，有时可能不够精确。

（2）定量预测方法。首先是统计分析方法。搜集、整理影响水质的因素资料，确定变量，通过计量统计分析软件，建立统计关系，输入变量，得到水质参数的变化值，最后对结果进行分析、检验。一般多采用回归分析方法。其次是数值模拟方法。数值模拟又称为计算机模拟，主要结合有限元或有限容积的概念，通过数值计算和图像显示的方法，达到对工程问题和物理问题乃至自然界各类问题研究的目的。数值模拟在环境预测工作中的应用日渐广泛，并不断更新。

4. 海洋环境保护应对策略

（1）改变项目选址。通常，有空气污染的项目应建在下风处，有污水排放的项目应建在河流下游或远离河流，在自然保护区附近、洄游鱼类产卵必经之地等地应禁止建设堤坝等，避免工程给生态资源带来破坏等。

（2）引进新技术、新工艺。涉海建设项目所采用的技术或工艺，往往会影响所利用的环境资源。比如，若技术落后，在建项目所产生的废弃物不能得到有效处理，则一定会给周围环境造成损害，甚至是灾难。因此，若能引用新技术、新工艺，则可避免给环境所带来的破坏。

（3）控制规模。环境本身具有自我调节与净化的能力，但必须是在承载能力范围内，因此，控制项目的废水、废气等的排放量在一定程度内是减少工程对海洋环境影响的重要措施。而一般情况下，项目所带来的废弃物量与工程建设规模是呈正相关的，因此，控制涉海建设项目规模也是海洋环境保护的重要手段之一。

（4）改变污染物的排放地点和处理方式。各海域海水扩散输运能力因所在区位条件会有差异，因此，可根据数值模拟计算结果，将排污口迁移到海水交换的活跃区，还可考虑改变污水排放方式，利用海底管道或其他方式，改污染物沿岸排放为离岸排放。

二、涉海建设项目环境经济评价方法

环境经济评价，也即环境经济损益分析，是指利用经济价值权衡建设项目实施及环保措施落实前后对外部环境造成的影响，是涉海建设项目环境影响的经济损益分析的重要组成部分之一，其主要目的在于衡量涉海建设项目环保投资所能达到的生态环境效益。

（一）涉海建设项目环境影响经济评价

涉海建设项目环境影响经济评价主要是对项目的外部效益与成本的评价，其主要思路是：分为有、无环保措施两种情况进行；在每一种情况下，对项目在建期、运行期的环境影响做出分析；将这种影响货币量化；依据两种影响差的净现值做出判断。计算公式为

$$NPVE = \sum_{n=1}^{m} \frac{PVEB_n - PVEC_n}{(1+i)^{n-1}}$$

式中：$NPVE$ 为项目环境影响的净现值；$PVEB_n$ 为第 n 年项目环境效益；$PVEC_n$ 为第 n 年项目环境损失；i 为折现率；m 为计算期；n 为年份。

（1）计算无环保措施时涉海建设项目的环境影响净现值（$NPVE_1$），可判断项目主体对环境的影响，为选择合适的环保措施提供依据。

（2）计算有环保措施时项目总体（包括项目主体以及附属的环保措施、设施）的环境影响净现值（$NPVE_2$），可以判断项目总体对生态环境的影响，为加强或调整项目的生态环境保护措施提供依据，为项目可行性研究提供依据。若 $NPVE_2 > 0$，则建设项目有利于促进生态环境改善和发展，正值越大，越有利于生态环境经济协调发展；反之，则阻碍生态环境经济协调发展。

（3）计算有、无环保措施时项目环境影响净现值的差值（$NPVE_2 - NPVE_1$），可为建设项目主体所需的配套环保措施的费用-效益分析提供支持。

（二）涉海建设项目环保措施的费用-效益分析

涉海建设项目环保措施的实施会产生成本，同样也会带来效益，因此，考虑用该措施的净现值来评价环保措施的经济效益，计算公式为

$$NPV_1 = \sum_{n=1}^{m} \frac{PVDB_n + PVEB_n - PVC_n - PVEC_n}{(1+i)^{n-1}}$$

式中：NPV_1 为环保措施净现值；$PVDB_n$ 为第 n 年环保措施直接经济效益；$PVEB_n$ 为第 n 年环保措施改善环境效益；PVC_n 为第 n 年环保措施费用；

$PVEC_n$ 为第 n 年环保措施带来新的污染损失；i 为折现率；m 为计算期；n 为年份。

　　该分析方法，虽然同时考虑了环保措施内、外部成本与效益，但只是针对环保措施本身。若 $NPV_1 > 0$，则环保措施从国民经济角度来说可行；反之，则不可行。

（三）涉海建设项目整体的费用-效益分析

　　涉海建设项目整体的费用-效益分析是既考虑项目的内部效益与成本，也考虑项目的外部效益与成本的分析，其计算公式为

$$NPV_2 = \sum_{n=1}^{m} \frac{PVEB_n + PVEPB_n - (PVPC_n + PVEPC_n + PVEDC_n)}{(1+i)^{n-1}}$$

　　式中：NPV_2 为项目的净现值；$PVEB_n$ 为第 n 年项目经济效益；$PVEPB_n$ 为第 n 年项目环境改善效益；$PVPC_n$ 为第 n 年项目生产费用；$PVEPC_n$ 为第 n 年项目环境保护费用；$PVEDC_n$ 为第 n 年项目环境损害费用；i 为折现率；m 为计算期；n 为年份。

　　可见，涉海建设项目整体的费用-效益分析是针对整个项目，从国家整体角度考察项目的效益和费用，从全社会或国民经济层次判断项目的合理性，为项目的可行性研究提供依据。$NPV_2 > 0$，则项目从国民经济角度来说可行；反之，则不可行。

第四节　海洋环境保护与治理

一、海洋环境保护的政策法规

　　进入 21 世纪我国加大了海洋环境保护工作宏观政策和规划。重新修订《中华人民共和国海洋环境保护法》，颁布实施《中华人民共和国海域使用管理法》，《中华人民共和国环境保护法》《中华人民共和国渔业法》等涉及海洋环境保护的法律法规也已修订实施，《全国海洋功能区划》《全国海洋经济发展规划纲要》《国务院关于进一步加强海洋管理工作若干问题的通知》等相继颁布实施，都直接或间接对海洋环境保护工作提出明确要求。现阶段，中国已基本形成海洋环境保护和资源持续利用的法律法规体系，在规范中国海洋环境保护行为中起到了重要的作用[1]。

---

[1] 王斌，2006. 中国海洋环境现状及保护对策 [J]. 环境保护 (20)：24-29.

二、海洋排污权

1. 海洋排污权交易　排污权交易的思想源于 1968 年，加拿大戴尔斯（Dals）首先将其阐述为：政府或有关管理机构作为社会的代表及环境资源的所有者，把排放污染物的权利分配发放或以拍卖方式出售给排污者，排污者将按照有关的污染权规定，进行污染物排放，或进行有偿交换与转让①。因此，海洋排污权交易就是，遵循市场经济规律及海洋环境资源性质，在海洋环保相关部门的监督管理下，各持有排污许可指标的单位，按照有关法律法规所进行的交易活动。其主要思想就是建立合法的污染物排放权利即排污权（这种权利通常以排污许可证的形式表现），并允许这种权利像商品一样进入流通，以此来进行污染物的排放控制。

排污权交易的理论基础可以用图 6-8 说明。

在图 6-8 中，横轴表示污染水平和排污权许可的排污量，纵轴表示排污权的价格；MAC 表示边际控制成本，MEC 表示边际外部成本；Q^* 表示最优排放水平，即环保部门发放的排污许可总量；P^* 表示排污权的最优价格；S^* 是一条垂线，表示

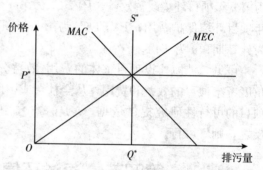

图 6-8　排污权交易的基本原理

排污权的供给曲线（因为排污许可证的发放是被管制的，对价格变化无反应）。MAC 实际上是排污权的需求曲线。对排污单位而言，当排污权价格高于边际控制成本时，将选择自己治理污染；反之，将选择购买排污权。

2. 海洋排污权交易的条件　排污权交易具有成本最小化、有利于宏观调控的优势，而且在诸多环境保护政策中，其对市场机制的利用是最充分的。但排污权交易能否实现预期目标依赖于市场机制，所以采用这种手段就需要满足一系列条件：合理分配排污权、完善的市场条件、政府部门的有效管理、有利于资源优化配置等。

3. 海洋排污许可制度　排污许可制度是实现环境可持续发展的一项基本制度，排污许可制度通过排污许可对企事业单位的排污行为提出具体要求，包

---

① 吴健，2005. 排污权交易：环境容量管理制度创新 [M]. 北京：中国人民大学出版社.

括：合法身份要求，如排污单位的建立时是否符合环境影响评价法和国家产业政策；日常管理性要求，如在生产经营过程中维护污染治理设施正常运行、监测污染物产生和排放情况，按期向环保部门报告，按期参加年检等；技术性要求，如排放污染物的浓度、速率、数量、时段等相关参数。

三、庇　古　税

所谓庇古税，就是庇古在《福利经济学》中表述的政策措施，即由于生态环境问题的重要经济根源是负外部效应，为了消除这种负外部效应，就应该对产生负外部效应的单位收费或征税，这是通过政府干预来解决导致生态环境问题的"市场失灵"和"政府失灵"的一种经济手段。其主要理论思想如图 6-9 所示。

在图 6-9 中，横轴表示污染物排放量，纵轴表示厂商成本或收益；$MNPB$ 表示企业边际私人纯收益；MEC 表示边际外部成本；Q 表示有效率的污染水平。

厂商为了追求最大收益，将生产规模扩大到 $MNPB$ 线与横轴的交点 Q'。但随着生产规模扩大，污染物排放量也增加到 Q'，

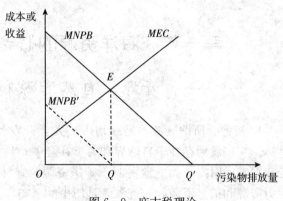

图 6-9　庇古税理论

即超过有效率水平 Q。此时，政府根据厂商的污染物排放量，对每一单位排放量征收特定数额费用，$MNPB$ 线就将会向左平行移到 $MNPB'$，与横轴产生交点 Q，意味着厂商将根据利润最大化目标，把生产规模和污染物的排放量调整控制在了有效率污染水平上。因此，可将最优庇古税定义为：使排污量等于最优污染水平时的排污收费（税）。此时边际外部成本等于边际私人纯收益。

庇古税对控制经济活动排污量具有积极作用，但在实践中往往会因信息不对称，政府实施庇古税会遇到很大阻力，很难实现图中所示的真正最优排污水平。

第七章

海洋资源经济

掌握海洋资源的含义与特征；了解海洋资源的分类原则与基本分类；掌握海洋自然资源的种类和概况；了解海洋社会资源构成；理解海洋自然资源、社会资源的配置原理。

第一节　海洋资源的概念与基本特征

一、资源、自然资源和海洋资源

1. 资源　所谓资源，是一切可被人类开发和利用的物质、能量和信息的总称。它广泛地存在于自然界和人类社会中，是一种自然存在物或能够给人类带来财富的财富，如土地资源、矿产资源、森林资源、海洋资源、石油资源、人力资源和信息资源等。资源既是历史的范畴，又是社会的产物，其概念的关键与核心在于它的有用性、可用性和能够产生并带来价值，资源可以指一切可被人类开发和利用的客观存在。

2. 自然资源　联合国环境规划署 1972 年提出，所谓自然资源，是指在一定时间条件下，能够产生经济价值以提高人类当前和未来福利的自然环境因素的总和。这是目前对自然资源最有代表性的定义。我们认为，在自然资源可持续利用与生态环境保护成为当今世界各国共同选择的资源利用模式与战略的情况下，自然资源就是由自然界形成的可满足人类生存与发展需要的具有经济价值与生态价值的物质与能量的总称。

3. 海洋资源　海洋资源，是指存在于海水中或与之相关的自然资源。它是伴随海洋的形成在海洋自然力下自然生成的，广泛分布于整个海域内，被人类开发和利用。即海洋资源是以海洋作为依托，能够适应或满足人类物质、文化及精神需求的一种自然或社会的资源。海洋资源的定义包括有 4 层含义：①

海洋资源能够适应或满足人类的需要，对人类具有有用性，或者说海洋资源对人类具有价值；②海洋资源是众多资源的一种；③自然资源和海洋资源两者存在交集，但不互相包含；④海洋资源包含某些属于社会资源的资源。

海洋资源不但指海洋自然资源，还包括海洋社会资源。由于海洋社会资源对人类利用的价值没有海洋自然资源那么直接，因此对人类海洋社会资源研究较少，我们通常强调海洋自然资源。本书将海洋自然资源的开发与管理作为主要研究对象和内容。

二、海洋资源的基本特征

1. 海洋资源的流动性　海洋中的海水，是流动的而不是静止不动的，会发生水平方向的和垂直方向的位移。海洋资源中，除了海底矿产、岛礁等少数资源不移动外，其余的均随着海水的移动而在海洋中产生大范围的位移和扩散，包括海洋中的海洋生物、溶解于海水中的物质。

这种流动性不但是作为介质的海水所具有的特性，而且像鱼类等一些海洋生物本身也有游动的习性，不被人类所划定的界线所固定，固定的海域或场所亦难以独占。海水的流动性，加上各个海域自身的条件（比如地质、地貌、距岸远近程度等）以及相应的气候条件、水文条件的差异，形成了海洋资源的自然差异性。

2. 海洋资源的公共性　世界海洋是一个连通的整体，海洋水体是不断流动的，从而造成任何一个国家或地区均不易独占海洋资源。自古以来海洋资源这一特性通常体现在两个方面：①海洋资源的国家性，海洋资源很难产权化而被个人所拥有；②海洋资源的国际性，根据《联合国海洋法公约》的规定，海洋在国际水域内的资源是属于全人类所有。由此，海洋资源在整体上体现出了公共性。

3. 海洋资源的有限性　有限性是自然资源一种本质的特征。尽管海洋资源的储藏量巨大，但许多海洋资源具有不可再生性，从而产生了海洋资源有限性特征。例如，任何一种矿物的形成不仅需要有特定的地质条件进行一系列的物理、化学、生物反应，还必须经过漫长的时间过程，即相对于人类而言其具有不可再生性。而对于可再生资源，如海洋动物、海洋植物，受自身遗传因素和外界客观条件影响，其再生能力有限，若对其利用过度，导致其稳定结构遭到破坏而丧失再生能力，就会转而成为不可再生资源。与其他有限资源相比，海洋能、潮汐能、风能等恒定性资源似乎是取之不尽、用之不竭的，但从某个时段或地区来考虑，其所能提供的能量也是有限的。

4. 海洋资源的生物多样性　海洋资源的生物多样性远比陆地上的更为丰

富。海洋环境能够容纳动物的总量是陆地环境动物总量的 2 倍，海洋生物物种也是陆地生物物种的 2 倍。如目前所发现的 34 个动物门中，海洋就占了 33 个门，其中有 15 个门的动物只能生活在海洋环境中。

34 个动物门里只有 13 个门可以栖居于陆地，其中只有有爪动物门只分布在陆地上。从最微小的微生物到最大的哺乳动物，地球上有 80% 的生物栖息在海洋中。丰富多样的海洋生物不但能满足人类食物、医药与休憩等多种需求，也借由保护海岸、分解废弃物、调节气候、提供新鲜空气等，成为地球上最大的生命维生系统。

5. 海洋资源的空间立体性　海洋是一个庞大的三维立体水系统结构，由一个巨大的连续水体及其上覆大气圈空间和下伏海底空间三大部分组成。在二维平面上它占据地球表面积的 70.8%，在垂向上有平均 3 800m 深的水体空间，如此广阔的空间资源具有明显异于陆地资源的三维特性。海洋从其表面开始，往下深度可达到数千米，这一特点决定了在海洋的不同深度都可以分布有海洋资源，使得海洋资源的分布具有层次性。这要求我们在海洋开发时要以海洋的立体观来布局海洋产业，避免造成海洋资源与空间的浪费。正是海洋资源的这种三维立体性，使得海洋环境要比陆地环境更为复杂和多变，使得人类开发和利用海洋资源的难度加大。

第二节　海洋资源的分类

一、海洋资源的分类原则

1. 海洋资源分类的依据应具有统一性　海洋资源分布较为广泛，其数量和品种繁多，如果没有统一的或固定的分类标准，就会使海洋资源的分类显得庞杂和凌乱，整个分类就缺乏系统性。海洋资源的分类应满足不同的科研目的和需求，对划分的不同类目海洋资源应有统一的归口。

2. 海洋资源分类的类目应具有清晰性　从类型学的角度来讲，任何的类目划分都不可能穷尽该划分对象，海洋资源的划分同样在某一特定时期和阶段由于受各种技术条件和认知水平的局限，是不可能对海洋资源的所有部类进行穷尽的。海洋资源有其自身固有的特定属性，不同的分类目的和标准会使得海洋资源在基本类目的划分上出现混淆、交叉或重叠，从而也会使得类目的延续性和扩展性不强，要么过宽，要么过窄，其隶属关系不清。

3. 海洋资源分类的层级应具有延递性　海洋资源分类的最基本目的是为了能更清楚地了解和系统地把握海洋资源，并有助于对其进行有效的开发和利用。对海洋资源进行层级分类是一种最基本的方法，通过对海洋资源的大类目进行不同程度或层级的细分更能清楚和深入地了解该部类的情况，跳出认知的混沌状态，同时也便于对海洋资源进行深度的开发和利用。

4. 海洋资源分类的术语应具有规范性　一种名称或术语的使用必须能反映出被称呼对象的一些基本特性和特征，名称或术语的规范和统一不但有利于知识的传播，也方便于各项研究的开展。如果海洋资源分类对象的名称不规范，同一内涵出现名目繁多的名称或术语，既不能很好地反映海洋资源本身的属性，也使得对海洋资源的研究缺乏应有的专业性。

二、海洋资源的基本分类

1. 按海洋资源根本特质划分　按海洋资源根本特质的不同，海洋资源可以划分为海洋自然资源和海洋社会资源。海洋自然资源（图 7-1）是由海洋自然生成的，一般指海洋固有的物质资源。海洋社会资源是在海洋自然资源基础上衍生而成的一种为人类所特有的、分享和消费的资源。海洋社会资源是指海洋为社会所提供的，并对社会成员的发展具有重要意义的物质与精神要素之综合，包括以海洋为主体的有关海洋政治的、经济的、文化的、有形的与无形的各种海洋性资源。这是一种广义的资源，而狭义的海洋社会资源是相对于海洋自然资源而言的。

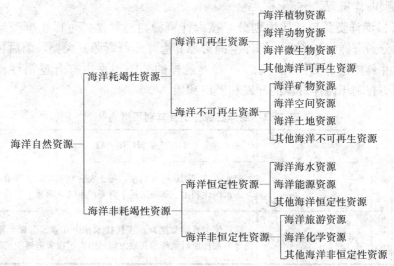

图 7-1　海洋自然资源的分类

2. 按利用程度与限度不同划分　按海洋资源的利用程度和限度，海洋资源可以划分为耗竭性资源和非耗竭性资源两大类。耗竭性资源按其可再生性又可以进一步划分为可再生资源和不可再生资源。这种划分的方法有利于加强对海洋资源的开发利用和管理：对于不可再生资源必须要求正确的维护和管理，防止过度开发和使用；对于可再生资源同样也必须做到合理的开发和利用，提高使用率，并使其能保持正常的生态恢复、保持遗传上生物物种的多样性和可持续利用。

3. 按照海洋资源的实物形态划分　按照海洋资源的实物形态，海洋资源可以划分为海洋物质资源和海洋非物资资源。

4. 按海洋资源的性质、特点、存在形态划分　按海洋资源的性质、特点、存在形态，海洋资源可以划分为海洋生物资源、海洋矿物资源、海水资源、海洋空间资源、海洋新能源和海洋旅游资源等。

5. 按资源所处的地理位置划分　按资源所处的地理位置，海洋资源可以划分为海岸带资源、大陆架资源、海岛资源、深海与大洋资源、极地资源等。

6. 按海洋资源的本身特有属性和对其的开发利用程度划分　按海洋资源的本身特有属性和对其的开发利用程度，海洋资源可以划分为海洋生物资源、海洋矿物资源、海洋化学资源、海洋能源资源。

7. 按海洋资源的空间层次划分　按海洋资源的空间层次，海洋资源可以划分为海洋大气空间资源、海面资源、海洋水体资源、海底资源。

8. 按海洋资源所获取的能源来源不同划分　按海洋资源所获取的能源来源的不同，海洋资源可以划分为太阳能型海洋资源、地球能型海洋资源、其他天体能型海洋资源。

9. 按海洋资源自然属性划分　按海洋资源自然属性，可以粗框架地把海洋资源分为海洋物质资源、海洋空间资源和海洋能源资源三大类，而后再按一级类目并具体进一步细分（表 7-1）。这样的分类似乎更符合逻辑性和科学性，也更有利于海洋资源的开发和经济利用。

表 7-1　海洋资源分类及其利用举例①

分　　类			利　用　举　例
海洋非生物物质资源	海水资源	海水本身的资源	海水直接利用：冷却用水，盐土农业利用，海水养殖 海水淡化利用：解决陆地水资源严重缺乏问题
海洋物质资源		海水溶解物质的资源	除传统的煮晒盐类外，现代技术在卤元素、金属元素（钾、镁等）和核原料铀等的获取方面已取得了很大进展

① 朱晓东，施丙文，1998. 21 世纪的海洋资源及其分类新论［J］. 自然杂志（1）：21-23.

（续）

分　类			利　用　举　例
海洋物质资源	海洋非生物物质资源	矿物资源	海洋石油天然气	是当前海洋最重要的矿产资源，其产量已是世界油气总产量的近1/3，而储量则是陆地的40%
		海滨砂矿	金属和非金属砂矿，用于冶金、建材、化工等
		海底煤矿	弥补陆地煤炭资源的日益不足
		大洋多金属结核和海底热液矿床	可开发利用其中的锰、镍、铜、钴、镉、锌、钒、金等多种陆地上稀缺的金属资源
	海洋生物物质资源	海洋海藻资源	种类繁多，常见的有海带、紫菜、裙带菜、鹿角菜等。用途广泛，如食物、药物、化工原料、饲料、肥料等
		海洋无脊椎动物资源	种类繁多，包括贝类、甲壳类、头足类及海参、海蜇等
		海洋脊椎动物资源	种类繁多，主要是鱼类、海龟、海鸟、海兽等，鱼类是最主要的海洋动物
海洋空间资源	海岸和海岛空间资源		包括港口、海滩、潮滩、湿地等，可用于运输、工业、农业、城镇、旅游、科教、海洋公园等许多方面
	海面和洋面空间资源		是国际、国内海运通道；可建设海上人工岛、海上机场、工厂和城市；提供广阔的军事试验演习场所；海上旅游和体育运动等
	海洋水层空间资源		潜艇和其他民用水下交通工具运行空间；水层观光旅游和体育运动；人工渔场等
	海洋海底空间资源		海底隧道、海底居住和观光；海底通信线路；海底运输管道；海底倾废场所；海底列车；海底城市等
海洋能源资源	海洋潮汐能		蕴藏的海洋能源可以通过技术手段为人类所服务。理论估算世界海洋总的能量 4×10^{12} kW 以上，可开发利用的至少有 4×10^{11} kW。海洋能源是无污染的不枯竭的清洁能源
	海洋波浪能		
	海流能		
	海水温差能		
	海水盐度差能		

第三节　海洋自然资源

一、海洋生物资源

海洋是生命的摇篮。世界海洋生物资源的开发潜力是很大的。据估算，海洋生物生产力占全球生物生产力的 1/4，每年约为 1 590 亿 t，每年为人类提供潜在生物资源约 30 亿 t。已知全世界海洋中有生物种类 20 多万种，其中鱼类约 1.9 万种，甲壳类约 2 万种。许多海洋生物具有开发利用的价值，为人类提供了丰富的食物和其他多种用途的资源。海洋生物资源在许多国家是重要的蛋白质来源，每年为全球提供了 22% 的动物蛋白质。世界海洋渔业每年生产 8 000 万～9 000 万 t 鱼类和贝类，其中 95% 来自国家管辖海域，即 200n mile 专属经济区和大陆架上覆水域。

(一) 海洋植物资源

海洋植物是海洋中通过光合作用生产有机物的自养型生物。海洋植物属于初级生产者，是维持整个海洋生命的基础，是食物链中坚固的"金字塔基"。海洋植物门类甚多，主要包括在水中随波逐流的浮游藻类和海底生长的大型藻类，前者如硅藻、绿藻等，它们个体微小，而形状各异，如圆形、方形、三角形、针形等。海洋植物从低等的原核细胞藻类，到具有真核细胞的红藻门、褐藻门和绿藻门，及至高等的种子植物等共有 13 个门，1 万多种。

藻类在海洋生物资源中占有特殊的重要地位。它能够自力更生地进行光合作用，产生大量的有机物质，为海洋动物提供充足的食物。同时，它在光合作用中还释放大量的氧气，总产量可达 360 亿 t（占地球大气含氧量的 70%），为海洋动物甚至陆上生物提供必不可少的氧气。海藻在工业、农业、食品及药用方面有很重要的价值，除食用外，还可从中提取褐藻胶、琼脂、甘露醇、碘等，可作为一种新的生物能源。中国海域有浮游藻类 1 500 多种，固着性藻类达 320 多种。大型藻类有人们熟悉的紫菜、海带等。它们在海底构成"海底农场"，有森林，又有草原。

(二) 海洋动物资源

1. 鱼类资源　迄今为止，被大量食用的鱼类有 200 多种。据估算，在不破坏生态平衡的条件下，世界海洋鱼类年可捕量达 2 亿 t。当前全世界从海洋捕捞的水产品中，鱼类约占 90%，主要是鳀科、鲱科、鲭科、鲹科、竹刀鱼科、胡瓜鱼科、金枪鱼科等种类。

2. 海洋软体动物资源　海洋软体动物资源是鱼类以外最重要的海洋动物资源，其中头足类（枪乌贼、乌贼和章鱼）的年产量为 130 万～150 万 t。头足类在大洋中（甚至近海区）常有极大的数量，能够形成良好的渔场。

3. 贝类资源　贝类种类繁多，遍布于各个海区，在远古时代人们就开始捕获它们，其中比较有经济价值的是鲍鱼、贻贝、扇贝、蛏子、牡蛎等。贝类用途较多，除了直接食用肉质部分，剩余贝壳有些可以从中提取药物或直接入药，有些具有观赏价值，是贝雕的优良材料。

4. 海洋甲壳动物资源 海洋甲壳动物在海洋渔业捕获量中仅占 5%，但在经济上很重要，特别是对虾类和其他游泳虾类，年产量逐年增长，蟹类产量也稳步增长。南极海域磷虾也是重要的海洋甲壳动物资源。

（三）海洋微生物资源

在海洋中，一个不可忽视的部分是海洋微生物，主要是细菌、放线菌、霉菌、酵母菌、病毒等，它们数量极大，分布不均。假如海洋中没有微生物存在，那么海洋中一切物质就不能循环，但它们的活动，也使渔业生产受到一定的损失。

此外，研究表明，微生物对降解海洋污染有着重要的作用。如假单胞菌属、黄杆菌属、棒杆菌属、弧菌属、无色标菌属、微球菌属、放线菌属等是石油污染的主要降解者；而红树林下土壤微生物比无红树林的土壤微生物有更高效降解柴油的能力。

二、海洋矿产资源

在海滨、浅海、深海、大洋盆地和洋中脊底部，大量分布着各类矿产资源。按矿床成因和赋存状况，海洋矿产资源分为：海滨砂矿、海底自生矿产、海底固结岩中的矿产。海洋矿产资源特别丰富的区域在水深 2 000～6 000m 的海域。

1. 海滨砂矿 海滨砂矿主要来源于陆地上的岩矿碎屑，经河流、海水（包括海流与潮汐）、冰川和风的搬运与分选，最后在海滨或大陆架区的最宜地段沉积富集而成，如砂金、砂铂、金刚石、砂锡与砂铁矿，及钛铁石与锆石、金红石与独居石等共生复合型砂矿。海滨砂矿在浅海矿产资源中，其价值仅次于石油天然气，居第二位。复合型砂矿多分布于澳大利亚、印度、斯里兰卡、巴西及美国沿岸。金刚石砂矿主要产于非洲南部纳米比亚、南非和安哥拉沿岸；砂锡矿主要分布于缅甸经泰国、马来西亚至印度尼西亚的沿岸海域。

海滨砂矿用途很广，例如从金红石和钛铁矿中提取的钛，具有比重小、强度大、耐腐蚀、抗高温等特点，在导弹、火箭和航空工业上广泛应用。锆石具有耐高温、耐腐蚀和热中子难穿透的特点，在铸造工业、核反应堆、核潜艇等方面用途很广。独居石中所含的稀有元素，像铌可用于飞机、火箭外壳，钽可用在核反应堆和微型电镀材料上。

中国漫长海岸带和海域中蕴藏着极为丰富的砂矿资源，已探明具有工业价值的砂矿有锆石、锡石、独居石、金红石、钛铁矿、磷钇矿、磁铁矿、铌钽铁矿、锰结石、褐钇铌矿、砂金、金刚石和石英砂等 13 种；拥有各类砂矿床 835 个，总探明储量达 31 亿多 t，矿种多达 65 种。几乎世界上所有海滨砂矿的矿物在中国沿海都能找到。其中台湾是中国重要的砂矿产地，盛产磁铁矿、钛铁矿、金红石、锆石和独居石等。海南岛沿岸有金红石、独居石、锆石等多种矿物。福建沿海稀有和稀土金属砂矿也不少。辽东半岛发现有砂金和锆石等矿物，大连地区探明了一个全国储量最大的金刚石矿田。山东半岛也发现有砂金、玻璃石英、锆石等矿物。广东沿岸有独居石、铌钽铁砂、锡石和磷钇等矿物。

2. 海底自生矿产 海底自生矿产是由化学、生物和热液作用等在海洋内生成的自然矿物，可直接形成或经过富集后形成，如磷灰石、海绿石、重晶石、海底锰结核及海底多金属热液矿（以锌、铜为主）。深海锰结核以锰和铁的氧化物及氢氧化物为主要组分，富含锰、铜、镍、钴等多种元素。据估计，国际海底区域有 2.517 亿 km^2，15% 的深海区域富存锰结核资源，总储量达 30 000 亿 t，仅太平洋就有 17 000 亿 t。锰结核矿中含有多种稀有金属元素，其中含锰 4 000 亿 t，镍 164 亿 t，铜 88 亿 t。钴 58 亿 t。锰结核矿主要分布于太平洋，其次是大西洋和印度洋水深超过 300m 的深海底部。以太平洋中部北纬 6°30′—20°、西经 110°—180°海区最为富集。该地区估计约有 600 万 km^2 富集高品位锰结核，其覆盖率有时高达 90% 以上。

经多年调查，中国在南海海底找到了钴结壳和锰结核矿，在东海冲绳海槽发现有几处高品位的硫化热液矿床，富含金、银、铜、铅和锌等矿物，在东北太平洋和西南印度洋各获得一块 7.5 万 km^2 的多金属结核矿区和 1 万 km^2 的多金属硫化物矿区。2013 年 7 月，中国在西北太平洋国际海底区域增加了一块具有专属勘探权和优先开采权的富钴结壳矿区，面积 3 000km^2。

3. 海底固结岩中的矿产 海底固结岩中的矿产大多属于陆上矿床向海下的延伸，如海底油气资源、硫矿及煤等。在海洋矿产资源中，以海底油气资源的经济价值最大。据美国石油地质学家估计，全世界含油气远景的海洋沉积盆地约 7 800 万 km^2，大体与陆地相当。世界水深 300m 以内海底潜在的石油、天然气总储量为 2 356 亿 t。世界近海海底已探明的石油可采储量为 220 亿 t，天然气储量 17 万亿 m^3（1979 年），分别占世界储量的 24% 和 23%。海底油气资源主要分布于浅海大陆架区，如波斯湾、委内瑞拉湾与马拉开波湖及帕里亚湾、北海、墨西哥湾、西非沿岸浅海区。全球天然气水合物（可燃冰）的储量，约相当于全球石油、传统天然气、煤的总储量。据最保守的统计，全世界海底天然气水合物中储存的甲烷总量约为 $1.8×10^8$ 亿 m^3。

中国大陆架海区含油气盆地面积近 $7×10^5$ km^2，共有大中型新生代沉积盆地 16 个，自北向南分别有渤海、北黄海、南黄海、东海、冲绳、台西、台西南、珠江口、琼东南、莺歌海、北部湾、管事滩北、中建岛西、巴拉望西北、礼乐太平、曾母暗沙-沙巴等 16 个以新生代沉积物为主的中、新生代沉积盆地。中国近海第三轮油气资源评价表明，近海石油总资源量为 246 亿 t，占全国总量的 23%；海洋天然气总资源量为 $1.58×10^{13}$ m^3，占全国总量的 30%。中国石油资源的平均探明率为 38.9%，海洋仅为 12.3%，远远低于世界平均 73% 的探明率；中国天然气平均探明率为 23%，海洋为 10.9%，而世界平均探明率在 60.5% 左右。

三、海洋空间资源

（一）围海造陆

1. 人工岛　人工岛是人类利用现代海洋工程技术建造的海上生产和生活空间，可用于建造石油平台、深水港、飞机场、核电站、钢铁厂等。通常在近岸浅海水域用砂石、泥土和废料建造陆地，通过海堤、栈桥或者海底隧道与海岸连接。

2. 海上城市　海上城市是指在海上大面积建设的用来居住、生产、生活和文化娱乐的海上建筑。日本是建设海上城市进展较大的国家之一。

（二）海洋交通运输空间

1. 海洋航道　长期来人类一直在努力将海洋屏障变为海上坦途。最初人们利用人力、风力或洋流作为动力，驾驶木船在近海活动。随着欧洲人到达美洲大陆，世界海洋航运由近海转向远洋。之后，世界大洋重要的航道陆续开辟。海洋交通运输的优点是连续性强、成本低廉，适宜对各种笨重的大宗货物作远距离运输；缺点是速度慢，运输易腐食品需要辅助设备，航行受天气影响大。

2. 沿海港口　沿海港口是海洋运输船舶停泊、中转和装卸货物的场所，港口一般有一个服务区域，即腹地，该区域的商品和货物通过这个港口向外扩散。为了完成运输任务，港口要有配套的设施，如码头、装卸设备等，还要有高效率的运作服务。中国沿海港口的地理分布特征明显，港口分布比较集中，

70%以上分布在广东、山东、福建和浙江4省沿海地带①。中国的远洋航线以主要海港为起点，可分为东、西、南、北4个方向。这些航线把中国与世界主要经济区域联系起来。

（三）海底空间

1. 海底隧道　为了沟通海峡、海湾两岸之间的交通和联络，克服水面轮渡费时和易受天气影响的矛盾，美国、西欧国家、日本和我国香港等地兴建了海底隧道，这些海底隧道多数是陆地铁路交通的组成部分。

2. 海底电缆与光缆　利用海底空间铺设电缆已有100多年的历史。在传统海底电缆的生产、铺设和维修的技术基础上，海底光缆应运而生。光纤传递信号具有品质高、可靠性强、抗电磁干扰、耐海水腐蚀等优点。

3. 海底仓储　海底的温度是2～4℃，几近不变的水下自然温度使得水下城市能够保存更多的有效能源。利用海洋建设仓储设施，具有安全性高、隐蔽性好、交通便利、节约土地等优点，可存放易燃、易爆危险品和易霉、易腐食品。海底仓储设施主要有海底货场、海底仓库等。日本用特制容器将稻谷沉于海底储藏保存。

（四）海洋旅游资源

海洋旅游资源一般可分为两大类，海洋自然旅游资源和海洋人文旅游资源。海洋自然旅游资源包括海洋地貌旅游资源、海洋气候气象旅游资源、海洋水体旅游资源、海洋生物旅游资源。其中海洋地貌旅游资源可分为海岸地貌旅游资源、深海与大洋底地貌旅游资源。海岸地貌旅游资源（平原海岸、基岩海岸和生物海岸）与海岛旅游资源（大陆岛、火山岛、珊瑚岛和冲积岛）在目前的海洋旅游中占据着主导地位。海洋人文旅游资源，可分为有形资源和无形资源两大类。有形的海洋人文旅游资源包括相关文物、建筑和建筑群、遗址遗迹等。

四、海洋水体资源

1. 海洋化学资源　海洋中体积最大的就是浩瀚无边的海水。海洋面积占地球总表面积的70.8%，海洋平均深度约3 800m。海水是名副其实的液体矿藏，平均每立方千米的海水中有3 570万t的化学物质，目前世界上已知的

---

① 楼东，谷树忠，钟赛香，2005. 中国海洋资源现状及海洋产业发展趋势分析 [J]. 资源科学（5）：20-26.

100多种元素中，80%可以在海水中找到。海水化学资源是未来人类社会发展的重要物质基础，在多学科的技术工程领域中具有很高的利用价值。为此，海水化学资源的开发是被人类寄予厚望的重要产业。

2. 海洋动力资源　海洋动力资源也称为海洋可再生能源，主要有潮汐发电、波浪发电、温差发电、海流发电、海水浓度差发电以及海水压力差的能量利用等，通称为海洋能源。据估算，全球海洋动力资源的蕴藏量约 1 528 亿 kW，其中波浪能 700 亿 kW、潮汐能 27 亿 kW、海流能 1 亿 kW、温差能 500 亿 kW、盐差能 300 亿 kW。目前中国可开发的潮汐电站坝址为 424 个，以浙江、福建沿海最多。波浪能可开发利用装机容量有 3 000 万～3 500 万 kW。丰富的海洋动力资源可作为沿海和岛屿的重要补充能源，将是人类下一个大规模开发利用的目标。

第四节　海洋社会资源

所谓海洋社会资源，是指为了满足探索海洋的需要，人类社会所能提供的而且能够转化为现实生产力的所有资源。海洋社会资源是海洋经济发展的决定因素，体现了人类在探索海洋、利用海洋自然资源中的主动性和能动性。海洋社会资源和海洋自然资源共同构成了海洋经济发展的必要条件。海洋社会资源具体包括海洋活动的劳动者、海洋活动的资本、海洋科学技术、海洋管理与信息等方面的内容。

一、海洋活动的劳动者

劳动者是具有劳动能力的人。海洋经济中的劳动者是在海洋经济中从事劳动、创造财富的社会劳动力中的一员。海洋产业的快速发展中最重要的是人才，尤其是高素质人才，人才是海洋经济中的第一资源。劳动者作为生产力中发挥能动作用的要素，其思想观念、文化素质、知识结构和生产技能等在较大程度上影响着海洋生产力的发展。具有海洋观念且掌握了海洋知识和生产技能的劳动者，是海洋生产力发展的决定性因素。

在 20 世纪 50—60 年代，西方一些经济学家对经济增长因素进行了系统的经验研究。研究发现，导致经济增长快于投入增长的原因，一是规模报酬递增的作用，二是劳动者素质的提高，而后者是最主要的因素。海洋经济增长的本质实际就是海洋人力资本的不断积累，是通过海洋劳动者素质的提高实现经济系统的持续增长。优化海洋人才的配置，提升海洋人才优势，建设一支素质优良和结构合理的海洋人才队伍，是提高海洋生产力的首要任务。

二、海洋活动的资本

资本，在经济学上指的是用于生产的基本生产要素，即资金、厂房、设备、材料等物质资源。在金融学和会计学领域，资本通常用来代表金融财富，特别是用于经商、兴办企业的金融资产。海洋经济中所需要的资本主要是用于科研投入和产业生产的投入。当今世界海洋经济正逐步向远海、深海发展，没有丰富的资本供给必将不可持续。

货币资本是价值形态的资本，是海洋生产力社会资源中最一般的代表，可以通过市场方便地转换为其他物质要素。它的供应量、使用价格及投资方向，对海洋生产力系统的规模、构成、分布和运行周期等起着重要的作用。海洋产业中的资本消耗和增长过程（或者称之为运动过程）是在探索海洋和生产经营中进行的，在此过程中资本被其他物化资源吸收并推动了劳动和其他要素运转，创造出海洋物质产品或服务产品。资本要素短缺，就会制约生产力发展的速度，尤其是限制资本密集型海洋经济的发展。

三、海洋科学技术

海洋科学技术本身是一种多学科交叉、高难度、高风险、高投入且投资回收期长的技术门类。海洋科学技术涉及的范围非常广泛，包括海洋调查观测技术、海洋资源开发和海洋空间利用技术、海洋生物技术、海洋环境保护和治理技术、海洋综合管理技术、军事海洋技术等。

现代海洋开发利用的突出特点是融合了现代高科技成果，成为知识技术密集、资金密集的综合性活动。海洋开发利用的深度和广度取决于海洋科学与技术的突破和进展程度，海洋科学技术能力是参与世界海洋竞争的关键，发展海洋科学技术以促进海洋经济的新增长，已成为全球海洋发展的战略趋势。

海洋科学技术可以优化各种海洋资源在利用过程中的结合方式，使人们用既定的投入可以得到较大的产出，提高资源的利用效率，也可以不断地改变劳动手段和劳动对象，使人们过去难以利用的或不知其用途的海洋资源逐渐被人类利用，为人们突破资源供给的限制提供了条件。

海洋科学技术能在提高海洋经济效益的同时减少污染物排放，促进海洋资源的合理配置。海洋科学技术是优化涉海产业结构及各产业内部结构的主导力量，可以通过发明新产品、形成新产业促进涉海产业结构发生变化，可以通过降低成本扩大市场需求或改变需求结构。海洋科学技术还能提高劳动者技能，改善技术工艺操作水平，提高海洋产出能力。

四、海洋管理与信息

海洋信息是指涉及海洋科学技术、资源、经济活动、管理等的海洋环境数据、政策法规、情况反映、可行性论证、决策咨询等[①]。海洋信息资源的合理配置会引起相应的社会知识资源的改造和更新，将会推动物流、财流和人力资源的运动。尤其是海洋经济信息资源的加速分配，将对海洋社会生产活动产生决定性的影响。

信息的流动会创造许多经济、商业活动的机会，从而在空间上沟通不同地域的人的利益或谋利机会，促成经济行为主体的利益实现。信息的加速转移加快了经济行为主体的活动节奏，推动了经济活动的频度，这将促使物流、财流和人力资源的配置节奏加快。

海洋信息大大推动了社会个体和群体创造知识的活动，促进海洋知识存量和信息资源的增加。信息技术作为高渗透性的技术门类，能渗透到社会政治、经济、文化各个角落，并对其产生深远影响。信息技术应用于海洋，将会对海洋经济可持续发展产生巨大而深远的影响。

第五节 海洋资源配置

一、海洋资源配置原理

资源配置也称为资源分配，是指资源在不同用途和不同使用者之间的分配。资源配置是在资源相对稀缺的前提下进行的，以便用最少的资源耗费，生产出最适用的商品和劳务，获取最佳的效益。

（一）海洋资源配置的客体

海洋资源配置的客体是海洋自然资源和海洋社会资源，其特征有：

1. 整体性 整个海洋就是一个大的生态系统，种类繁多的海洋资源都以大海为依托、以海水为介质发生联系、相互依存，共同构成海洋生态环境。海洋资源具有整体性，任何海洋资源质和量的改变都会引起海洋生态系统内部的结构性变化，往往牵一发而动全身。

---

① 荆公，1998. 联合增效，加快海洋信息产业的发展 [J]. 海洋信息（5）：4-5.

2. 空间复合性　许多海洋资源在同一海区共存，既有生物资源，也有非生物资源；有的生活在海水中，有的储藏在海底，还有的是通过水体运动而产生。不少海域，海底是油气田，水体是渔场，水面是船舶航行的航道。海洋资源的这种空间复合特点，决定了海洋的每一部分都拥有多种价值、多种功能。

3. 流动性　海洋中的海水，不是静止不动的，而是无时无刻不在作水平的或是垂直方向的移动。因此，在海洋资源中，除了海底矿产、岛礁等少数资源不移动外，其余的都随着海水的流动而在海洋中自由移动。海洋资源的流动性表现在两个方面：①资源在海水作用下发生空间的转移；②资源自身发生空间的转移。这种海洋资源的流动性，造成了资源利用的公有性。

（二）海洋资源配置的主体

1. 企业　在以市场起决定性作用的海洋资源配置过程中，海洋资源配置的主体必然是企业。企业在配置资源时要考虑市场价格因素、供求因素、对象因素、自身因素、规则因素、信息因素6个方面，从各方面综合分析，掌握市场发展趋向。

2. 政府　政府作为海洋资源的配置主体之一，主要是弥补市场配置资源的某些不足，引导海洋经济沿着高效、快速、健康的轨道发展。政府在进行海洋资源配置时，主要是兼顾社会效益、社会长远利益和环境生态效益，即在资源配置既定的条件下，要使这些资源既发挥最大的效用，同时又不对生态环境产生负面的影响。

（三）海洋资源配置手段

资源配置手段是指为了实现海洋资源在不同用途和不同使用者之间分配所需要使用的一定技巧。海洋资源的合理配置需要市场和行政两种基本的手段，市场配置手段可以实现海洋资源的最大价值，行政配置手段可以实现海洋资源的合理利用。

1. 市场　通过市场的作用，海洋资源在不同部门和企业之间的分配主要是通过价格杠杆和供求关系的双重作用实现的。市场通过价格信号调节生产和需求，使资源在社会生产各个部门之间进行分配；市场通过竞争使成本低的生产部门代替成本高的生产部门，把资源配置到效益较好的部门去。市场对资源的配置能力，使各个产业部门为了获取资源和高效利用资源，不断改进技术、改善管理，提高劳动生产率，从而整体提升社会福利。

2. 行政　以行政手段配置海洋资源，是通过政府职能部门预先制定的规划，运用行政指令对资源进行直接、统一和强制性的分配。这种配置方式有其优点：①按照事先制定的整体规划分配资源，避免对资源的盲目竞争和市场失效；②在短期内集中有限的人力、物力、财力投入重点项目建设，形成战略性和长远性的资源利用格局。有效的行政手段需要两个必要条件：①政府职能部门及时、全面、准确地掌握所有的信息，制定出正确的规划；②全体社会成员的经济利益一体化，政府职能部门配置资源的行政指令畅通无阻。

（四）海洋资源配置的原则

海洋资源配置的原则，就是海洋资源配置主体在海洋资源的竞争配置和开发利用中应遵从的规则，这种规则要兼顾公平和效率两方面。从宏观意义上来考虑，海洋资源配置应遵循以下原则：

1. 市场导向与政府调控相结合原则　海洋资源合理配置要求发挥市场导向和政府宏观调控二元集成机制的作用。一方面，市场导向提供了资源配置的主要方式，形成和巩固了新经济发展需求刺激和创造的基础条件；另一方面，政府宏观调控对单纯依靠市场机制会产生市场失灵的领域进行必要的规范和治理，使市场导向得以持续。

2. 比较优势原则　大卫·李嘉图的比较优势理论，源于产业分工和国际贸易理论，现已广泛应用于产业经济学、发展经济学等各个方面，这一理论同样适用于分析海洋资源配置。海洋资源禀赋的差异是造成区域海洋产业发展比较优势不同的原因之一，为了合理配置海洋资源，应优先考虑具有比较优势的领域和重点产业，结合竞争优势、利用国际国内分工的积极因素，依据产业竞争和产业替代的因果关系，将比较优势转化为新的竞争优势，保持优势产业和技术的持续发展。

二、海洋自然资源配置

海洋自然资源的价格决定过程实质就是海洋自然资源的配置过程，市场手段和政府主导的行政手段直接或间接地影响到了海洋自然资源价格决定，市场机制提高了资源的使用效率，行政手段推动了资源分配的公平。在市场经济条件下，对海洋自然资源价格影响的经济因素较多，概括起来包括：

1. 成本因素　海洋资源使用的成本是海洋自然资源进入生产链条中作为生产资料的成本，受获取难易程度、资源稀缺程度的影响，是海洋自然资源定价的主要因素之一。商品的价格是对生产该商品所消耗的资金、人力、物质资料的反映。海洋自然资源的区域性、开发难易度不一、蕴藏丰度不同，使得资源开发中投入同样的劳动、资金和技术产出的产品数量和质量存在很大的差异，海洋自然资源的价格容易受成本的影响产生波动。

2. 供给因素 市场上海洋自然资源供给的数量也是定价的主要因素之一。市场上的供给量并不总是和需求量相吻合，导致了海洋自然资源价格对价值的偏离。资源稀缺性、技术开发程度、生产规模等因素影响海洋资源的市场供给，从而影响其价格的制定。海洋自然资源越稀缺，其价值越高，价格必然呈现上升趋势。海洋自然资源本身的稀缺程度与可替代程度密切相关。

3. 需求因素 海洋自然资源的需求对价格的影响，实际上是与其供给量紧密联系在一起的。经济学中的需求和供给被假设为相等的，即存在市场出清。市场上的需求量与供给量保持同比例变动时，价格通常不会变动；当需求量与供给量发生偏差，价格就会产生变动。经济生活中需求受到很多因素的影响，如收入水平、相关商品的价格、消费偏好的变化和未来价格预期等因素。

4. 机会成本 机会成本，是指将资源用于某种特定用途而放弃的在其他用途使用该资源可能得到的最高收益。海洋自然资源的机会成本以海洋自然资源的稀缺性为前提，以海洋自然资源的个别应用、消费过程为出发点，以各部门、行业乃至整个社会的经济利益作为参照系数来确定，是一种比较逼近某种海洋自然资源对人类社会的真实使用价值的表征。

5. 政策因素 政策因素是指国家政策、措施对海洋自然资源价格的影响。如中国的相关涉海法规《中华人民共和国海岛保护法》《中华人民共和国海洋环境保护法》《中华人民共和国海域使用管理法》《中华人民共和国野生动物保护法》《中华人民共和国矿产资源法》《全国海洋功能区划（2011—2020 年）》等，都会对海洋自然资源的价格产生影响。政府对资源使用的规制，必将影响到资源获取数量的多少，直接影响到市场上某类海洋自然资源的供给量，这是由政策向市场价格传导一种机制。

6. 区位因素 海洋自然资源的区位特征反映着自然资源所处地域的区位差异，海洋自然资源的分布使其具有区域性特征。同一地域内不同区位的自然资源，在其开发、利用过程中，必然会产生不同的区位价格。海洋自然资源的区位价格，既要顾及海洋自然资源本身的地域区位分布，又要考虑人类利用海洋自然资源时其活动场所的区位性。在一定的技术经济条件下，海洋自然资源的自然丰度高，价格就可能低；同时，加工和消费地与资源的远近，也影响海洋自然资源价格，这也是产生海洋产业区位聚集现象的原因之一。

三、海洋社会资源配置

1. 海洋科技资源的配置 海洋科技，是研究海洋自然现象及其变化规律、开发利用海洋资源和保护海洋环境所使用的各种方法、技能和设备的总称。海洋科技是陆地科技的延伸和应用，在第二次世界大战之后，随着人类对海洋认识的不断深入和陆地科技进步的支持，海洋科技不断向纵深领域迅速发展，形成了现阶段较为完整的学科体系和具有特色的知识结构。

2. 海洋服务信息的配置　海洋信息，是指人们通过科技手段获取的与海洋有关的各种事物运动状态、方式的知识和情报。海洋服务信息包括海洋资源信息、海洋环境信息、海洋基础地理信息、海洋经济信息、海洋政策与法律法规信息和海洋科技文献信息。海洋信息是人们开发利用海洋和发展海洋生产的先导工具。海洋开发利用广度和深度的拓展，很大程度上取决于获取、认知和利用海洋信息的能力。

对海洋服务信息的有效配置，有利于增进人类对海洋的认知、提高海洋科技创新效率、为海洋生产决策提供依据、加强对海洋生产过程的控制和调节、推动海洋经济发展[①]。要做到加速发展海洋信息产业，建立信息产业创新网络，要加强合作交流，广泛参与国际信息产业的分工，要积极组建海洋信息服务平台，通畅信息流动，要建立海洋科技和信息服务的行业协会和学会，以促进科技和信息服务业的规范、健康发展。

3. 海洋金融资源的配置　海洋经济的发展，离不开金融的支持。海洋生产过程中的一切工作都必须借助复杂精密的技术设备，这导致海洋产业的运营开支要比陆地同类工作高出很多。同时，由于海洋产业的发展依赖于专业技术的进步，而涉海技术的研发和应用本身需要大量的资金投入。在现代经济格局下，金融资源配置决定了经济增长，其投入在很大程度上改变了原有的经济增长模式。海洋金融资源要通过各海洋经济产业渠道进行流通配置，以促使海洋经济快速发展。

对海洋金融资源的配置，要构建多元化、多渠道的投融资体系，将海洋资源优势和金融资源有机结合，促进海洋经济健康快速发展，保证海洋经济可持续发展的投资渠道畅通和资金支持有力。要通过建立新的政策和投资机制，拓宽海洋产业融资渠道，使国内资金可以突破行政区域的限制，有效地在国内海洋产业中合理配置，激励外资进行海洋产业投资，引导外资更多地向海洋产业倾斜。要对海洋金融产品与服务进行创新，如提供风险租赁服务、提供担保服务，以及对海洋高科技产业进行风险投资等。

---

① 韩立民，2017. 海洋经济学概论［M］. 北京：经济科学出版社：99-104.

第八章

海洋产业经济

学习目的

掌握海洋产业的概念，了解海洋产业分类的几种方法；掌握海洋渔业、海洋工业、海洋服务业的相关知识；了解新兴海洋产业包括哪些产业；掌握海洋产业结构演变规律的相关知识。

第一节 海洋产业概述

一、海洋产业的概念

根据《海洋经济统计分类与代码》（HY/T 052—1999），海洋产业，也称海洋开发产业，是人类开发利用海洋资源，发展海洋经济而形成的生产事业[①]。海洋产业是海洋经济的载体和表现形式，是涉海性的人类经济活动，是海洋资源的价值实现。海洋产业的涉海性表现在以下 5 个方面：

（1）直接从海洋中获取产品的生产和服务。

（2）对直接从海洋中获取的产品进行一次加工的生产和服务。

（3）对直接应用于海洋和海洋开发活动的产品的生产和服务。

（4）利用海水和海洋空间作为生产过程的基本要素的生产和服务。

（5）与海洋密切相关的科学研究、教育、社会服务和管理。

属上述 5 个方面之一的经济活动，无论其所在地是否为沿海地区，均视为海洋产业。

因此，海洋产业的基本内涵：①海洋产业是涉海性的人类活动；②海洋产业是在开发各类海洋资源基础上逐步形成和发展起来的；③海洋产业是动态的，有其自身的发展变化规律。

---

① 徐质斌，2003. 海洋经济学教程 [M]. 北京：经济科学出版社：103.

二、海洋产业的分类

海洋产业是人类开发利用海洋资源，发展海洋经济而形成的生产事业。海洋产业是国民经济产业的一个重要组成部分，根据分析、研究目的的不同，对海洋产业的划分也有不同的标准。常见标准及分类体系有以下几种：

1. 按马克思的产品基本经济用途分类　海洋产业可分为基础产业、加工制造业和服务业。基础产业有海洋水产业、海洋油气业及采矿业、能源工业、交通运输业等；加工制造业有海洋食品加工业、海水淡化业、海洋盐化业及化工业；海洋服务业指海洋旅游、信息咨询及服务业等。这种划分体系可以说明各个产业发展是否协调。

2. 按克拉克产业分化次序分类　海洋产业可分为第一、二、三产业。第一产业包含海洋水产业，主要指鱼、虾、蟹、贝、水母、藻等动植物的捕捞和养殖业；第二产业包含海洋盐业、海滨砂矿业、海洋油气业、海洋化工业、海洋电力业、海水利用业、海洋工程建筑业、海洋船舶工业、海洋生物医药业、海洋食品加工业等；第三产业包括海洋交通运输业、海底仓储业、海洋旅游业、海洋工艺品装饰业、海洋信息业，以及海洋科学教育、研究、社会服务业等[①]。这种划分体系可以反映产业演变规律，可以反映各区域产业结构是否符合市场需求。

3. 按国民经济行业分类标准划分　这是《海洋经济统计分类与代码》中采用的分类方法。以《国民经济行业分类》为基准，依据海洋经济活动的同质性原则进行分类，划分出与中国国民经济行业分类标准能够相互衔接和比较的海洋产业类别。采用线分类法和层次编码方法，将海洋经济活动划分为门类、大类、中类和小类四级。

4. 按主要产业部门划分　这种划分方法是海洋统计中常用的分类方法，是在标准产业分类法的基础上，确定主要海洋产业并将其从海洋经济中划分出来。目前确定的主要海洋产业包括海洋渔业、海洋油气业、海滨砂矿业、海洋船舶工业、海盐业、海洋化工业、海洋生物医药业、海水淡化与综合利用业、海洋电力业、海洋工程建筑业、海洋交通运输业和滨海旅游业等12个产业。

5. 按产业开发技术进步程度分类　按产业开发技术进步程度，海洋产业可分为传统海洋产业、新兴海洋产业及未来海洋产业。传统海洋产业主要指海洋捕捞和养殖、海洋航运、海水制盐等，这是比较低层次的开发水平。随着人

---

① 殷克东，高金田，方胜民，2018. 中国海洋经济发展报告［M］. 北京：社会科学文献出版社：25 - 29.

类新技术不断涌现，信息技术、新材料技术、新能源技术、生物技术、空间技术等高新技术不断用于海洋资源开发活动，出现了具有综合性的海洋技术和新兴（未来）的海洋产业，如海洋牧场、海洋药物产业、海上城市、海底城市、海底工厂等。

第二节　海洋渔业

一、海洋渔业及生产特点

（一）海洋渔业概况

海洋渔业，又称海洋水产业，指以捕捞、养殖海洋鱼类及其他水生动物、海藻等水生植物而取得水产品的社会生产部门。海洋渔业是国民经济的一个重要部门，目前仍然是中国海洋经济的主体。海洋渔业按生产方式和产业等级可分为海洋捕捞业、海洋养殖业和增殖业；按作业水界分浅海滩涂渔业、近海渔业、外海渔业和远洋渔业；按作业水层分上层渔业、中层渔业和底层渔业。

广义的海洋渔业（即广义的水产业），除海洋捕捞业、海水增养殖业外，还包括海洋水产品加工、海洋休闲渔业以及渔船修造、渔具和渔用仪器制造、渔港建设、渔需物资供应以及水产品的贮藏和运销等。而本节中的海洋渔业仅限于狭义的海洋捕捞业、海洋增养殖业及新发展的休闲渔业。

（二）海洋渔业生产的特点

1. 受自然条件影响较大　海洋渔业以海洋水域为生产场所，以海洋水生生物资源为对象，生产易受自然条件影响。不稳定的自然条件成为制约海洋渔业生产的决定性因素。

2. 产品不宜长期保存　海洋渔获品，一般具有鲜活消费的特点，若存放过久，容易腐败变质，从而丧失使用价值和价值。而冷冻保鲜技术的发展，极大促进了渔场的远洋化、流通的广域化以及加工原料的大量贮藏，为渔业发展创造了便利条件。

3. 生产场地较分散　生产围绕消费进行，海洋渔业以沿海地区为据点，分散在广阔的海域进行生产，有的甚至在远离陆地的大洋中进行生产。生产场地分散，作业流动性大，对渔业资源的数量和质量影响较大。

4. 经营收益和风险较高　海洋渔业是高收益、高风险产业，据测算，投入产出比一般为1：5，最高可达1：10。若单纯靠提高捕捞能力和养殖密度来提高收益率，会加大资源承载力甚至破坏资源，最终降低收益率。因为生产事故、灾害等常有发生，所以海洋渔业生产风险较大。因此，应加强生产管理，利用高新技术，提高渔业的科技含量，从而增加渔民收入[①]。

二、海洋捕捞业

（一）海洋捕捞业概况

海洋捕捞业，是利用各种渔具（如网具、钓具、标枪等）在海洋中从事具有经济价值的水生动、植物捕捞活动，是海洋渔业的重要组成部分。按捕捞海域距陆地远近，分为沿岸、近海、外海和远洋等捕捞业。海洋捕捞业具有工业性质，其捕捞水平的高低，既与海洋经济生物资源的蕴藏量、可捕量有关，也与一个国家或地区工业发达程度，渔船、网具、仪器等生产能力和海洋渔业科研水平有很大关系。海洋捕捞业一般具有距离远、时间性强、渔汛集中、水产品易腐烂变质和不易保鲜等特点，故需要作业船、冷藏保鲜加工船、加油船、运输船等相互配合，形成捕捞、加工、生产及生活供应、运输综合配套的海上生产体系[②]。

（二）中国海洋捕捞业存在的主要问题

1. 捕捞强度过大，渔业资源严重衰退 中国海域捕捞强度大大超过了生物资源的良性再生能力，单位动力渔获量大幅度下降。20 世纪 80 年代以前，海洋捕捞以带鱼、大黄鱼、小黄鱼、乌贼等优质品种为主，目前除带鱼和小黄鱼仍维持一定的渔获量外，其他种类产量大幅下降。而低质品种则上升到总渔获量的 60%～70%。主要经济物种资源的衰退，使生态系中物种间平衡被打破，种群交替现象明显，渔获物营养水平下降，低龄化、小型化和低值化现象日益加剧。

2. 渔民转产转业难度大，有关政策和措施难以落实 根据相关研究，2000 年前后，3 个渔业协定（中日、中韩、中越北部湾）生效后，每年全国约有 6 000 艘渔船要陆续从部分外海传统渔场撤出，有 30 多万海洋捕捞渔民和近百万渔业人口的生产、生活受到不同程度的影响。水产品流通、加工、冷藏、运输、渔船网具制造及港口服务等与海洋捕捞业直接相关的产业受到连带影响，渔区劳动力就业难度增大。同时，由于大批渔船从外海传统渔场退出，

① 朱坚真，吴壮，2009. 海洋产业经济学导论 [M]. 北京：经济科学出版社：122.
② 韩立民，2018. 我国海洋事业发展中的"蓝色粮仓"战略研究 [M]. 北京：经济科学出版社：210-219.

对中国近海渔业资源的压力加大，对现有保护近海渔业资源的制度带来一定的冲击。

3. 休渔制度仍有许多问题 1995年、1999年、2003年中国分别在黄海、东海和南海、长江流域等全面实施伏季休渔制度。目前，我国伏季休渔制度全面实行，每年5月1日至8月15日渤海、黄海、东海和北纬12度以北的南海海域实行严格的伏季休渔期制度。休渔范围涉及沿海11个省（自治区、直辖市）和香港、澳门特别行政区。休渔制度的实行存在以下主要问题：①开捕后万船竞发，捕捞强度依旧强大；②伏季休渔期间的违规渔具屡禁不止，且常有外国渔船入境偷捕。

4. 海洋渔业资源可持续开发管理和增殖技术体系不健全 尽管中国水产品总产量在增加，但优质高附加值的产品所占比重相对较小；生产布局不合理，部分渔具严重破坏生物资源；海洋生态系统及多种类生物资源基础研究较少，对海洋认识不够；生物多样性、濒危海洋生物以及重要产卵场的保护研究很少，尚未建立起完善系统的海洋生物原良种基地；远洋渔业发展具有很大的盲目性，对资源了解不足，重大技术落后，捕捞效率低，经济效益差；近海生物资源增殖技术仍然难以在实际应用中大规模推广等。

（三）促进海洋捕捞业健康发展的措施

1. 加强海洋资源保护 要严格控制捕捞强度，科学确定适宜捕捞量，把捕捞量维持或恢复到不影响渔业资源再生产的水平；发放捕捞许可证与捕捞限量许可证，并据此建立渔获物和渔获量申报制度，加强海上的渔政监督和检查，使海洋捕捞纳入秩序轨道之中；科学确定捕捞对象和捕捞海区范围，控制渔船渔具和作业方式，设置禁渔区、禁渔期、休渔期和实行轮捕制；强化污染防治工作，改善海域生态环境。

2. 调整优化结构，加强管理 根据1999年农业部宣布中国海洋捕捞业实行"零增长"的目标，今后渔业发展要向"管理型"转变。控制捕捞能力，根据资源情况制订和稳步实施减船计划，对近海渔船数量、作业方式加以限制，控制小型船增加，扶持吨位大、性能好的渔船到外海作业，扩大渔场范围；严查"三无"和"三证不齐"渔船以及其他非法作业方式；加速现代化渔港建设，以渔港为基础，鼓励发展水产品加工业、海水增养殖业和服务业，引导捕捞渔民转产转业[①]；采取灵活多样的合作方式，推动国际渔业合作，改善装备，发展远洋渔业。

---

① 衣艳荣，2016. 中国渔港经济区发展研究［M］. 青岛：中国海洋大学出版社：70-72.

三、海水增养殖业

（一）海水养殖业[①]

1. 海水养殖业的含义　海水养殖业，是在人工控制下，利用浅海、滩涂、港湾从事鱼、虾、贝、藻等繁殖和养成的生产事业。其生产的总过程主要是人工育苗、中间育成、海上养成等，也有少数品种在室内工厂化养成。早期的海水养殖只是采集天然苗种，由人工护养，是单纯的养殖。现代的海水养殖业是利用遗传工程和生物技术等各种新技术，通过人工培育苗种，利用现代科学技术防治病害，进行农牧化生产，是建立在新技术和高技术基础之上的海洋产业[②]。海水养殖有近海养殖（浅海养殖）和海上养殖（深海养殖）的区分。近海养殖包括滩涂贝类养殖、虾类养殖和水深 30m 以内的藻类养殖。海上养殖包括水深 30～50m 的海水鱼类网箱养殖或大型的海上牧场。

2. 中国海水养殖业的特点

（1）海水养殖生产地区发展差异大。中国海水养殖业的地区分布，主要集中在山东、浙江、福建和广东 4 省，这 4 省海水养殖面积占全国海水总养殖面积的 2/3 以上，养殖产量超过全国总产量的 4/5。其余 7 个沿海省份的养殖面积和养殖产量分别占全国的 1/3 和 1/5。

（2）海水养殖品种结构不断优化。早期的中国海水养殖品种主要是海带和贻贝，名优水产品所占的比重极少。到 20 世纪 90 年代初，海带、贻贝产量在海水养殖产量中的比重已下降到 30％左右，鱼、虾、蟹、扇贝等水产品养殖所占比重上升到 23％。进入 21 世纪这种变化更加明显。品种结构的优化提高了海水养殖的经济和社会效益。

（3）养殖方式和集约化程度多样。中国海水养殖水面类型结构，以滩涂养殖面积最大，其次是港湾养殖，浅海养殖面积较小。从养殖产量看，滩涂养殖产量和浅海养殖产量相当，港湾养殖产量最低。其他养殖主要是大棚和工厂化养殖，所占水面虽然较小，但劳动生产率却比较高，是浅海、滩涂和港湾养殖的几倍甚至十几倍。海水养殖水面结构的差异，主要是不同类型水面的资金和技术集约化程度不同。中国的海水养殖方式结构目前以投饵养殖和施肥养殖为主，并以滩涂和浅海为主，不投饵的天然养殖为辅。

---

① 王大海，2014. 海水养殖业规模经济发展研究 [M]. 青岛：中国海洋大学出版社：24 - 60.
② 韩立民，2018. 我国海洋事业发展中的"蓝色粮仓"战略研究 [M]. 北京：经济科学出版社：219 - 223.

（二）海水增殖业

海水增殖业，是指通过人工放流苗种、设置人工鱼礁和其他改善生态环境的办法，使渔业资源恢复和增加。海水增殖业目前还处于萌芽状态，是新兴的海洋产业。海水增殖业重视资源的再生产，根据某些海洋资源的可再生特点，在人类有意识的活动和自然力作用下，使资源得到再生、更新、增殖和积累，缩短资源更新周期，加速资源再生产，为产业开发提供源源不断的资源产品。

海洋放流增殖实现了海洋生产力从自然向人工的转变。目前中国近海水域放流增殖，除继续进行对虾、海蜇等生产性放流外，应尽快扩大真鲷、梭鱼、梭子蟹、毛蚶、海参、扇贝、鲍鱼等优良品种的增殖，逐渐形成新的资源结构。在选择增殖对象时，应考虑到它们对未来环境变化的适应能力。同时，应在沿岸大力发展人工鱼礁，改善鱼虾贝藻的栖息环境①。

四、海洋休闲渔业

1. 休闲渔业的含义 休闲渔业是中国刚起步发展的行业，学者们的研究甚少，至今仍无一个公认的定义。蔡学廉认为，休闲渔业是渔业发展中的新领域，是集渔业科学普及、旅游观光、健身娱乐休闲为一体，通过对渔业资源、环境资源和人力资源的优化配置和合理利用，把现代渔业和休闲、旅游、观光、海洋及渔业知识文化的传授有机地结合起来，实现第一、二、三产业的相互结合和转移，从而创造出更大的经济效益和社会效益的产业②。刘雅丹认为，休闲渔业是以水生动植物为主要对象，以水产养殖业为基础，集合旅游观光、娱乐健身、观看观赏、美化环境、餐饮服务、水产养殖为一体的综合性产业，是渔业的有机组成部分，也是有别于"食用与加工渔业"的特种渔业③。

2. 休闲渔业的发展举措 延伸海洋渔业的生产功能，发展休闲渔业，投入少、见效快，既可以带动其他相关产业的发展，转移劳动力，缓解近海资源衰退压力，又有利于促进渔区的对外开放，优化渔业结构，提高渔业经济发展质量和效益。

（1）发展独具特色的观赏鱼类养殖生产和销售，选择条件适宜的地点，建设集科技、观赏、娱乐和观光于一体的大型现代化水族馆。

① 陈可文．2003. 中国海洋经济学［M］．北京：海洋出版社：98.
② 蔡学廉，2005. 我国休闲渔业的现状与前景［J］．河北渔业（6）：46－48.
③ 刘雅丹，2006. 休闲渔业的发展与管理［J］．世界农业（1）：13－16.

（2）开拓沿海城镇郊区的休闲空间，增加休闲方式。利用现有水产养殖场所进行合理布局，完善各项服务设施包括餐饮、娱乐、住宿、交通及钓具、饵料供应与技术服务等，为钓鱼爱好者创造优雅的活动环境。

（3）创办一批环境条件优良、服务设施比较齐全的海钓基地，吸引海内外游客和钓鱼爱好者前来开展钓鱼活动。

（4）挖掘沿海渔区自然、人文等旅游资源，完善基础设施建设及配套服务，积极发展沿海渔区旅游业。

第三节　海洋工业

一、海洋油气工业

1. 海洋油气业概况　海洋油气业是在海洋中勘探、开采、输送、加工原油和天然气的生产活动。海洋油气资源的主要分布地区在墨西哥湾、巴西海域、西非几内亚湾、北海、波斯湾以及南中国海、澳大利亚沿海、美国阿拉斯加沿海，油气勘探开发已经形成了"二湾（波斯湾和墨西哥湾）、两海（北海和南中国海）、两湖（里海和委内瑞拉湖）"的格局。

人类开发海底石油和天然气资源已有100多年的历史。世界近海石油生产始于20世纪40年代。从钻井历史来看，1897年美国打出第一口海上油井，此后海洋油气开采就蓬勃发展起来。1936年美国在墨西哥湾建成世界上最早的海洋油田。1950年出现移动式海洋钻井装置，大大提高了钻井的效率。20世纪60年代以后，随着各种大型复杂海上钻井采集输出设备的建成与投产，海洋油气的开采匀速发展，新的海洋油气资源勘探、开采和储运技术逐渐成熟，海洋油气资源开采成为收益最高和发展最快的海洋产业。到了20世纪80年代以后，进行海洋油气勘探的国家已经有上百个，产油国也超过40个。海洋油气工业在100多年里实现迅速发展，约为海洋开发总产值的70%，是全球海洋经济的支柱产业。

2. 海洋油气业开采的特点　与陆地开采相比较，海洋环境恶劣，海洋油气开发具有"大投资、高技术、高风险、高收益"的特点。受海洋环境影响，海洋油气开发需要大量的资金和先进的技术，是典型的资本、技术密集型产业。从钻井投资来看，海上设备大，勘探开发大部分费用都花在平台建设上。深水的油气勘探开发技术难度非常大，深水低温高压环境对作业造成很大的威胁和困难，加之海上作业环保要求明显高于陆地，施工风险大、技术要求高，所以海洋油气勘探一般立足于寻找大油气田。虽然海域勘探开发风险大，但是获得的回报也很大，平均日产量明显高于陆上油气田。海上油气勘探开发的施工周期一般是 5～6 年，投资回报时间比较长。

未来海洋油气勘探开发第一个趋势就是向深水发展。从 2001—2010 年全球数据来看，几乎一半的新油气资源储量来自于深海，这种局面有可能持续 20～30 年。第二个趋势就是向两极（南极和北极）发展。第三个趋势是合作发展，由于勘探开发技术要求高，所以各国需要在技术上进行合作，而许多国家在海洋领土上存在争议，如何有效搁置争议、合理开发海洋油气资源成为重要的课题。

3. 中国海洋油气业的发展　中国管辖的海域面积有 300 多万 km²，其中近海大陆架约 130 万 km²。海域油气资源由近海大陆架油气资源和深海油气资源两大部分组成，近海大陆架石油地质资源量约 237 亿 t，天然气地质资源量约 15.8 万亿 m³，南海深水海域及南沙群岛附近海域更是埋藏着丰富的石油资源。中国是海洋油气资源较为丰富的国家，在世界上属于第二梯队。

中国海洋油气开采业是 20 世纪 80 年代迅速兴起的新兴海洋产业。近海油气勘探目前开发的主体是中国海洋石油总公司，中国石油和中国石化也有一定的矿权。中国未来海洋油气勘探开发的战略目标是：立足于近海大陆架，积极拓展深水领域。中国海洋油气业既是新兴海洋产业，也是增长快和前景广阔的产业，逐渐成为新兴的海洋支柱产业[①]。

二、海滨砂矿业

1. 海滨砂矿的形成及应用　海滨砂矿是在海滨地带由河流、波浪、潮汐和海流作用，使重矿物碎屑聚集而形成的次生富集矿床。既包括现处在海滨地带的砂矿，也包括在地质时期形成于海滨，后因海面上升或海岸下降而处在海面以下的砂矿，主要由金红石、钽铁矿、磁铁矿、磷钇矿、金矿、铁矿、金刚石、石英砂、煤等矿种组成。海滨砂矿中的钛铁矿可用于制造钛合金、钛白粉、人造金红石和电焊条等。独居石可用于制造特殊合金、打火石、烟火、防辐射玻璃及陶瓷、电气照明点火装置和白热炭精，其中所含钇是原子能工业的重要材料之一，还可炼制优质合金，制作接触剂、电极和化学指示剂等。锆石除少量用于制造特殊合金外，主要用于耐火材料、陶瓷、显像管和玻璃制造等。磷钇矿用于制造耐热合金、电弧电极、紫外光灯及工业用发光剂。石英砂用于玻璃制造、铸型和建筑等。

---

①　陈可文，2003. 中国海洋经济学 ［M］. 北京：海洋出版社：95.

2. 中国海滨砂矿的发展　中国海岸线一半以上为砂质海岸，砂矿的种类达 65 种之多，其中有工业开采价值的有钛铁矿、锆石等。矿床、储量分布均不平衡，主要分布在海南、广东、广西、福建、台湾和山东等省份，南多北少，广东、海南、福建 3 省的砂矿储量占全国海滨砂矿总储量的 90% 以上。矿床规模中小型矿居多，大型矿床较少，厚度不等。

海滨砂矿资源是具有良好开发前景的海洋新资源，在未来的海洋可持续发展中将占有重要地位。目前海滨地区虽已探明一批具有工业价值的砂矿床，但储量和产量与国民经济建设需求量仍有较大差距。因此，需要继续在成矿远景区加强普查找矿，以期发现和查明更多的新矿床，扩大海滨砂矿产业。

三、海洋化工业

海洋化工业又称海水化工业，是指以海水为原料，用分解、化合等化学方法提取各种化学物质的工业，包括海水制盐、盐化工、海藻化工以及从海水中提取重水等。广义的海洋化工业还包括海洋石油化工生产活动。这里限于狭义的海水化工业，主要介绍海洋盐业和海水盐化工业。

（一）海洋盐业

1. 海洋盐业概况　海洋盐业，是指利用海水生产以氯化钠为主要成分的盐产品的活动，包括采盐和盐加工。全球海水中含有各种盐类约 4.8×10^{16} t，其中氯化钠就有 4×10^{16} t，氯化钠是海洋水体中除水本身外最大的化学资源。氯化钠不仅广泛用于生产食盐，成为人类生活的必需品，而且是氯碱工业及其他系列化学工业、冶金工业的基础原料。

2. 中国海盐业发展　中国海盐生产已有几千年历史，海盐业是沿海诸侯国主要财富来源之一。早在 4 000 多年前，沿海居民就开始"煮海为盐"，从事晒盐生产，并形成了许多驰名中外的盐场。1980 年，中国成为世界海盐生产第一大国，主要集中在山东、天津、河北、辽宁和江苏 5 省、直辖市，其中又以山东为最，占全国的 1/3 左右。随着现代海水制盐业和盐化工业的发展，中国海洋盐业呈现出以海水制盐业为主体，综合利用海盐资源的产业发展新格局。目前，中国沿海盐田面积约为 45.19 万 hm^2，海盐产量占全国原盐总产量的 70% 左右。海盐品种由新中国成立初期的两三种增加到现在的80 多种。

海水制盐业是中国的传统产业，目前仍具有不可替代性。发达国家的经验证明，工业越发达，用盐量越大。针对中国海水制盐业发展面临的诸如盐场变化、海水污染、行业矛盾和市场风险等一些迫切需要解决的问题和不利因素，应采取相应的积极政策和技术措施，发展中国的海水制盐业。

（二）海洋盐化工业

海洋盐化工业一般是指利用海水晒盐后剩余的苦卤水提取化学产品的工业，也有把利用盐为原料制取化学产品的工业叫盐化工业（狭义），如制碱工业等。中国海洋盐化工业是海盐业的重要组成部分。

海水制盐的副产品苦卤水含有多种元素。目前从苦卤水中提取的物质有溴素、氯化镁、氯化钾、硫酸钠等，都是化学工业的基本原料，可用作化肥工业、玻璃工业、农药工业、洗涤工业以及医药工业等的原料。中国海岸线漫长，大小盐场密布，每年海盐产量 2 000 多万 t，每产 1t 盐就约产生 1m³ 的苦卤水，每年可副产苦卤水 2 000 多万 m³。由于这些苦卤水里富集了氯化镁、硫酸镁等盐类，一旦不能被利用而排入大海，就会严重污染近海海域，给近海生物造成灭顶之灾。同时，如果用受到苦卤水重复污染的海水制盐，会因其可溶性杂质太多而影响原盐质量。所以发展苦卤水综合利用工业，可以减少海洋污染，保护近海生态环境，取得生态效益、经济效益和社会效益。

（三）其他海洋化工业

广义的海洋化工业，包括海藻化工、海水淡化、海水提铀、海水提重水等。其中海藻化工是利用某些海藻吸收海水中特定元素的生物学特性，对海藻进行收集、加工处理，以获得所需化工产品的工艺过程。中国海域初级生产力有 45 亿 t，已发现经济藻类 50 多种，用海带等经济藻类已生产出碘、琼脂、甘露醇等 10 多个系列产品。海水淡化、海水提铀、海水提重水等，都是有重大经济价值的高新技术产业。

四、海洋水产品加工业

1. 海洋水产品加工业概况　海洋水产品加工是对收获的鲜活海水产品，用物理、化学、微生物或机械等加工方法和技术，进行工业制成，生产出易于储运、方便食用的高质量产品的过程。

海洋水产品加工主要包括保鲜、食品加工和非食品加工 3 个方面。保鲜的目的在于防止水产品腐败变质，保持其良好鲜度。目前使用范围最广、效果最好的保鲜方法是低温保藏，此外还有利用辐射、气调、化学品等结合低温进行保鲜的。食品加工主要包括腌制、干制、熏制和罐头食品、熟食品、冷冻食品等的加工。非食品加工是指利用各种食用价值和商品价值低的水产品、水产品加工废弃物或水产动植物体的某些组织成分为原料所进行的加工，主要产品为饲料、医药和化工产品，如鱼粉、鱼油、鱼胶、藻胶、甲壳质、水产皮革以及工艺品等。为人所用的海洋水产加工品还可以分为水产食品、水产保健品和水产药品等。

2. 中国海洋水产品加工业　海洋水产品加工业是中国的传统产业，是海洋捕捞、海水养殖业的延续。中国海洋水产品利用，以鲜销为主，加工的品种数量较少，主要是腌制和干制。目前，中国海洋水产品加工已形成包括水产制冷、腌制品、熏制品、干制品、罐制品、糜制品、调味品、水产医药、保健滋补、鱼粉与饲料加工、海藻化工与海藻食品、鱼皮制革、水产工艺品等十几个类型的行业。发展海洋水产品加工业，不仅可以满足人们对方便、营养、健康、优质水产品的需求，提高产品附加值和市场竞争力，改善供求结构和方式，而且可以调节生产，改善中国的海洋产业结构，推进渔业现代化进程，促进水产贸易的迅速发展。

第四节　海洋服务业

一、海洋交通运输业

（一）海洋交通运输业概况

海洋交通运输业，是指以船舶为主要工具从事海洋运输以及为海洋运输提供服务的活动，包括远洋旅客运输、沿海旅客运输、远洋货物运输、沿海货物运输、水上运输辅助活动、管道运输业、装卸搬运及其他运输服务活动。海洋交通运输业是对海洋水域和空间利用最多的产业，使用船舶通过海上航道在不同国家和地区的港口之间运送人员和货物。在各种运输方式中，海洋运输最经济。

海洋运输是国家战略性基础产业，是国际物流中最主要的运输方式。在19世纪末，开辟了世界海洋所有最重要的航道，20世纪又开辟了通往南极的航道，目前世界大洋的航线密如蛛网，其中主要的国际航线有10多条。国际贸易总运量中的23%以上，中国进出口货运总量的约90%，都是利用海上运输。海洋运输包括国际干散货（如铁矿石、煤炭）运输、石油运输、集装箱运输等。

（二）海洋交通运输业的特点

1. 天然航道　海洋运输借助天然航道进行，不受道路、轨道的限制，通过能力强。随着政治、经贸环境以及自然条件的变化，可随时调整和改变航线完成运输任务。

2. 载运量大　随着国际航运业的发展，现代化的造船技术日益精湛，船舶日趋大型化。超巨型油轮已达 60 多万 t，第五代集装箱船的载箱能力已超过 6 000TEU（标准箱）。

3. 运费低廉　海上运输航道为天然形成，港口设施一般为政府所建，经营海运业务的公司可以大量节省用于基础设施的投资。船舶运载量大、使用时间长、运输里程远，单位运输成本较低，为低值大宗货物的运输提供了有利条件。

4. 国际性　海洋运输一般都是国际贸易，它的生产过程涉及不同国家和地区的不同的人和组织，竞争也是来自国际市场，海洋运输受到国际法的影响，也受到当事国政治法律的影响。

5. 速度慢，风险大　海洋运输是各种运输方式中速度最慢的。由于大海有台风、海啸等自然灾害，运输船只有可能被大海吞没，这是产生风险的自然原因。另外还有人为原因，比如海盗、海上战争，风险也不小。

6. 不完整性　海洋运输只是运输的一个环节，它的两端还要靠其他运输方式的衔接和配合，才能完成整个运输过程。

二、滨海旅游业

1. 滨海旅游业概况　滨海旅游业主要是指活动在滨海地区、海上、海底、海岛的旅游业，以旅游者为主体，以滨海旅游资源和旅游设施为客体，通过旅游者的流动表现出的一种社会经济文化活动。旅游业是一个综合性的行业，主要以服务形式表现出来，包括旅游资源、旅游设施、旅游服务和旅游目的地的可进入性，其中旅游服务是旅游产品的核心。滨海旅游业具有高效益、轻污染、与多种旅行活动兼容等优势，被称为"无烟产业"。根据产品特色，目前滨海旅游有海洋风景旅游、文化旅游、体育旅游、休闲度假旅游和会展购物旅游等多种类型。

2. 中国滨海旅游业的发展　中国沿海地带跨越热带、亚热带和温带 3 个气候带，旅游资源丰富。据初步调查，中国有海滨旅游景点 1 500 多处，滨海沙滩 100 多处，其中最重要的有国务院公布的 16 个国家历史文化名城、25 处国家重点风景名胜区、130 处全国重点文物保护单位以及 5 处国家海洋、海岸带自然保护区。按资源类型分，273 处主要景点中有 45 处海岸景点、15 处最主要的岛屿景点、8 处奇特景点、19 处比较重要的生态景点、5 处海底景点、

62 处比较著名的山岳景点以及 119 处比较有名的人文景点。

中国的滨海旅游业起步较晚，海洋旅游资源的开发利用还处于初级阶段。目前，中国已经形成了环渤海地区、长江三角洲地区、闽江三角洲地区、珠江三角洲地区和海南岛五大海洋旅游区。国务院批准的 11 个国家级旅游度假区就有大连金石滩、青岛石老人、上海横沙岛、福建湄洲岛、北海银滩、三亚亚龙湾等 6 个海洋、滨海风景区。滨海旅游业的高速发展，不仅使其成为海洋产业的重要组成部分，而且还成为许多沿海地区的经济新的增长点。

三、海洋公共服务业

海洋公共服务业，也叫海洋公益服务业，是为海洋开发提供公共服务产品的服务性行业。海洋公共服务业体系由海洋调查与测量、海洋环境监测与预报、海洋环境污染监测与监视、海洋资源服务、海洋通信与导航定位和海洋信息系统与服务等组成，是海洋服务业的一个重要组成部分。

（一）海洋调查与测绘

海洋调查与测绘，是现代海洋开发的基础性服务工作之一，是进行海洋科学研究、海洋环境保护和海洋开发管理的前提和基础。海洋调查是对海洋的物理学、化学、生物学、地质学、地貌学、气象学及其他一些性质的海洋状况的调查研究，一般分为综合调查和专业调查。海洋调查的主要工具是海洋调查船，随着科学技术的发展，现在已经形成由调查船、浮标、飞机、卫星、潜水器等组成的立体海洋调查观测系统，从空中、水面和水下全面获取海洋环境资料。海洋测绘是通过调查研究，获得海洋基础资料，绘制成各种海洋基本图件的服务。

中国海洋调查与测绘，最早可追溯到公元 15 世纪。1405—1433 年，明朝郑和下西洋的远洋航行中，对海洋进行了调查记录，绘制了古代航海图。中国近代海洋科学调查始于 20 世纪 20 年代后期。1958—1960 年，进行了历时 3 年的全国海洋综合调查，共有 30 余个单位、几十艘调查船参与。从 1972 年开始，先后在渤海、黄海的主要河口和潮间带进行了海洋污染调查，并在某些海区建立海洋污染长期监测站。1974 年中国科学院南海海洋研究所对南海的西沙群岛、南沙群岛、中沙群岛和东沙群岛系统地进行了考察；1975 年开始进行深海区考察。1976 年进行了赤道海区调查，此外，还进行了其他调查。1979 年还参加了国际"首次全球大气试验"，对热带风和指定洋区的水文、海流进行了观测调查。

（二）海洋观测、监测与预报

海洋观测、监测与预报，是指对海洋环境及环境污染情况进行观测、监测和监视，及时进行环境预报。它是随着海洋开发利用、防灾减灾、海洋环境保护和维护国家海洋权益等各项海洋事业的发展而发展起来的海洋公共服务领域。

1. 海洋观测与监测　海洋观测和监测是指通过船舶、飞机、卫星、浮标和海洋站，采用各种手段对海洋环境要素进行随机的或长期的连续的观测和监测，采集、处理、分析和传输各种海洋环境要素的过程。海洋环境污染监测和监视是获得海洋环境健康信息，开展海洋环境保护研究，强化海洋环境管理，执行海洋环境法规的重要手段。中国的海洋环境监视起步较晚，起初是随着国防建设和海洋开发利用而发展起来的。目前已初步形成了以国家海洋环境监测中心，北海、东海、南海环境监测中心和沿海基层监测站三级机构为主体，沿海地方生态环境、交通、农业农村、水利部门和海军环保部门等共同组成的全国海洋环境污染监测体系，为中国的海洋开发、海洋环境保护等提供了有效的服务①。

2. 海洋环境预报　中国是开展海洋环境预报服务比较早的国家。新中国成立初期，为适应近岸渔业捕捞和交通事业的需要，开始对外公开发布海上大风、海雾预报。20 世纪 50 年代末，中央气象局在沿海布设了 60 多个海洋站，并负责发布海洋灾害性天气的预警报和民用港口的潮汐预报。1965 年，国家海洋局成立了海洋水文气象预报总台，负责除潮汐预报外的全部海洋水文气象预报，潮汐预报则由海洋情报资料中心负责。20 世纪 80 年代以来沿海地区气象台也加强了海洋气象灾害的预警报业务，各省份已相继建立海洋预报台。中国已初步形成了一个由国家海洋环境预报中心、各海区的预报中心、沿海省（自治区、直辖市）海洋预报台和各专业预报台站等组成的海洋环境预报系统。这一系统能发布的预报项目主要有：海冰预报、海浪预报、风暴潮、地震海啸的预报和警报；海水温度、盐度、密度和声速预报；海流分析及预报和专业海洋预报。

（三）海洋信息服务

海洋信息服务工作主要包括：科技情报工作，如科技图书、期刊、报纸、会议论文、文集、图片声像，以及情报研究、编辑、查询、检索等；资料工

---

① 刘洋，程佳琳，姜昳芃，等，2017. 渔政与渔港监督管理 [M]. 南京：东南大学出版社：93 - 113.

作，如海洋环境、资源等调查观测的数据、模拟信息、图像、图表等；科技档案工作，如在科技活动中形成具有保存价值的文书、数据、成果资料等。

20 世纪 50 年代，中国高等院校和研究所已有一些海洋资料、文献、图书工作。1964 年在原国家科委海洋组办公室的基础上组建了国家海洋情报资料中心，后来发展成为国家海洋局科技情报研究所。1984 年，组建国家海洋资料中心，承担国家海洋科技档案馆的职责和任务。1993 年，建设国家海洋信息系统，这个系统拥有国内海洋经济、世界海洋经济、海洋资源、海洋环境、海洋空间和海洋文献法规等海洋信息和信息库，具有收集、整理、传输、存储、管理和服务等综合功能，提供国内外海洋经济信息、海洋空间信息、海洋环境灾害信息、海洋制图、海洋科技情报、海洋法规和海洋文献等方面的服务，为经济发展、海洋管理、海洋权益维护和国防军事建设提供全面、及时和准确的综合信息和信息产品服务。至此，中国已建立了以国家海洋信息中心为主体，包括国家各部门、高等院校和科研机构等组成的海洋信息服务体系。

(四) 其他海洋公共服务业

其他海洋公共服务业包括海洋仪器与设备服务业、海洋工程技术与设计服务业、海洋政策与咨询服务业、海洋科学研究与教育培训服务业和海洋法律服务业等。这些海洋公共服务也是中国海洋开发需要的基础性服务，需要根据各自发展的特点和要求，给予宏观引导，完善服务手段，提高服务质量。

第五节　海洋新兴产业

一、海水利用业

1. 海水利用业的含义　海水利用业，是指对海水的直接利用和海水淡化活动。海水直接利用，是以海水为原水，直接代替淡水，如海水冷却、脱硫、洗涤、消防、制冰、印染以及海水灌溉等。海水淡化是指通过水处理技术，脱除海水中的大部分盐类，使处理后的海水达到生活饮用水或工业纯净水标准，能作为居民生活用水和工业生产用水。中国海水利用主要在海水淡化、海水直接利用、海水化学资源的综合利用 3 个方面。

水是人类生存和发展的基础性和战略性资源。中国是一个水资源贫乏的国家，人均占有淡水资源量 2 200m³，仅为世界平均值的 1/4 左右，位列世界100 位之后，而且水资源时空分布不均。地球上的水资源总量，淡水占 2.5%，海水占 97.5%。海水利用已成为许多国家解决淡水短缺问题、促进经济社可持续发展的重大战略措施，也是解决中国海水资源短缺的重要途径之一。向大海要水、要资源，是解决沿海（近海）地区淡水资源短缺的现实选择，也是实现以水资源可持续利用保障沿海地区经济社会可持续发展的重要措施，具有现实和战略意义。

2. 国内外海水利用业的现状　国外海水利用已有近百年的历史，海水已成为一些国家沿海城市和地区水资源的重要组成部分，海水直接用作工业冷却水的相关设备、管道防腐和防海洋生物附着的处理技术已经相当成熟。目前日本工业冷却水总用量的 60% 来自海水，每年高达 3 000 亿 m³；美国大约 25% 的工业冷却用水直接取自海洋，年用量也约 1 000 亿 m³[①]。

2001 年底，世界上已有 40 多个国家开展了海水淡化工作，建立了约 1.1 万家海水淡化工厂，全球海水淡化日产量达 3 250 万 m³，解决了 1 亿多人的用水问题[②]。可见，海水淡化在国际上已成为一门新兴产业。目前，淡化技术逐渐成熟，生产成本日趋降低，实践证明，海水淡化已完全可以作为一个安全、稳定的供水源，而且不受降水季节变化的影响。

中国海水利用与发达国家相比尚有很大差距。1978—2018 年，北方地区和沿海城市由于水资源短缺，在海水直接利用方面有了长足发展。青岛市、大连市、上海金山化工厂、天津军粮城和大港等，是中国利用海水作为工业冷却水最早的区域。目前，中国沿海地区的电力、钢铁、石化和化工等行业，海水用作工业冷却水的年用量约占全国这方面用量的 2/3。

二、海洋生物医药业

1. 海洋生物医药业概况　海洋生物医药业，是指以海洋生物为原料或提取有效成分，进行海洋药品与海洋保健品的生产加工及制造活动[③]。海洋生物包括海洋动物、植物和微生物，多生活在高盐度、高渗透压、低（无）光照、高压（深海）、高温（火山口附近）和高重金属（局部）等被视为生命极限的环境。它们经过长期的进化适应和物竞天择，表现出生物种群多样性的同时还构成了丰富的遗传多样性。丰富的遗传多样性必然蕴含着更为丰富的化学多样性，可以产生大量结构和功能特殊的活性物质，是陆生生物不可比的。现代海洋生物资源开发，主要是对海洋生物高活性的天然有机化学物质的运用。以海

① 韩杨，2007. 我国发展海水利用产业的背景与布局条件研究 [D]. 大连：辽宁师范大学.
② 宋建军，刘颖秋，2004. 加快海水利用步伐，缓解淡水资源供需矛盾 [J]. 科技导报（5）：47-49.
③ 国家海洋局，2008. 中国海洋统计年鉴 2007 [M]. 北京：海洋出版社：71.

洋生物为对象，运用现代生物技术手段，开发生产出海洋药物、海洋食品、海洋保健品、海洋化妆品和海洋生物功能材料等海洋生物产品。

2. 中国海洋生物医药业发展　中国海洋药物系统研究，始于 20 世纪 70 年代。在政府支持下，海洋生物技术 1996 年被列入国家"863"计划，目前中国海洋生物技术、海洋药物的研究队伍已步入规范化和集团化，形成了以上海、青岛、厦门、广州为中心的 4 个海洋生物技术和海洋药物研究中心。中国沿海省市相继建立了数十家研究机构，其中国家海洋局第一海洋研究所、中国海洋大学、广东海洋大学等单位把海洋生物医药研究开发列入重点研究领域，国内已有数千名科研人员从事海洋药物及海洋生物工程制品的研究与开发。从研究领域上看，中国海洋生物技术研究已经从沿海、浅海延伸到深海和极地，特别海洋药物研发已在国际上引起了高度关注，很多研究成果申请了具有自主知识产权的国内、国际专利。

三、海洋能利用业

（一）海洋能的含义及特点

地球表面积约为 $5.1\times10^8\,km^2$，其中陆地表面积为 $1.49\times10^8\,km^2$，占 29%；海洋面积达 $3.61\times10^8\,km^2$，占 71%。以海平面计，全部陆地的平均海拔约为 840m，而海洋的平均深度却为 380m，整个海水的体积多达 $1.37\times10^8\,km^3$。一望无际的汪洋大海，不仅为人类提供航运、水产和丰富的矿藏，而且还蕴藏着巨大的能量。通常海洋能是指依附在海水中的可再生能源，包括潮汐能、波浪能、海洋温差能、海洋盐差能和海流能等，更广义的海洋能源还包括海洋上空的风能、海洋表面的太阳能以及海洋生物质能等。全球海洋能的可再生量很大，上述 5 种海洋能理论上可再生的总量为 766 亿 kW。虽然海洋能的强度较常规能源低，但在可再生能源中，海洋能仍具有可观的能流密度[1]。海洋能是未来的替代能源，21 世纪海洋能源开发利用将实现实用化、商品化和产业化生产，成为未来重要的海洋产业之一。

（二）国内外海洋能开发现状

1. 国外发展现状　在世界经济发展的大潮中，陆地的石油、煤等常规能源越来越不能满足人类发展的需要，越来越多的国家把眼光投向了海洋。如英国从 20 世纪 70 年代以来，制定了强调能源多元化的能源政策，鼓励发展包括

---

[1]　吴金星，2014. 能源工程概论 [M]. 北京：机械工业出版社.

海洋能在内的多种可再生能源。日本在海洋能开发利用方面十分活跃，成立了海洋能转移委员会，仅从事波浪能技术研究的科研单位就有日本海洋科学技术中心等 10 多个，还成立了海洋温差发电研究所，并在海洋热能发电系统和换热器技术上领先于美国，取得了举世瞩目的成就。

2. 中国发展现状　中国大陆海岸线长达 18 000 多 km，拥有 7 000 多个大小岛屿，海岛的岸线总长 14 000 多 km，海域面积达 470 多万 km²，海洋能源十分丰富，达 5 亿多 kW。其中，潮汐能资源约为 1.1 亿 kW，大部分分布在浙江、福建两省；沿岸波浪能的总功率为 0.7 亿 kW，主要分布在广东、福建、浙江、海南和台湾的附近海域；海流能的蕴藏量为 0.5 亿 kW，主要分布在浙江、福建等省；海洋温差能约为 1.5 亿 kW；另外，流经东海的动力能源黑潮估计约为 1.2 亿 kW[①]。中国海洋能开发已有近 40 年的历史，潮汐能方面，至 2018 年已建成潮汐电站 8 座；波浪能利用方面，中国波力发电研究首先于 1978 年从上海兴起，很快扩展到大连、青岛、广州、北京、天津和南京等地，从事波浪发电研究的单位共有十几个，波浪发电技术获得了较快发展；海流（潮流）能利用方面，中国潮流发电研究始于 20 纪 70 年代末，浙江省舟山市首先进行了潮流发电现场实体原理性试验。自 20 世纪 80 年代以来，长山岛、长岛、岱山岛、东山岛、南澳岛等主要海岛地区都建设了风力电场，并实现并网。目前，风能发电技术装备总体上国内企业与国外厂家仍有差距。到 2018 年底，进口机组仍占中国风能发电总装机容量的 50% 以上。

（三）海洋能开发利用的制约因素

1. 海洋能的开发难度大，技术水平要求高　虽然海洋能储量巨大，但其能源是分散的，能量密度很低。例如潮汐能可利用的水头只有数米，波浪的年平均能量只有 300~500MW/m。海洋能大部分蕴藏在远离用电中心的大洋海域，难以利用。海洋能的能量变化大，稳定性差，如潮汐的周期变化、波浪能量和方向的随机变化等给开发利用增加了难度。此外，海洋环境严酷，对使用材料及设备的防腐蚀、防污染、防生物附着要求高，尤其是风浪有巨大的冲击破坏力，也是开发海洋能时必须考虑的。

2. 海洋能的开发技术不成熟，投资大、效益低　海洋能利用技术是海洋、蓄能、土工、水利、机械、材料、发电、输电、可靠性等技术的集成，其关键技术是能量转换技术，不同形式的海洋能，其转换技术原理和设备装置都不同。由于海洋能开发技术目前尚不成熟，致使海洋能开发的一次性投资过大，

---

①　朱坚真，2010. 海洋资源经济学［M］. 北京：经济科学出版社.

与利用常规能源相比，经济性欠佳，因而制约了它的应用推广。

3. 海洋能开发风险大、成本高、融资难　海洋能的开发，一方面，海洋能源大多在海上甚至深海，受海洋上的大风、大浪等自然条件的影响，海洋能开发面临的自然风险很大，成本很高；另一方面，投入不一定有产出，这更加重了海洋能开发的风险。由于海洋能的不稳定性和风险性，在短时间赢利是不可能的，国内的一些风险投资公司也不愿投入海洋能行业，一些小企业由于受国家政策的影响，通过银行和上市融资的机会也很小，所有这些因素都造成了海洋能源开发不足的现状。

四、深海矿产业

（一）深海矿产业的发展

深海矿产业包括海底多金属结核、富钴结壳、海底热液硫化物、气体水合物等资源的勘探和开采。在占海洋面积60%以上的深海区域海底，有着丰富的矿物资源，对于人类社会经济发展有着重要的潜在意义。深海海底矿物资源主要有两大类：一类是金属结核结壳，另一类是海底热液矿床。此外，海底还存在天然气水合物，是由水和天然气（甲烷）组成的冰状结晶物质，自然存在于大陆架附近深水海盆和沉积物厚度至少有 1km 的深海洋盆。适于海底甲烷水合物生成海域的水深一般在 $600\sim800m$，因而在深海存在一个热力平衡的天然气水合物稳定带，保证了水合物的稳定性。

根据《联合国海洋法公约》的规定，国际海底区域及其资源为全人类共同继承财产，由国际海底管理局代表全人类进行管理，确立了国际海底区域及其资源是人类共同继承财产的原则和勘探开发海底多金属结核结壳的法律制度。各国可以在国家管辖范围以外的海底和洋底的区域内，申请 15 万 km^2 面积作为自己的保留矿区面积。开采国际海底的多金属结核结壳矿和其他矿产，既是国家经济发展的需要，也是国家海洋开发能力的标志。

（二）深海矿产业的产业特点

1. 开放性，国际化　一方面，竞争关系具有国际性。深海矿产资源是人类共同继承的财产，任何国家和个人都不拥有所有权或主权，同时，深海采矿对技术和资金的要求很高，勘探及开发的竞争实质是以国家为主体的竞争，是国家经济实力、科技实力的体现。另一方面，受国际公约的约束。深海大洋矿产资源的勘探是一项涉及国际法、各国法规、海洋地质环境、海洋生态环境、全球资源状况等多种因素的事业。不仅要考虑本国有关的经济、政治和科学技术等问题，协调和平衡各资本集团之间、各有关产业之间的利益关系，而且要考虑各国之间的有关政策、法规以及对海洋的各种影响因素。

2. 技术要求高，周期长　深海海底矿产的勘查和开发是一项涉及诸多学科的高新技术密集型产业，也是一项复杂的系统工程，主要包括勘查、开采、冶炼3个程序。首先，深海矿产资源存在于条件恶劣的深海。由于特殊的成矿条件，其勘查、开采需要解决一系列技术难题，如潜水技术、采矿机技术、向水面输送技术、采矿系统的测量和控制技术以及水面支持系统等，从而大大增加了开采难度。其次，从冶炼方面看，深海矿产资源特殊的矿物特征决定了难以对其直接采用物理选矿方法进行加工、提炼。迄今为止，尚未有任何一种冶炼工艺流程能对深海矿产资源进行工业规模的冶炼加工。最后，深海开采是一个多环节串联的系统工程，在数千米水深、承受海流和风浪流影响及海水腐蚀的环境下作业，对开发技术提出了很高的要求和需要较长的周期。

3. 资金需求量大，成本高　深海矿产资源的调查研究与勘探开发需要高技术支持，各种技术的研发与设备制造均需要很长的时间和巨大的资金投入。作为商业性开采和生产更要进行"投入-产出"核算，就目前的深海采矿技术现状而言，离大规模的商业性开采阶段还有很大差距。比如对开发锰结核的投资、生产成本和利润核算，涉及很多因素，在没有任何生产实践经验的情况下，很难做出确切的评价。

第六节　海洋产业结构演变规律与产业政策

一、海洋产业结构演变规律

1. 海洋支柱产业形成和发展迅速　世界海洋产业目前已形成四大海洋支柱产业，即海洋油气业、滨海旅游业、海洋渔业和海洋交通运输业。特别是海洋油气业和滨海旅游业发展迅速，后来居上，很快超过了传统的海洋产业，成为现代海洋经济的主体。同时，其他的海洋产业也有较快的发展。海洋油气业产值居首，其后依次为海洋交通运输业、海洋渔业、海洋旅游业、船舶制造业、海盐和化工业、海洋药物业、海洋保健食品业和海洋电子业等。

2. 产业结构顺序演变更替较为明显　海洋产业结构正由"一、二、三"的产业结构顺序向"三、二、一"的产业结构顺序演变。由于海洋资源和海洋科学技术两个因素的作用，海洋产业结构演化与陆域产业略有不同，没有经过"二、三、一"的产业结构顺序，而直接进入"三、二、一"的产业结构顺序，基本上反映当代海洋经济发展变化的趋势①。

3. 海洋科技对产业结构变化起着决定性作用 各国的海洋产业结构，尽管因各自的自然条件和社会经济条件不同而各具特点，但由于海洋特殊的环境条件，起决定性作用的是由科学技术决定的生产力发展水平。海洋产业是典型的技术和资本密集型产业，对现代科学技术有着强烈的依赖，海洋高新技术的发展和应用，直接关系到海洋新兴产业的形成与发展。海洋产业结构高级化，实质是依赖海洋科技进步而升级，又反过来促进海洋产业的技术进步。高科技的应用使海洋产业中的传统产业得到了不断改造，同时又不断地开发和建立新的海洋产业。

4. 区域海洋产业发展存在差异性 全球海洋资源在各地区的分布不同，各国科技实力和经济发展水平高低不等，海洋产业的空间分布和地区海洋产业结构存在较大差异。从各国的具体情况来看，现在全世界140多个沿海国家或地区海洋产业发展极不平衡，海洋经济实力和发展速度差异甚大。美国的海洋工程技术、海洋生物技术、海水淡化技术和海洋能发电技术等高新技术居世界领先地位。

二、海洋产业发展政策

1. 产业发展政策的含义 产业发展政策，是一种以供给管理为主、通过结构控制与协调调整来促进产业长期发展的经济政策。作为一种较新的经济调控手段，产业发展政策自20世纪70年代以来已引起人们的高度重视，被许多国家所采用。中国从20世纪80年代初开始引入产业政策这个概念，并明确提出运用产业政策来调节经济运行，完善产业结构和产业组织。

2. 产业发展政策的主要内容

（1）产业结构政策，即着重研究各产业之间关系结构的政策，具体包括主导产业选择政策、支柱产业振兴政策、对某些产业的保护扶持政策和对一些产业的调整援助政策。

（2）产业组织政策，主要研究每个产业内部关系结构的政策。在中国，需要重点培育具有国际竞争力的海洋资源开发组织。

（3）产业技术政策，即引导和促进海洋产业技术进步的政策，具体包括研究开发援助政策、高新技术鼓励政策、知识产权保护政策、技术转移政策以及有关职业培训方面的政策。

---

① 孙鹏，李世杰，2017. 海洋产业结构问题研究［M］. 北京：中国经济出版社：165-185.

（4）产业布局政策，主要是政府对本国的海洋资源要素及生产力在地域空间上进行组合分布的政策，分为宏观布局政策、中观布局政策和微观布局政策。

（5）产业环境保护政策，主要是政府对海洋经济、海洋产业可持续发展战略在环境指向方面的政策，具体包括有关产业发展的环境保护政策和对环境保护的支持政策。

（6）海洋产业国际竞争力政策，主要是政府为提高或保护本国海洋产业国际竞争力而推行的政策，具体包括进口保护政策、出口鼓励政策、产业扶持政策等。

第九章

海洋贸易经济

学习目的

了解海洋贸易的发展历史；掌握海洋贸易经济的机制；掌握海洋贸易活动的主要类型；了解海洋贸易现代化的内容与特征；理解海洋贸易政府管制的必要性与分类。

第一节　海洋贸易

一、海洋贸易的发展

海洋贸易是利用海洋资源和海洋空间进行的贸易，它的产生与生产力发展和社会分工息息相关。海洋贸易从一开始的简单不成规模的活动，到如今在社会经济活动中发挥着不可或缺的重要作用，经历了多方面的改变。社会分工和私有制是商品经济出现的条件，在商品经济出现之前，人类社会中自然经济占据着主导地位。在人类社会各个历史阶段有着不同的社会条件和客观规律，这些因素都对贸易的发展有着重要的影响。

在奴隶社会和封建社会时期的海洋贸易活动中，因为商品经济处于从属地位，所以海洋贸易活动的功能和规模都与封建社会以后的资本主义时期有许多的不同。从功能上来说，当时的海洋贸易主要是服务于统治者及贵族，海洋贸易被统治阶级掌握着，少量在手工业者之间进行。从规模上来看，海洋贸易的规模一方面受到当时经济条件的制约，由于自然经济占据着主导地位，主要是通过自给自足来满足生活需求，所以商品经济规模小且分散，对生产起到的作用和影响还较小，使得海洋贸易的发展空间较小；另一方面的制约来自当时的科学技术条件，人们对海洋的开发能力较弱，海洋贸易的商品种类也十分有限，同时有的海洋产品由于其特殊的性质，对储存和运输的技术条件要求比较高，所以海洋贸易的空间范围有限，难以形成大的市场，只能以小市场形式分散在沿海各地。

到了资本主义时期，社会生产力的发展使社会分工进一步细化，科学技术进步使各个小规模市场得以联系沟通，政治环境也发生了深刻的变化，商品经济开始占据主导。此后，海洋贸易的规模、种类及贸易所发挥的作用均有极大的改观，海洋贸易在这个阶段也得到了快速的发展。

（1）海洋贸易商品的种类迅速增加，海洋运输服务、海洋旅游服务等非实物形态的商品也成为贸易对象，而且海洋贸易在生产生活中发挥了重要作用。

（2）随着组织管理形式和理论的发展，企业组织形式不断完善，使海洋贸易的组织化和专业化有了发展的基础；与此同时，科学技术的进步与革新，使海洋贸易突破了地域和信息交流的限制，向着国际化、高速化的方向发展。

（3）海洋贸易对生产起着协调作用。大量的商品投入市场，商品转化为货币，货币再转化为资本，这个过程在社会经济活动中体现为贸易；而资本运动依次经过购买、生产、销售这3个阶段，分别采取货币资本、生产资本、商品资本3种职能形式，相应地完成3种职能，最后又回到原来的出发点。从商品资本的角度看，实现商品资本循环的贸易活动对生产的作用越来越大，贸易活动对生产起到了重要的协调作用。

二、中国海洋贸易的发展

中国海洋贸易的发展既符合贸易发展演进过程的一般特征和规律，又因为中国特殊的政治经济环境而有其自身的特点。

1. 海洋贸易种类多，规模大　中国海洋资源丰富，储量大，有优越的自然条件进行海洋贸易。中国是一个正在经历高速发展的人口大国，国内对海洋出产的一些工业原材料和海洋产品的需求十分旺盛，本身就存在大规模的海洋贸易市场，而且中国的出口量一直居于世界领先的地位，这些都给海洋贸易发展提供了良好的经济环境。海洋水产品、海洋油气产品等的贸易，在中国都发展得较好，贸易规模十分巨大。

2. 海洋贸易发展不平衡　海洋贸易可以分为实物形态的贸易和非实物形态的贸易。实物形态的海洋贸易有海洋水产品贸易、海洋油气产品贸易、海洋矿产品贸易等，非实物形态的海洋贸易包括海洋旅游贸易、海洋技术贸易、海洋运输服务贸易等。在中国，实物形态的海洋贸易已经比较成熟，而非实物形态的海洋贸易还有发展空间，表现出极大的发展潜力。以海洋运输服务贸易为例，虽然中国的海运服务贸易快速增长，但对中国整体的出口贡献率并不高，赢利状况不乐观，国际竞争力较弱。但是，中国的海运服务贸易有很大的提升空间，进入 21 世纪以来，中国海运贸易总额、进口额、出口额在世界上所占的比重都连年增加①。中国越来越重视对非实物形态的海洋贸易的发展。

3. 海洋贸易中科技含量越来越高　随着新技术的发展，许多科技成果渗透到海洋贸易领域的方方面面，对海洋贸易产生重大的影响。在海洋贸易产品的流通渠道方面，信息技术起到越来越重要的作用，中国的海洋企业开始重视电子商务平台。由于互联网大面积地覆盖，电子商务的兴起将带动海洋贸易的发展，作为海洋贸易渠道的一种创新，可帮助海产品及海洋资源获得更广阔的市场②。科技对海洋产品的改进也有重要的贡献，它能够发掘海洋资源更多的利用潜质。如青岛海大生物集团利用海藻开发出新型海藻肥，获得农民的一致好评，既开拓了海洋贸易市场，又有利于海洋资源充分利用。

4. 海洋贸易竞争激烈　海洋贸易发展十分迅速，诸如利用 B2C（企业对个人）电子商务平台等新的竞争方式，海洋旅游服务贸易、海洋技术服务贸易等新的竞争内容不断涌现，使各地区之间海洋贸易的竞争更加激烈。例如海洋旅游贸易，由于投入小、产出高，引起了许多国家和地区的重视。在国内，三亚、舟山、青岛、大连等城市凭借得天独厚的海洋资源，海洋旅游服务具有强大的吸引力；在国外，印度尼西亚、澳大利亚、西班牙及一些热带和亚热带岛国的海洋旅游业发展得十分成熟。

第二节　海洋贸易经济的机制

一、海洋贸易的市场机制

商品交换需要一定的场所，即市场，各种海洋贸易活动都必须通过具体的市场进行。市场是海洋贸易的载体，海洋贸易的发展离不开市场的发展和完善。海洋贸易的市场机制是海洋贸易活动运行的实现条件，主要包括海洋贸易的市场供求机制和市场竞争机制。

（一）海洋贸易市场概述

1. 海洋贸易市场的概念　海洋贸易市场是指海洋产品和服务交换的场所及海洋生产过程中产出的海洋产品和服务交换关系的总和。在海洋贸易中，市

---

① 张琦，2014. 我国海运服务贸易国际竞争力研究 [D]. 青岛：中国海洋大学：23 - 29.
② 孙世超，宋晓彤，2014. 推动我市海洋企业向电商化转移 [N]. 威海日报，03 - 24.

场交换的客体极为广泛，既包括物质产品，也包括生产要素。海洋贸易各环节的经济活动都要通过市场并围绕市场这个中心展开。市场是进行海洋贸易的基础。

2. 海洋贸易市场的基本类型　海洋贸易市场是一个庞大的交换系统，整个市场体系可以划分为若干相互联系、相互作用、相互制约的子系统市场，每个子系统市场又可以进一步细分：①按照海洋产品的种类，海洋贸易市场可以分为海洋水产品市场、海洋油气市场、海洋盐业市场、滨海旅游业市场等。②按照市场组织形式不同，海洋贸易市场可以分为海洋批发产品市场和海洋零售产品市场等。③按照交换的空间范围，海洋贸易市场可以分为海洋贸易的地方市场、全国市场和国际市场。④按照交换时间界限和商品交割程度，海洋贸易市场可以分为海洋贸易的现货市场和海洋贸易的期货市场。⑤按照市场竞争程度，海洋贸易市场可以分为海洋完全竞争产品市场、海洋垄断竞争产品市场、海洋寡头垄断产品市场和海洋完全垄断产品市场。

（二）海洋贸易的市场供求机制

海洋贸易活动的市场供求机制，是指通过海洋产品、服务和各种社会资源的供给和需求的矛盾来影响各种海洋生产要素组合的一种机制。海洋商品的供给和需求，是形成市场商品流通的两个基本条件，也是海洋贸易赖以存在和发展的基础。海洋贸易的市场供求机制，通过海洋商品的供求之间不平衡状态来形成各种海洋商品的市场价格，通过价格、市场供应量和需求量等市场信号来调节社会生产和需求，最终实现供求之间的基本平衡。

1. 海洋贸易的市场供给　海洋贸易的市场供给，是指企业在一定时期内在某种价格水平下愿意而且能够供应的某种海洋产品或服务的数量。在一个完全竞争的市场条件下，海洋贸易的市场供给曲线是一条向右上方倾斜的曲线，表示海洋产品的价格和供给量之间呈同向变化。影响海洋产品与服务供给的因素，包括影响企业供给愿望与供给能力的各种经济和社会因素，主要有海洋产品的价格、取得海洋产品的成本、生产海洋产品的技术及生产者对未来海洋产品价格的预期等因素

2. 海洋贸易的市场需求　海洋贸易的市场需求，是指消费者在一定时期内在某种价格水平下愿意而且能够消费的某种海洋产品或服务的数量。在一个完全竞争的市场条件下，海洋贸易的市场需求曲线是一条向右下方倾斜的曲线，表示海洋产品的价格和需求量之间呈反向变化。影响海洋产品与服务需求的因素，包括影响购买愿望与购买能力的各种经济与社会因素，这些因素主要有海洋产品的价格、消费者的收入水平、消费者的嗜好和消费者对海洋产品的

价格预期等。

3. 海洋贸易的市场供求关系　海洋贸易的市场供给和需求，既相互联系又相互对立。供求关系体现着海洋产品生产和消费的关系，海洋产品的生产和消费都是生产者和消费者推动的结果，因而海洋贸易的市场供求关系体现着海洋产品生产者和消费者之间的关系。

对于不同的海洋产品，由于价格弹性不同，需求曲线与供给曲线的变化不同，供求变化对于价格变化反应的灵敏程度也不一样。当海洋贸易的市场供给与市场需求一致时，也就是在供给曲线和需求曲线的交点，海洋产品的生产者和消费者都得到满足，此时的价格就是海洋产品均衡价格，此时的产量就是均衡产量，这是供求规律作用的结果（图9-1）。商品供求规律是流通领域特有的经济规律，组织海洋贸易活动时必须予以遵循。

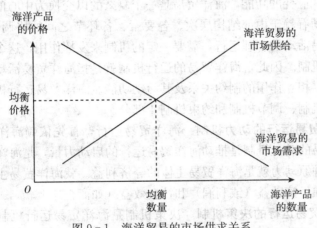

图9-1　海洋贸易的市场供求关系

（三）海洋贸易的市场竞争机制

海洋贸易的市场竞争机制，是指在海洋贸易的市场中，各个海洋产品商之间为着自身的利益而相互展开竞争，由此形成经济内部的必然的联系和影响。它通过价格竞争或非价格竞争，按照优胜劣汰的法则来调节海洋贸易的市场运行。

在市场经济条件下，海洋贸易主体的经营活动是在竞争的环境下进行的，市场竞争成为海洋贸易市场经济运行的最基本要素之一，在海洋贸易活动中发挥着无可替代的作用。从微观层次而言，竞争是海洋贸易主体生存和发展的活力源泉，以现实的利润损益给企业带来危机感，从而刺激企业不断提高经营管理水平，优化产品结构，提高服务质量，激励创新。从宏观角度而言，公正、公开、公平的市场竞争可以优化资源配置，促进海洋产业分工的发展和海洋经济规模的扩大。

市场形态不同，市场竞争形式也有所不同。在海洋贸易的卖方市场中，由于商品供不应求，主要存在买方之间的竞争；在海洋贸易的买方市场中，由于商品供过于求，因而卖方之间的竞争是市场竞争的主要形式。除此之外，海洋贸易的市场竞争类型还包括行业内的竞争和行业间的竞争、环节内的竞争和环节间的竞争、价格竞争和非价格竞争等。

二、海洋贸易的运行机制

机制是系统内部各个组成部分相互依赖、相互协调并按一定方式运行的一种自动调节、应变的功能。海洋贸易是一个复杂的以交换为中心的经济有机系统，贸易运动有赖于内部结构层次、各要素、各环节之间的协调和相互变通。为了海洋贸易活动的合理运行，需要一定的机制来发挥作用，这个机制就是海洋贸易运行机制。因此，海洋贸易的运行机制就是指海洋贸易活动中各要素之间相互联系、相互作用的制约关系及其活动功能。海洋贸易运行机制包括动力机制、决策机制、调节机制和约束机制4部分。

1. 海洋贸易运行的动力机制　海洋贸易运行，首先依赖海洋贸易动力机制。海洋贸易的动力机制是推动海洋贸易运行的启动力量，是海洋贸易运行的原动力。这种原动力就是海洋贸易主体的经济利益。就海洋贸易主体而言，经济利益体现在经济效益（或利润）和社会效益（如商誉）上。

2. 海洋贸易运行的决策机制　决策机制是海洋贸易运行机制的枢纽，对海洋贸易运行及其经济利益产生直接的影响。决策机制包括决策点、决策权力的分配与授予等内容。

3. 海洋贸易运行的调节机制　贸易调节机制是海洋贸易运行机制的重要组成部分，贯穿于整个经营过程的始终，可分为外部调节机制和内部调节机制。外部调节机制包括海洋贸易市场机制自觉的调节和国家政府的调节；内部调节机制是指海洋贸易主体在既定外部力量作用下，自动地保持对外部环境信号做出反应的灵敏性，以及保持主体内部的运转协调和平衡。

4. 海洋贸易运行的约束机制　海洋贸易约束机制，是指海洋贸易主体按客观规律以及国家有关方针、政策、法规和道德准则的要求来规范和约束自己的行为，主要有市场约束、预算约束、法律约束等[1]。

---

① 柳思维，高觉民，2015. 贸易经济学［M］. 3 版. 北京：高等教育出版社：73 - 76.

第三节 海洋贸易活动的主要类型

海洋贸易活动，是指以海洋产生的各种产品和服务为对象进行的交换与流通活动。这些交换与流通活动，都会发生交换客体所有权或使用权的有偿让渡和转移。在贸易活动分类的基础上，对海洋贸易的研究目标的多样性也形成了海洋贸易分类的多样性。本书主要从与海洋生产生活联系最为紧密的空间层面、海洋产业及海洋贸易所处的消费阶段3个角度，来分别阐述海洋贸易活动，即海洋空间贸易、海洋分类贸易和海洋批发与零售贸易。

一、海洋空间贸易

1. 海洋空间贸易的含义及分类 空间贸易，是指不同区域之间的贸易联系和贸易活动。海洋空间贸易，是空间贸易的一个组成部分，指的是不同区域之间进行的关于海洋产品和服务的贸易联系和贸易活动。贸易是社会分工的产物，又是促进社会分工深化发展的推进器。从宏观的空间层面考察，现代社会分工主要表现为相互促进的3个方面，即城乡分工、地区分工和国际分工[①]。与这些空间层面的社会分工发展相适应，海洋空间贸易主要表现在海洋城乡贸易、海洋区际贸易和海洋国际贸易。

2. 海洋城乡贸易 海洋城乡贸易，是指城市市场与乡村市场之间的海洋贸易。海洋城乡贸易主要表现为海洋加工产品与海洋原始产品即海洋资源的交流。在现代市场经济条件下，乡村工业的发展和开发技术的规模应用等使海洋城乡贸易表现为海洋加工产品和海洋资源的双向流动。海洋加工产品既可以由城市输入农村，也可由农村输入城市，不同的是城市输入到农村的产品更多是对加工技术要求更高的产品，如海洋医药等。同样的，海洋资源的流动也是双向的。

此外，海洋城乡贸易的客体，不再只是有形的海洋加工产品和海洋资源，还包括日益丰富的无形产品，如资金、技术、信息、劳动及各种各样的专业服务等。但是从整体来讲，海洋城乡贸易仍然以海洋加工产品流向乡村和海洋资源流向城市为主流。

3. 海洋区际贸易 海洋区际贸易是国内各个地区之间发生的海洋贸易活动，一般通过批发贸易活动实现。一般，我们将海洋区际贸易理解为跨越不同经济区域的贸易。经济运行具有其自身的规律性，商品流通应突破行政区域的

---

① 柳思维，高觉民，2015. 贸易经济学 [M]. 3 版 . 北京：高等教育出版社：71-73.

界限，按照经济区域来规划组织，不应以谋求狭隘地方利益为目的。经济区域是一个开放的体系，不同经济区域有不同的特色，不同海洋经济区域之间的分工合作与贸易往来是促进海洋经济发展的重要前提。自 2000 年以来，我国加强了以城市为中心的经济区域发展的指导，区域规划和政策已成为宏观调控手段。在海洋经济发展中长期规划方面，国家大力推进以海洋经济为主题的国家战略性区域规划，如浙江舟山群岛新区、山东半岛蓝色经济区等，为经济区域之间的海洋贸易带来新变化。

4. 海洋国际贸易　海洋国际贸易是空间贸易中最高层次的贸易，指的是国家之间进行海洋产品和服务交换的活动。一国参与国际贸易的目的在于利用国际资源和国际市场更好地发展本国经济。海洋国际贸易的分类有以下几种：

（1）从交易国之间的关系看，分为直接贸易和间接贸易。发生于生产国与消费国之间的贸易称直接贸易，即消费国直接从生产国进口，或者生产国向消费国出口。生产国和消费国之间通过第三方国家间接实现的贸易称为间接贸易，这种贸易对于第三方国家来说就是转口贸易。目前的海洋国际贸易，直接贸易占据主导地位。

（2）从国际贸易的交易客体看，分为有形贸易和无形贸易。以有形的物质产品为交易对象的贸易称为有形贸易，主要包括海洋产品的贸易。无形贸易包括各种非物质形态的海洋商品的贸易，包括与海洋产品相关的劳务、技术、信息、知识产权等的贸易。从目前的国际贸易实践看，无形贸易比有形贸易发展速度更快。

（3）从贸易参与国的发展水平看，分为水平贸易和垂直贸易。水平贸易是指经济发展水平相当的国家之间的贸易，发达国家之间的贸易和发展中国家之间的贸易就是水平贸易。而发达国家与发展中国家之间的贸易则是垂直贸易。

（4）从贸易结算的手段与方式看，分为一般贸易和易货贸易。通常情况下，海洋国际贸易以商品和货币相互交换的形式开展，但是在某些特殊情况下，国家之间或者不同国家企业之间也可开展以货物直接换取货物的易货贸易，双方有进有出，保持基本平衡，如有差额则以双方约定的货币结算[①]。

二、海洋分类贸易

海洋分类贸易是指由海洋贸易分类所形成的各种贸易活动种类。本部分将按照海洋贸易对象的属性进行分类，将海洋贸易划分为商品贸易、生产要素贸

---

① 柳思维，高觉民，2015. 贸易经济学 ［M］. 3 版 . 北京：高等教育出版社：100－105.

易和服务贸易。

（一）海洋商品贸易

1. 海洋商品的类型

（1）按照商品的自然属性和社会分工，海洋商品分为海洋生产资料和海洋消费资料。海洋生产资料指的是人们在生产过程中所使用的从海洋中所获取的劳动资料和劳动对象的总称。海洋生产资料既包括从海洋中直接获取的海洋资源（生物资源、油气资源、矿产资源等）原材料，也包括将原材料进行加工生产的机械设备等。海洋消费资料指的是能够直接满足人们消费的最终的海洋产品。海洋消费资料既包括直接进行买卖的海洋产品，也包括将海洋资源进行加工处理后得到的海洋产品。

（2）按照商品价格高低和消费范围大小，海洋商品分为海洋高档商品、海洋中档商品和海洋低档商品。海洋高档商品通常为价格昂贵、需求弹性大的商品，适合于高收入消费者的消费，如珠宝、海洋医药等。海洋中档商品通常是价格适中、质量稳定、广大消费者经常追求的海洋商品，如海参、鲍鱼等。海洋低档商品一般是指价格便宜、消费面广的海洋商品，如带鱼、鲅鱼等普通鱼类。

（3）按照商品在国计民生中的重要程度，海洋商品可分为骨干海洋商品和一般海洋商品。骨干海洋商品直接制约海洋生产和消费的发展，是生产、生活中最基本的、不可缺少的商品，对稳定市场起关键作用，如食盐。一般海洋商品时指由市场调节的、由购买者自行选购的、在国计民生中没有特殊作用的商品。

2. 海洋商品贸易的基本类型

（1）按照海洋商品的来源，海洋商品贸易分为海产品贸易和海洋工业品贸易。海产品即海洋的产品，包括鱼类、贝类、虾类和海藻类等。海产品既是人们的基本生活资料，又是进行海洋生产的原材料，是海洋贸易的基础商品。海产品贸易具有季节性、层次性、分散性和不稳定性等特点。海洋工业品主要指从海洋中获取的日用工业品和生产资料工业品。海洋工业品贸易具有多向性、购销差异性和稳定性等特点。

（2）按照商品的最终用途，海洋商品贸易分为海洋生产资料贸易和海洋消费资料贸易。海洋生产资料贸易基本是从事生产的企业之间的贸易，具有生产性、稳定性、技术性和独立性等特点。海洋消费资料贸易即为满足人民对于这种海洋产品需求进行的贸易活动，具有广泛性、差异性、多边性和直接性等特点。

（二）海洋生产要素贸易

海洋生产要素是指海洋物质资料生产所必须具备的因素，即资本、劳动力、技术、信息、房地产等一切海洋生产投入品。海洋生产要素贸易不同于一般商品的贸易，有其自身的独特性。本书将主要针对资本贸易、劳动力贸易和信息贸易进行介绍。

1. 海洋资本贸易

（1）资本贸易的定义及功能。进行海洋物质资料生产的资本贸易与其他物质生产的资本贸易没有大的区别。资本贸易是指在流通中买卖、存放货币，或借贷贵重金属、货币、有价证券所形成的贸易。贸易资本是从事贸易活动的企业或经营者所拥有、占有和支配的商品、货币以及其他一切财产的货币表现，是能够在贸易活动中增殖的价值①。资本贸易具有资金融通、优化资源配置、竞争和分散风险的功能，能有效调节资金的供给和需求，实现资金的有效流通，提高资金的使用效率。参与资本贸易的主体包括企业、金融机构和居民个人，其中专门从事资本贸易的市场主体有商业银行、保险公司、券商、证券与期货交易所、基金管理公司、信托公司和非金融机构等。

（2）资本贸易的主要内容。资本贸易包括资金的存储借贷和证券资本的买卖。现代的资金的存储借贷主要是指资金持有者将资金存入商业银行等金融机构，金融机构再将资金贷给投资者的过程，金融机构起信用中介的作用。通过资金的存储借贷可将社会中的闲置资本集中起来用于其他工商业务的投资，实现资金的融通，推动资金的合理配置。证券是多种经济权益凭证的统称，主要包括商品证券、货币证券和资本证券等。证券资本通过证券交易所来实现流通转让。证券资本的买卖主要包括股票买卖、债券买卖和外汇买卖。

2. 海洋劳动力贸易　海洋劳动力贸易指的是在海洋劳动力市场上劳动力的有偿转让和流动，贸易的对象是劳动者的劳动能力。相比于其他生产要素贸易，劳动力贸易具有其自身的特点：①贸易对象的特殊性，贸易交换的对象是劳动者的劳动能力，具有抽象性，其质量好坏很难立即估量，只能通过劳动力的素质大致了解，或者从事劳动之后才能评定；②劳动力作为商品，其让渡的只是使用权，不是所有权；③劳动力的流动速度因劳动力本身特点、职业特点、部门特点等的不同存在差异，因此劳动力贸易的运行状况不是很明晰。

3. 海洋技术贸易　海洋技术是研究海洋自然现象及其变化规律、开发利

---

① 陈淑祥，2013. 贸易经济学［M］. 成都：西南财经大学出版社：88-90.

用海洋资源、保护海洋环境以及维护国家海洋安全所使用的各种技术的总称，是研究实现海洋装备及工程系统的技术手段与方法①。技术贸易又称有偿技术转让或技术的商业转让，是指技术供求双方按照一定的商业条件买卖技术的商业行为，包括技术成果转让或专利转让、技术引进、技术承包、技术咨询、技术培训等。如果交易是在一国之内进行，称为国内技术贸易；如果这种交易跨越国界，则称为国际技术贸易。

随着各国对于海洋资源需求程度的提高和海洋技术的不断发展，国际海洋技术贸易在国际贸易中占据重要地位。世界科技突飞猛进发展的今天，深入开展科技合作与交流是缩短国家或区域科技差距，取长补短实现共同发展的重要途径②。这种科技合作与交流也是推动国际海洋技术贸易发展的重要因素。

（三）海洋服务贸易

海洋服务贸易泛指以提供与海洋相关的直接服务活动形式而不是提供实物海洋商品来满足人们的某种需求的贸易活动。世界贸易组织《服务贸易总协定》将服务贸易分为商业服务、通信服务、建筑及相关的工程服务、分销服务、教育服务、环境服务、金融服务、与医疗相关的服务、与旅游及与旅行有关的服务、娱乐文化和体育服务、运输服务、其他服务等 12 个类别。本书主要介绍海洋旅游服务和海洋运输服务。

1. 海洋旅游服务　海洋旅游是通过旅游者消费海洋旅游资源而获得物质和精神上的满足的一种消费活动③。海洋旅游服务是依托于海洋旅游资源和海洋旅游设施形成的以旅游者为主体的服务活动，因此海洋旅游服务的发展受以下几个条件的影响：首先是旅游资源及其可开发程度。旅游资源是指在海滨、海岛和海洋中，具有开展观光、游览、度假、娱乐和体育运动等游乐活动价值的自然和人文景观。旅游资源是海洋旅游服务发展的前提和基础。其次是经济发展水平决定着人们对于旅游服务的需求，也决定着旅游设施建设和服务的能力。最后是管理和服务水平，决定了旅游产品的质量和消费者的满意程度。

2. 海洋运输服务　海洋运输服务是指以船舶为主要工具通过海上航道在不同港口运输货物和旅客的服务。目前海洋运输是国际物流最主要的运输方式，国际贸易总运量中的 23% 以上、中国进出口货运总量的约 90% 都是利用

---

① 陈鹰，2014. 海洋技术定义及其发展研究 [J]. 机械工程学报 (2): 1-7.
② 马吉山，倪国江，2010. 中国海洋技术发展对策研究 [J]. 中国渔业经济 (6): 5-11.
③ 陈可文，2003. 中国海洋经济学 [M]. 北京：海洋出版社：67-69.

海上运输实现的。随着中国经济的快速发展，中国已成为世界最重要的海运大国。全球目前有19％的大宗海运货物运往中国，有20％的集装箱运输来自中国。新增的大宗货物海洋运输之中，有60％～70％是运往中国的。中国的港口货物吞吐量和集装箱吞吐量均已居世界第一位；世界集装箱吞吐量前五大港口中，中国占了3个[1]。随着中国经济影响力的不断扩大，世界航运中心正在逐步从西方转移到东方，中国海运业已进入世界前列。

三、批发贸易与零售贸易

（一）海洋批发贸易

1. 海洋批发贸易的含义和特点 海洋批发贸易是指将海洋产品以转卖为目的成批销售给那些将其用于商业用途的购买者的贸易形式。海洋批发贸易具有其自身的基本特点：

（1）海洋批发贸易的对象是为了获得利润而成批购买海洋产品的组织。海洋批发贸易是进行海洋贸易活动的企业之间进行商业沟通的经济联系，海洋批发贸易过程结束时，整个海洋贸易过程并没有结束。下一个海洋贸易对象可以是进行再生产的批发商或是零售商。

（2）海洋批发贸易只是海洋贸易流通渠道中的一个环节，贸易双方是生产者或是生产者与零售者，他们之间的交易目的是为了再次转卖产品。从规模经济的角度考虑，为了节约交易成本，往往一次性交易数量较大。

（3）海洋批发贸易在海洋贸易活动中是相对于海洋零售贸易的一种交易活动，它发生在海洋产品流通领域的生产者之间、经营者之间以及生产者与经营者之间，不涉及最终的消费者。

2. 海洋批发贸易的职能和作用

（1）海洋批发贸易的规模经济效益，有效降低了交易成本。在海洋产品流通过程中，需要一定的产品储存来解决供给与需求在时间和空间上的集散问题，由海洋产品批发商承担产品储存的责任，可以获得一定的规模经济效益，节约储存成本，同时能够有效地调节供求关系。

（2）海洋批发贸易提高了海洋生产的专业化程度，促使社会分工不断深化。海洋批发贸易中，批发商批发海洋产品可以作为生产资料再次进入生产领域，通过再次加工，使海洋产品更加符合消费者需求。

（3）海洋批发贸易保证了海洋贸易的顺利进行，促使海洋商品流通高级

---

① 阳立军，2018. 港口经济学概论［M］. 北京：海洋出版社：30 - 51.

化。海洋贸易过程是一个连续不断的过程，海洋批发贸易在其中发挥了重要的作用。海洋产品的产地大多集中在沿海地区，为了满足其他内陆城市的需求，往往需要批发商的存在，海洋批发贸易在整个海洋产品流通中起到了枢纽的作用。

3. 海洋批发贸易存在的必然性

（1）从生产的角度。首先，海洋产品生产者的地理分布一般是集中在沿海地区，在整体分布状况上，一般是沿着海岸线，呈线性分布。在这种情况下，就需要海洋产品批发商的介入，进行批量交易，以节约交易次数，节省流通成本。其次，由于部分海洋产品属于高技术产品，要求生产加工的专业化程度高，分工较细，上下游企业之间的相互依存程度较高，海洋产品交易量较大，海洋批发贸易的形成可以有效地节约交易费用。最后，海洋产品生产者的产品范围小，一家企业往往进行一种或少数几种海洋产品的研发、生产，所以与最终消费者直接交易的难度较大，这些企业需要依赖批发商的中介作用。

（2）从需求的角度。首先，需求者对于海洋产品的需求，一般没有地域的限制，所以市场范围较广，而且需求者的地理位置是分散的，这就需要海洋产品批发商的集散作用，成批的购买商品，运送到需求市场，可以有效地节约运输成本，减少流通费用。其次，海洋产品消费者的需求量一般较小，与生产者直接进行交易的可能性较小，由此需要批发商的存在，以起到枢纽的作用。最后，最终消费者的需求多元化，为了更好地扩大市场，追求更高的利益，需要更好地迎合消费者的需求，批发商可以对海洋产品进行分装、包装，根据消费者的要求进行批发、流通、销售。

（3）生产与需求之间的差异。首先，生产与需求之间的空间差异，海洋产品生产地往往集中在沿海地区，而需求者的地理区域更加广泛，批发贸易则可以解决两者之间空间上的矛盾。其次，生产与需求之间的时间差异，海洋资源的季节性会制约海洋贸易活动长期不断地进行，而批发商对于商品的储存作用可以有效地解决海洋商品生产与需求时间上的差异。最后，生产与需求的集散差异，海洋产品的生产是集中的，而需求却是分散的，所以批发贸易的存在可以解决生产和需求的集散矛盾，使海洋贸易活动顺利进行。

海洋贸易中并不是所有的商品流通过程都需要批发商的介入，部分海洋商品具有易腐性、单位价值不高，需要减少流通环节，减少储存的时间，这时通常不需要批发商的介入。

4. 海洋批发市场 批发市场按照交易方式可以分为专业性批发市场和综合性批发市场，专业性批发市场是指销售特定产品的市场，综合性批发市场是指交易多种类型产品的批发市场。专业性海洋批发市场常见的有水产品批发市场，综合性批发市场上也会存在海洋产品的批发贸易，所以海洋批发贸易通常存在于这两种批发市场中。批发市场按照所在位置和承担职责，可以分为产地型批发市场、集散型批发市场、销地型批发市场①。无论是专业性海洋批发市场还是存在海洋贸易的综合性批发市场都存在这 3 种类型的批发市场。

（二）海洋零售贸易

1. 海洋零售贸易的含义和特点　海洋零售贸易是指将海洋产品（包括有形产品和无形产品）销售给最终消费者的贸易形式，其直接面对的是最终消费的个人或是社会组织。海洋零售贸易与批发贸易相比具有如下特点：

（1）通过海洋零售贸易，海洋产品退出流通领域，进入消费领域，是整个流通环节的终点，这个环节也最终实现了海洋产品的市场价值。

（2）海洋零售贸易提供的不仅包括有形的海洋产品，也包括海洋的一些服务功能，如海洋运输、滨海旅游和海洋公共服务等。

（3）海洋零售贸易的交易量小，购买者购买是为了消费，而不是进行以转卖为目的的获利活动。由此海洋零售贸易受消费者偏好的影响较大，这也需要各个企业不断进行产业变革，开发新的多功能的海洋产品，不断满足消费者的需求，吸引更多的消费者。

（4）海洋产品零售贸易通常渗透在其他产品零售贸易活动中，零售网点出售的产品不仅仅包括海洋产品，也包括其他类型的产品，其主要目的是为了适应消费者的多元购物需求。

（5）海洋零售贸易与一般产品的零售贸易相同，都要依靠产品的周转速度取胜，由于单次的贸易量小，所以要提高成交率来获取更多的利益。

2. 海洋零售贸易的功能　海洋零售贸易是海洋产品流通过程的终点，其特点决定了海洋零售贸易具有如下功能：

（1）实现海洋产品的市场价值，满足消费者的需求。在海洋贸易的整个过程中，海洋产品一直都在生产者和流通者手上，并没有真正实现商品的价值，而海洋零售贸易使海洋产品退出生产和流通领域，进入消费领域。海洋产品零售贸易面对的是最终的消费者，海洋产品到达消费者手中，实现海洋产品的市场价值。同时，通过零售贸易可以满足消费者对于海洋产品的不同需求。

（2）有效地反馈市场信息，提高海洋产品生产质量。海洋零售贸易连接的是零售商和消费者，商家与消费者之间直接交换信息，海洋产品零售商能

---

① 鲁易庚，2014. 基于批发市场的水产品冷链物流关键节点的规划及设计研究 [D]. 北京：北京交通大学.

够准确获取市场信息以及消费者需求，有助于生产者根据获取的信息进行海洋产品的改进，不断提高生产的质量，满足不同消费群体对于海洋产品的需要。

（3）刺激海洋产品消费，指导消费。在零售贸易中，商家会对特定的海洋产品进行广告宣传、促销活动，刺激消费者进行消费。由于部分海洋产品属于新兴产品，如海洋化妆品、海洋农药等，消费者对于该类产品并不了解。只有通过零售商对新兴的海洋产品进行销售宣传、柜台展示，才能使消费者了解产品，刺激消费，为扩大生产规模提供更加广阔的市场，同时也能不断提高整个社会的消费水平。

3. 海洋零售贸易中的经济关系

（1）零售商之间的关系。在海洋零售贸易中，存在着众多的零售商，零售商之间存在着竞争关系与相互合作关系。其竞争关系体现在不同的零售商在经营同一种或有相似功能的海洋产品的情况下，为了争取更多的市场份额，提高市场占有率，不同的零售商之间进行着多种形式的竞争，主要有价格战、广告宣传等方式。海洋产品形式多种多样，这就决定了在海洋零售贸易活动中存在着经营不同类型海洋产品的零售商，这些零售商之间不存在激烈的竞争关系，反而可以寻找一种可以相互促进的合作关系，增进海洋产品之间的相互协同的关系。

（2）零售商与消费者之间的关系。海洋零售贸易的交易双方即零售商和消费者，在海洋产品从海洋贸易的流通领域过渡到消费领域的过程中，存在着相互依赖的关系。在海洋零售贸易中消费者消费行为的选择主要依赖零售商的经营，零售商同样也依赖消费者的消费行为。消费者对于海洋产品的不同要求和不同偏好，都需要零售商进行海洋产品的介绍和说明，且在零售活动时，要根据消费者不同的要求，对海洋产品进行包装、分装等，以适应更多消费者的需求，满足不同消费者的偏好。

第四节　海洋贸易的宏观调控

一、海洋贸易现代化

海洋贸易的产生与发展伴随着人类社会的进步。随着社会经济和科学技术的发展，人类社会先后经历了农业时代、工业时代，最终进入了信息时代，海洋贸易也进入了现代化阶段。海洋贸易中出现了新产品、新渠道、新增长、新发展、新趋势。海洋贸易现代化是海洋贸易由传统海洋贸易向现代海洋贸易演变的动态过程^①。

（一）海洋贸易现代化的内容

1. 海洋贸易形式的现代化　贸易是在交易市场里面进行的，最原始的海洋贸易形式是简单地以物易物，即直接交换产品或服务。现代的海洋贸易则多以货币、票据、电子支付等现代金融工具作为媒介进行等价交换。在现代化海洋贸易形式下，海洋贸易参与者范围更为广泛，海洋贸易规模更大，交易成交率更高，海洋贸易具有了强于以往的独立性。现代化海洋贸易形式的出现降低了交易成本，促进了海洋贸易的发展。

2. 海洋贸易产品的现代化　随着社会经济及科学技术的变化，海洋贸易市场的供给与需求都发生了巨大的变化。人类物质与文化生活的极大丰富滋生了对新型产品的消费需求。社会经济的发展、科学技术的进步，使厂商不仅具备大规模生产海洋贸易产品与服务的能力，还具备了迎合市场需求来研发、生产新型海洋贸易产品与服务的素质。由此海洋贸易产品与服务品类更为丰富，层次更为高级，规模更为庞大^②。

3. 海洋贸易支撑系统的现代化　海洋贸易支撑系统的现代化包括海洋贸易从业人员具备更高的素质，海洋贸易设施更为先进，海洋贸易管理更为有效等。海洋贸易从业人员队伍知识水平不断提高，整体素质不断改善，在海洋贸易过程中具备稳定的技能水平及迅速应对变化的能力。海洋贸易设施的现代化表现为海洋贸易流通检测技术手段更为先进，物流作业实现机械化、自动化、集装箱作业比例不断上升，贸易产品包装、流通标准化等。

（二）海洋贸易现代化的特征

海洋贸易现代化是海洋贸易在现阶段的时代背景下，依托现代化的社会文化环境、科学技术水平、经济制度规则而形成的，具有不同于以往海洋贸易的特征。

1. 海洋贸易本身就具有较强的外向性　在和平与发展的时代背景下，整体稳定的世界形势更为海洋贸易的发展提供了温床。海洋运输能力的增强为国际海洋贸易提供了有利条件。随着经济全球化趋势日渐深化，海洋贸易具有了更为明显的外向性，国家间海洋贸易比重呈现不断上升的趋势。

2. 海洋贸易对中国内陆经济的牵动作用明显增强　由于现代化交通运输

---

① 朱荣贤，2005. 现代化理论研究综述 [J]. 学术论坛（10）：14-17.
② 国家海洋局，2013. 中国海洋统计年鉴 2012 [M]. 北京：海洋出版社：3-4，7-8.

工具及计算机、互联网的运用，海洋贸易进一步向内陆腹地延伸，大大扩展了海洋贸易的受益群体。以陆地资源的开发与利用来提供贸易对象的发展空间不断缩小，人类越来越多地将目光投向海洋资源的开发利用，参与海洋贸易日渐成为发展内陆地区经济的增长点之一。

3. 海洋贸易对国际合作与科技进步依赖程度进一步提升 国际海洋贸易在海洋贸易中比重最大，海洋贸易产品与服务的生产、流通、交易等环节都离不开国际合作。同样，在海洋贸易产品与服务的生产、流通、交易等环节当中，科学技术的进步对于产品创新和效率提高起到重要的甚至决定性的作用。因此，海洋贸易对于国际合作及科技进步的依赖度进一步增加[①]。

二、海洋贸易的政府管制

海洋贸易的政府管制，是指政府通过经济、行政、法律等手段对海洋贸易活动进行管理管制的行为。海洋贸易的政府管制是对于海洋贸易的一种宏观调节，是对海洋贸易市场调节机制所固有的及在其他因素综合作用下产生的缺陷进行的补充和纠正[②]。

1. 政府管制的必要性 总结西方发达国家和地区的海洋贸易发展实践发现，市场经济制度在调节海洋贸易的过程中亦存在着缺陷，即"看不见的手"并非万能，市场机制会出现失灵。在海洋贸易中，信息不对称、外部性、不完全竞争等都是市场失灵的主要原因[③]。当市场制度失灵时，市场机制就不能实现资源的有效配置，将导致无效率或不公平现象的出现，且难以自行纠正。此时就需要政府这只"有形的手"来对市场进行管制和干预[④]，政府管制是必要的，且是最为有效的调节行为。

2. 海洋贸易的政府管制分类 按照政府对微观经济活动干预的路径，海洋贸易的政府管制可分为直接管制和间接管制。直接管制，指政府相关部门通过制定海洋贸易有关市场准入规则、行政许可、价格标准等法规条例对市场进行管制的行为。直接管制又分为经济性管制和社会性管制[⑤]。经济性管制主要是解决由自然垄断、过度竞争及信息不对称所产生的问题，如垄断租金、进入壁垒、欺诈竞争、强行交易等。社会性管制主要是解决由外部性及信息不对称

---

① 吕海霞，2015. 贸易结构与经济增长：基于 1982—2011 年时间序列数据的分析 [J]. 商业研究（1）：85 - 90.

② 茅铭晨，2007. 政府管制理论研究综述 [J]. 管理世界（2）：137 - 150.

③⑤ 徐晖，2010. 政府管制理论研究文献综述 [J]. 甘肃理论学刊（1）：117 - 120.

④ 年海石，2013. 政府管制理论研究综述 [J]. 国有经济评论（2）：125 - 140.

所产生的问题，如海洋生态环境污染、海洋资源的掠夺性开发、传染性疾病、海洋贸易活动中消费者权益的维护、海洋贸易从业人员职业安全与健康等。间接管制，是指由政府的司法机构通过一定的法律程序对企业的不正当竞争和垄断行为进行的管制。

目前中国尚未针对海洋贸易进行立法，但海洋贸易本身是贸易的一类，属于经济活动范畴，因此适用于国内法律法规、国际惯例规则的约束。宪法、公司法、经济合同法等相关法律法规及《企业法人登记管理条例》《价格管理条例》等相关行政法规条例均为海洋贸易管制的依据。

按照政府管制的创新形式，海洋贸易的政府管制分为激励型政府管制和协商型政府管制两种类型。激励型政府管制，或称经济诱因型政府管制，是指政府主体利用经济诱因方式和手段，如税收的减免或增加、发放补贴、罚款等，间接引导市场主体激励或管制一定的行为，实现既定的政策目标的政府活动方式。协商型政府管制是指政府为了实现其管制目标，通过与被管制主体或第三方组织进行正式和非正式的对话协商，共同制定管制政策和目标，之后围绕共同制定的目标利用合同等契约形式或其他形式，明确政府与被管制方或第三方组织的权利义务并且付诸实践的管制方式。

第十章

海 洋 国 防 经 济

学习目的

　　了解海洋国防经济结构的基本内容；掌握海洋国防基本的经济活动及市场特征；掌握中国海洋国防经济发展的重点；了解海洋资源开发与海洋国防经济发展的关系。

第一节　海洋国防经济的结构及运行

　　海洋国防经济结构是在特定的经济、技术条件基础之上，通过国家持续的战略引导、政策支持和管理调整逐步形成的，其对实现海洋国防和海洋军事现代化有巨大的推动作用。作为一项战略性任务，与海洋国防军事现代化和社会经济结构相适应的海洋国防经济结构的建立将不断夯实海洋国防军事现代化建设的基础，为海洋国防建设提供充足的动力，促进海洋国防经济全面、协调、可持续发展。

一、海洋国防经济结构概况

　　经济结构，即经济构成，是指国民经济的组成和构造，是由诸多子系统构成的多层次、多因素的复合体。国防经济结构即是研究国防经济的构成，它是指国防经济各组成部分间的相互联系及其比例关系，主要包括国防所有制结构、国防产业结构、国防地区结构、国防技术结构、国防组织结构、国防生产力结构和国防经济类型结构等[①]。海洋国防经济结构，是指海洋国防经济各部分间的技术经济联系及其比例构成。就狭义的海洋国防经济结构而言，是指海洋国防经济内部要素间的技术经济联系及其数量关系；就广义的海洋国防经济

―――――――――――
　　①　武希志，2012. 国防经济学教程［M］. 北京：军事科学出版社：251.

结构而言，还应包括海洋国防经济与国防经济其他要素甚至是国民经济要素间资源优化配置的内容。海洋国防经济结构涵盖范围较大、内容较为复杂，一般包含以下内容：

（一）海洋国防经济所有制结构

从海洋国防生产力与生产关系角度看海洋国防经济的所有制结构，各种所有制经济成分在海洋国防经济体系中的地位、作用和相互关系是不同的，包括质和量两个层面的关系。衡量海洋国防经济结构合理与否，所有制结构并不是考量的主要指标，主要看其是否符合海洋国防经济发展的客观要求。从生产关系一定要适应生产力发展的角度来看，建立社会主义公有制下国有经济为主体、多种经济成分并存的多层次的所有制结构，是中国的必然选择，这是由当前中国的生产力水平决定的。

（二）海洋国防经济再生产结构

从海洋国防经济再生产的角度看，海洋国防经济结构涵盖海洋国防生产、分配、交换和消费各环节之间及内部的构成状况及其相互联系。

1. 海洋国防经济生产结构　就海洋国防经济生产结构而言，主要包括海洋国防科学技术结构、海洋国防投资结构、海洋国防人力资源结构、海洋国防产业结构、海洋国防生产组织结构、海洋国防产品结构、海洋国防经济区域结构等。其中，海洋国防产业结构，是指海洋国防经济各产业部门之间及产业内部的相互联系和比例关系，一般分为三大产业系统，分别是海洋国防通用产业系统、海洋国防专用产业系统和海洋国防服务产业系统。海洋国防生产组织结构，是包括海洋国防军工企业和整个海洋国防物质生产系统的组织结构，涉及海洋国防经济结构和海洋国防经济体制两方面的问题。海洋国防产品结构，实质是各类涉海军品的种类与海洋国防需求相匹配的状况。海洋国防科学技术结构，是指技术要素在海洋国防产品生产中的组合形式与关系及与其他要素的相互制约关系。海洋国防投资结构，是海洋国防投资在海洋国防建设各个部门之间的数量比例关系，它又进一步包括投资方向结构、投资区域结构、投资项目规模结构、投资部门结构、投资技术结构和投资时期结构6方面内容。海洋国防人力资源结构，是指各个海洋国防物质生产行业和部门的人力资源构成，与海洋国防产业结构密切相关。海洋国防经济区域结构，主要讨论海洋国防生产力在各个经济区域的配置和布局问题。

2. 海洋国防经济流通结构　就海洋国防经济流通结构而言，主要涉及海洋国防采购管理体制、海洋国防产品价格管理体制、海洋国防军工企业购销经营自主权以及海洋国防军用品的内外贸易管理制度等，其合理化也就是实现流通环节的高效以及国防再生产的良性循环。

3. 海洋国防经济分配结构　海洋国防经济分配结构是海洋国防基金在海洋国防内部不同领域、不同行业之间分配、再分配之后形成的一种比例关系。一般而言，海洋国防经济分配结构集中研究 3 个方面的问题：①如何确定国家社会积累同海洋国防分配的比例关系，其实质是如何确定合理的积累率；②如何优化海洋国防积累基金的分配结构，最大限度地发挥海洋国防基金在海洋国防经济中的重要作用；③如何确定海洋国防消费基金的分配结构，包括个人消费、武器采购、涉海军事行政开支、涉海国防工程建设以及海上训练基金等的优化配置。

4. 海洋国防经济消费结构　海洋国防经济消费结构分为海洋国防消费力和海洋国防消费关系两方面。根据生产决定消费的原理，海洋国防消费力和海洋国防消费关系分别由海洋国防生产力和海洋国防生产关系决定。海洋国防生产结构从根本上决定了海洋国防的消费结构，但二者之间存在着相互促进、相互制约的对立统一关系。

二、海洋国防基本经济活动及市场特征

（一）海洋国防基本经济活动

海洋国防经济活动是为保障海洋国防需求进行的生产、分配、流通、消费及其管理实践的过程。这一过程分为平时和战时两种形态。平时主要是保障海上军事活动正常进行和提高海洋国防经济实力；战时则以动员的形式将海洋乃至整个国民经济纳入，实行战时海洋经济管理，为海上军事斗争提供物质保障。海洋国防经济是国民经济的一个有机组成部分，海洋国防经济运行同整个社会经济的运行是密切联系的，甚至可以说是完全结合在一起的。

海洋国防经济活动主要包括 4 个基本环节，即军品的生产、分配、流通、消费。海洋国防生产即军事武器装备及其他军用物资的制造活动，是海洋国防经济活动的中心环节，决定着军品的分配、流通和消费。海洋国防分配是相关武器装备及其他物资在海洋国防各子领域的配置，这是以国家对国防活动资源配置为前提的。海洋国防流通，是连接海洋国防军品生产和军品消费的环节，市场经济条件下，这一过程只有通过军事采购和军事贸易才能得以实现。海洋国防消费及军事活动中武器装备等军用物资和设施的使用与耗费，是海洋国防经济活动的最终环节。海洋国防、生产、分配、流通和消费是一个互相联系、互相制约的过程，海洋国防生产决定着海洋国防分配、流通和消费，同时，海洋国防分配、流通和消费也影响着生产。

（二）海洋国防经济活动基本特征①

1. 海洋国防经济活动具有双重性　海洋国防经济活动具有经济和军事双重属性。从经济角度看，海洋国防经济活动各环节都同国民经济有紧密联系，国民经济的健康快速发展为海洋国防经济活动提供了基本的社会经济条件。然而海洋国防经济活动又有其军事性的特殊属性，其发展和管理必须遵循经济规律和军事规律。

2. 海洋国防经济活动具有波动性　海洋国防经济服务于海洋国防以及海上军事斗争，海上军事斗争的不确定性直接决定了海洋国防经济的波动性。战时海洋国防需求大增，所投入的力量也增加，平时则维持基本的国防力量即可。因此，面对这种波动性，有必要建立军民结合、平战结合的海洋国防经济体制。

3. 海洋国防经济活动具有纯消耗性　海洋国防经济活动自身不具备补偿性，必须从国民经济其他部门获取资源维持自身运行。由于这种特性，海洋国防经济活动在社会总需求与社会总供给的平衡关系中，表现为只增加总需求不增加总供给的特点。

4. 海洋国防经济活动具有优先性　海洋国防经济关乎国家安全和国家战略的实施，必须优先保证海洋国防经济的发展，特别是把先进的科技力量运用到国防经济活动领域。

5. 海洋国防经济活动具有历史性　海洋国防经济活动是人类社会发展到一定阶段的历史产物。

（三）海洋国防经济生产、分配、流通和消费环节

1. 海洋国防生产　海洋国防生产是指制造海上武器装备及其他海上防务产品的活动，主要包括海上武器装备和各种海上军用物资的生产，也包括军民通用产品生产。海洋国防生产是海洋国防经济活动的中心环节，它决定着海洋国防分配、流通和消费。

2. 海洋国防分配　国民收入通过再分配形成国防基金后，就要在国防领域内部进行分配，海洋国防领域内部分配是指海洋国防费按类别和部门进行分配使用。国防领域内部的分配与国民收入的再分配具有完全不同的情况和规律。

---

① 陈德第，2001. 国防经济大辞典［M］. 北京：军事科学出版社：324 - 326.

3. 海洋国防流通　在海洋国防产品的再生产中，海洋国防产品的流通是海洋国防生产和海洋国防消费的中间环节，是联系海洋国防生产和海洋国防消费的桥梁和纽带。

4. 海洋国防消费　海洋国防消费是海洋国防经济活动中对各种物质资料和劳务的消耗与使用，它是海洋国防需求系统运行的最后环节，也是整个海洋国防经济运行的最终环节。作为一种公共产品，海洋国防消费具有公共消费的性质。

三、海洋国防经济活动主体及特点

海洋国防经济活动主体是指参与海洋国防经济活动过程的国防管理部门、国防科研机构以及生产企业等。由于国防的特殊性，一般来讲，海洋国防经济活动主体主要包括海洋国防科研生产企业和海洋国防经济管理部门。

1. 海洋国防科研生产企业　作为海洋国防经济运行的微观基础，海洋国防科研生产企业是海洋国防生产力的载体。其运行状况直接决定了整个海洋国防经济的运行效率和军品的供给能力。从国家对国防企业的资产联系程度和形式来看，海洋国防科研生产企业内部一般有 3 种组织形式，即国有公司、有限责任公司和股份有限公司。目前，中国所采取的是企业—企业集团—集团总公司的企业组织模式。海洋国防企业基本处于国民经济非竞争性领域，因此具有与一般民用企业不同的特征，如海洋国防企业享受国家特殊政策、企业的产权不完全属于企业所有、企业的经营者不同于一般意义上的经营者、企业的经营环境特殊等。

2. 海洋国防经济管理部门　海洋国防经济管理首先是政府直接介入海洋国防经济运行。集中表现为以下几个方面：

（1）制定适当的海洋国防宏观经济政策，创造有利于经济增长的大环境；利用采购法规、贸易与税收政策以及购买能力，引导海洋国防企业向着经济效益和军事效益最优的方向发展；有选择地投资、开发具有广泛效益的关键军用或军民两用甚至民用的技术项目。

（2）集中指导与分散实施相结合。实施海洋国防采购的总规划，必须集中统一管理。为使国有产权不被行政性分权所分割，避免各部门按照自己的要求甚至自身的利益来行使产权，必须对海洋国防资源产权实施集中统一管理。同时，又要发挥市场的作用，创造一种"统而不死、活而不乱"的局面。

（3）相互协调、相互制约的宏观机制。海洋国防的总需求和总供给以及连接海洋国防总需求与总供给的国防采购，既相互联系又具有相对独立性，海洋国防经济宏观调控需要构建三者相互协调、相互制约的调控机制，构建三者相互协调、相互制约的调控机构。

（4）价值调控与实物调控相结合。海洋国防经济宏观调控与民用经济宏观调控的一个区别是特别强调实物运动。在海洋国防经济的运动中，从提出军事需求到落实科技计划、探索技术途径、验证研制方案、从事工程研制、组织实验鉴定、进行生产部署、提供后勤保障等诸方面都无不与实物相联系，因此海洋国防经济在进行宏观调控时，不仅进行价值调控，还要进行实物调控，并保持价值调控与实物调控的平衡。

（5）运用法律手段进行宏观调控，包括强化海洋国防经济的立法机构、强化海洋国防经济法律体系建设、强化宏观调控的规范意识。

第二节　海洋权益与海洋国防经济发展

一、海洋权益视角下中国海洋国防经济的发展

1. 中国海洋权益与国防安全　国家的海洋权益是国家应该享有的不容侵犯的海洋权利的总称。第二次世界大战以后，各国战略利益空间不再仅限于陆地，而是向海洋、太空、电磁等多维空间加速拓展。随着国家安全意识的增强，海洋权益作为新的国家生存发展权益，其重要性日渐凸显，海洋安全已成为国家安全的重要组成部分。

长期以来中国海洋权益维护所面临的形势相比陆地权益而言更为严峻。除渤海属于内水基本无海洋权益争议外，在其他三个海区，中国与周边国家都存在着不同程度的海洋权益争议：钓鱼岛列屿问题、东海大陆架问题以及南海诸岛问题构成了中国最为棘手的几个海权问题；中国与周边海上邻国面临着极为复杂和艰巨的海上划界任务，目前中国除与越南完成了北部湾划界外，其他不少海上疆界仍处于争议之中；中国海上国际通道由于受传统安全和非传统安全因素影响有时还做不到畅通无阻。这些争议的存在损害了中国的海洋权益，造成中国徒有海洋权益而缺乏实际控制的局面。海洋权益争议造成的海洋安全环境的变化使海洋成为中国国家安全的重要战略方向。

2. 经济全球化形势下保证中国海洋通行权　随着与外部世界经济联系与合作的不断加深，中国国力逐步增强，国际影响日益扩大。中国的国家利益也突破了传统的地理界限，海外利益涵盖范围也越来越广。为确保中国的经济利益，中国既要关注如何保障外来资源供应满足国内建设的需要，也要考虑如何保障本国庞大的海外经济利益。而要保护本国的海外经济利益和从海外获取国

内所需要的资源，保证海洋交通权是必不可少的手段。

（1）中国的对外贸易额和外贸依存度不断提高，中国对外贸易货物的80％以上依赖海洋通道进行运输。海洋是中国参与经济全球化、一体化的主要途径，海上交通线是对外经济联系的重要通道。中国的贸易伙伴美国、欧盟、日本、东盟等都是濒海的主要经济体，同它们的贸易主要通过海运。

（2）中国经济发展对能源的需求持续旺盛，已成为主要的能源进口国。世界制造业向中国大规模转移而带来的一定程度的"能耗转移"，以及中国陆上能源供给的有限性，都大大增加了中国对海上交通安全的依赖性、敏感性。保证在世界公海、用于国际航行的海峡和外国沿岸水域的正当航行权，成为中国海洋权益的重要方面。

3. 海洋能源通道与中国石油安全　石油资源竞争是21世纪初国际关系的一个重要方面。在相当时期内，中国石油进口将主要依赖海上。东海、台湾海峡、南海、马六甲海峡、印度洋、阿拉伯海等仍是中国的海上生命线。安全的运输通道对石油安全供应非常重要。政治因素、战争和恐怖活动等因素的存在，使得石油运输通道更加脆弱和敏感。目前中国从中东、西非和东南亚进口的石油占总进口额的90％左右，严重依赖海运，存在着一系列安全威胁。

（1）从非传统安全角度看，威胁海上能源通道安全的主要是海盗活动。海盗活动大多聚集在索马里海域、印度尼西亚群岛、菲律宾周边海域以及几内亚湾。海盗活动对航道安全造成的威胁，主要有3点：①对船员人身造成伤害；②海运保险费用随之上涨；③会导致货物运输成本的高涨。

（2）当今世界重要的海峡、海上航线都处于美国和相关地区大国的控制中，航线所经国家强调不断扩大海洋权益声索，以及恐怖主义等增加了中国战略石油通道的不稳定因素。而保障海上运输通道的安全，是化解中国石油安全困局的关键所在，需要有强大的远洋运输船队以及强大海军护卫，甚至对必需的通道要有一定控制或影响能力。此外，中国的海洋航运能力也将成为中国石油安全的一大障碍因素。目前中国90％以上的进口石油需要从海上船运，海上船运的90％由外轮承担。加快油运船队建设，提高进口油气自承运竞争能力势在必行。

4. 海洋资源开发与国防经济安全　中国陆地资源有限、世界范围资源危机出现和冷战后国际政治中"资源问题中心化"带来的资源争夺，使中国资源安全问题日益突出，海洋资源将成为保证中国资源安全的重要突破口。中国海洋资源权益包括海洋资源主权，领海、毗连区、专属经济区、大陆架上自然资源的永久主权，海洋资源的勘探开发权。既要制止邻国对中国海洋资源的开发掠夺，又要确保中国对海洋资源的勘探开发权，切实维护中国海洋资源利益。

国务院发布的《全国海洋经济发展规划纲要》，强调"开发海洋是推动中国经济社会发展的一项战略任务"，正式提出"逐步把中国建设成为海洋强国"的战略目标。"实施海洋开发"是国家战略的一部分，是发展海权的重要作为。"海洋开发战略"有 4 个要素：发展海洋经济是核心，加强海洋资源的综合利用和保护是重点，强化海洋生态环境的建设和保护是基础，依法加强海洋开发管理、规范海洋开发秩序是保障。

二、中国海洋国防经济发展的重点

1. 构建海洋安全战略　中国海洋国防经济发展必须服务于维护中国在黄海、东海和南海的海洋主权战略。中国海洋安全战略的构建，首先要统筹海权和陆权，要优先筹划海权；其次要放眼长远，抓住战略机遇期。根据亚洲力量结构的变化，维护区域力量平衡并且重建区域力量平衡。在做好近海防御的同时兼顾海洋权益的维护与拓展，在总体防御中有所作为，有效防止和应对突发危机和军事冲突。这都与海军、与海洋国防经济运行是分不开的，需要坚实的海洋国防经济做基础。

2. 能源开发战略　从世界范围看，石油是重要的战略能源，海洋石油开采已经成为世界海洋经济的重要产业。海洋能源开发，既是满足日益增长的能源需求，维护能源安全的重要举措，也是实现对管辖海域有效管理的重要步骤。因此海洋能源开发战略是维护海洋主权、应对海洋岛屿纷争的重要组成部分。

3. 发展海洋科技　从本质上说，海权竞争就是海洋技术的竞争，特别是高新技术的竞争。谁掌握了先进的海洋技术，谁就控制了海洋。近年来各国尤其是先进工业大国纷纷投资于开发海洋技术，力争占领海洋技术制高点，在海洋竞争舞台上占有一席之地。中国海洋科技开发的当务之急是：以建设海洋强国为目标，以促进海洋可持续利用为主线，面向海洋开发从浅海到深海发展的战略需求，重点发展蓝色农业技术、海洋工程技术、海洋资源探测技术、海洋环境检测技术和全球海洋科学考察技术。不断提高中国海洋科研水平和创新能力，推动海洋科学和技术的发展。

4. 解决海洋争端　中国海洋争端解决的战略，既要维护国家主权，又要"稳定周边"和发展与周边国家的关系，就是要在两者之间找到一个合理的平衡点。维护中国海洋权益，中国应协商谈判，发展建立信任措施。在"主权属我"的前提下，"搁置争议，共同开发"；以军事力量为后盾，确保国家海洋权益。三管齐下，来处理和解决海洋争端问题。

5. 维护海洋安全　中国背靠欧亚大陆，面向太平洋，是一个典型的海陆复合型国家，地理上海陆兼备的战略特征十分明显，具有所谓"战略上的两难和安全上的双重易受伤害性"①。中国海陆复合的地理特点要求中国海陆兼顾，然而国家战略资源有限不允许同时拥有两个战略重点。当前，应该在确保陆权的前提下，将战略的方向集中于海洋，发展海权。海洋开发将在一个相当长的时间内对今后我国沿海经济发展起到重要的作用。

第三节　海洋资源开发中的海洋国防经济发展空间

一、海洋空间资源开发概述

一般来说，海洋空间资源包括海洋水体、水面及其上覆空间、海床、底土。它和土地资源一样，既有自然属性，又有社会经济属性，是进行海洋开发利用的载体。海洋空间资源利用是人类旨在对于海面以上、海面以下乃至海底所能利用的空间进行利用。

（一）世界各国海洋空间资源开发利用现状

随着海洋开发的深入发展，随着人类海洋开发活动的日益增多，人类开始更多地向海洋空间发展，建设海上城市、海上机场、海上油库、海上大桥、海底隧道、海底管道、海底军事基地和海底工厂等。

日本早在 1966 年建造的神户人工岛就是一座海上城市。到 20 世纪 60 年代，欧洲的里海和北海的石油产区，就在海面上筑起了"海上石油城"，为人类在大海上建立大规模立柱式海上城市提供了实践经验。阿拉伯联合酋长国在波斯湾建造了世界上最大的人工岛——棕榈岛，被称为"世界第八大奇迹"等。

为了减少陆地空运压力，不少国家开始在海上建设机场。在海上建设机场不仅可减少飞机噪音和废气对城镇的影响，而且视野开阔，起飞更加安全。目前已建造的海上机场有 3 种类型：①填筑式，填平浅海造人工岛，在岛上建机场。日本的长崎、英国伦敦第三机场都是这一类型的机场。②栈桥式，即把钢桩打入海底，如美国在纽约建造了第一座桩基式海上飞机场，在桩基上建立了现代化的拉瓜迪亚机场。③浮动式，靠半潜式巨大钢制浮体支撑的机场，如日

---

① 格雷厄姆，1988. 高边疆：新的国家战略［M］. 北京：军事科学出版社：5.

本的关西机场等。

为了沟通海湾和海峡两岸的交通，不少国家也修建了海底隧道。如中国胶州湾隧道、港珠澳大桥隧道和香港隧道（港岛—九龙），美国的旧金山双峰隧道，日本的关门海峡海底隧道、青函隧道，还有连接英法的英吉利海峡隧道等。

（二）世界海洋空间资源开发利用的紧迫性和艰巨性

1. 海洋空间利用的紧迫性　随着世界人口的不断增长，陆地可开发利用空间和资源越来越少，而海洋不仅拥有辽阔海面，更拥有海上、水下以及海底空间。许多沿海发达国家基于对海洋开发研究的深入，愈加重视海洋空间资源的利用。日本就是世界上开发利用海洋空间资源最为有效的国家之一。

2. 海洋环境的特殊性与空间资源开发的艰巨性　就海洋环境的特殊性而言，海洋开发是当今世界上三大尖端技术之一。如海面有多变的气象及复杂凶悍的海水运动；海底是无边的黑暗、巨大的压力和低温、缺氧的环境；还有海水极强的腐蚀性，海冰的强破坏性；海底地壳运动更为频繁，容易发生地震、海啸和火山喷发等。就海洋空间开发要求的艰巨性而言，从事海洋空间资源的开发利用，一般要有资金的大量投入，而在海洋上施工将遇到不同的水文、地质环境，其技术难度和风险都非常大。潮汐、海流给海面带来高低变化的不确定性，巨大的波浪产生巨大的冲击力、撞击力，是海洋空间资源开发最基本也是最常见的难题。

二、公海、国际海底开发

根据《联合国海洋法公约》的规定，整个海洋可划分为内水、领海、群岛水域、毗连区、专属经济区、大陆架、公海和国际海底区域等海域。其中，领海和内水属于国家领土的范围，而毗连区、专属经济区和大陆架则组成国家管辖区域①。根据《联合国海洋法公约》规定，公海是不包括在国家的专属经济区、领海、内水或群岛水域内的全部海域。国际海底区域是指国家管辖范围以外的海床、洋底及其底土。

1. 公海资源利用、保护　公海远离大陆，现阶段人类对公海资源利用主要集中在公海渔业、远洋航运、海洋资源勘探和考察活动等。进入 20 世纪，海洋生物资源的有限性开始被国际社会认识到，人们对近沿海水域资源的开发

---

①　联合国第三次海洋法会议，1992. 联合国海洋法公约［M］. 北京：海洋出版社：3-4.

利用逐步转移到深远的公海，随着海洋资源开发利用技术的不断创新、改造和推广，公海亦面临着资源衰退的迹象，进一步产生了国际社会对公海资源保护的新认识和新对策。如新的公海渔业制度的确立，国际社会对公海渔业资源开发的限制不断增强，世界各国可开发的公海渔场受到越来越多的限制。

保护公海资源势在必行，原因在于：一方面，国际海上航线面临的传统安全因素的威胁，包括大国特别是海洋强国对海上航线安全的垄断、海上航线沿岸国家局势动荡、区域政治问题等；另一方面，受到非传统安全因素威胁，包括环境保护、有组织跨国犯罪、恐怖主义、海盗、走私、贩毒以及贩运人口等。

2. 国际海底资源开发 占海洋总面积65%的海底区域是人类财富的巨大宝库，有极为丰富的生物资源和矿物资源。《联合国海洋法公约》明确规定了深海区域及其海底资源的所属权："区域及其资源是全人类的共同财产。"关于"区域"及其资源的法律地位："任何国家不应对'区域'的任何部分或其资源主张行使主权权利，任何国家或自然人或法人，也不应将'区域'或其资源的任何部分据为己有。""对'区域'内资源的一切权利属于全人类，由管理局代表全人类行使。"[①]

作为最大的发展中国家，中国在国际事务中发挥着重要作用，在海底资源的合理开发问题上始终坚持国际法原则，与西方发达国家试图利用其资金和技术优势实现海上霸权主义抗争，维护了发展中国家的利益。中国支持人类共同继承财产原则适用国际海底区域制度，并认为"区域"制度应由国际机构管制。通过国际海底区域的工作，中国参与了分享国际海底资源这一"全人类的共同继承财产"的活动，维护了中国在海洋问题上的政治利益和长远经济利益。同时，以国家专项投资为后盾，充分发挥了国内各有关部门和单位的优势，在深海资源勘探与研究、深海资源勘探与开采技术、深海资源加工技术及基础建设等方面开展了大量工作，取得了长足发展[②]

三、大陆架、专属经济区开发

大陆架和专属经济区的资源开发，对国家未来发展空间的拓展、陆地资源的补充、国家海洋大战略的实施具有重要意义。各国对大陆架及专属经济区的主张，实质是以各自国家利益为出发点对海洋空间、海洋资源的占有和争夺。

---

① 联合国第三次海洋法会议，1992. 联合国海洋法公约 [M]. 北京：海洋出版社：56-68.
② 佚名，2004. 向大洋进军，探海底宝藏 [M]. 中国海洋报，07-23.

这种争夺和占有的背后必然以整个国家的综合实力尤其是国防实力作为支撑后盾。

《中华人民共和国专属经济区和大陆架法》，秉承《联合国海洋法公约》所建立的专属经济区和大陆架制度，从国内法的角度确立了中国对专属经济区和大陆架的主权权利和管辖权。根据《联合国海洋法公约》和中国的专属经济区和大陆架法，中国可以主张从测算领海宽度的基线量起 200n mile 宽的专属经济区和构成中国陆地领土全部自然延伸的大陆架。这对人口基数大、人均资源量少的中国，既提供了发展的资源基础，也提供了"第二生存空间"。

专属经济区和大陆架制度，是 20 世纪人类对海洋法律制度的巨大贡献，推动了国际海洋法的发展，打破了几个世纪以来"领海以外即是公海"的传统格局。专属经济区和大陆架制度使公海范围缩小、国家管辖海域范围扩大，使国家在海洋上获得了更多的权益。维护国家对专属经济区、大陆架的权利，首先要汲取他国维护专属经济区、大陆架权利的经验；其次要加强对专属经济区、大陆架权利的维护和资源的保护。

四、海岸带、海岛开发

1. 海岸带开发 海岸带地区具有丰富的公共物品资源，对整个国家经济、社会的顺利发展起着非常重要的作用。为保证海岸带综合价值的发挥，必须对区域各种开发进行统筹兼顾，综合平衡，进行综合开发，通过区域、时序上的安排，以及消除不利影响的措施，使各种资源的有效价值，都能得到或保证合理利用的机会和条件。

改革开放以来，我国沿海经济迅速发展，多部门、多行业、多层次的交叉开发利用造成不合理的开发利用和开发中的各种矛盾，导致资源浪费、环境破坏和生态失调。

（1）要加强资源的综合开发利用。做好海岸带资源的综合管理就要组织进行海岸带资源调查与评价，制定海岸带功能区划，保证海岸带资源综合利用。

（2）要加强海岸带资源开发的产业化和工程化。从现状看，中国经济效益好的海洋产业依次为海上油气业、滨海旅游业、海运业、海盐业、海渔业。从今后的发展前景看，海上油气业、滨海旅游业和海水养殖业将成为海洋经济的主导产业。不同地方应坚持"因海制宜"的战略，根据自身条件建立一系列的海岸带产业基地。

（3）要以高科技为支撑，实现科技兴海。大规模资源开发利用中，加大科技含量，减少资源浪费，尽量降低对生态环境的负面影响，将以往粗放式的开发方式转变为集约型开发方式。要加强海洋科学研究与技术开发，以满足海洋资源开发、海洋环境保护的要求。

2. 海岛开发　一般来说，海洋岛屿有陆连岛、沿岸岛、近岸岛和远岸岛等4种类型，4种岛屿的资源特性也不尽相同。海岛作为国防的前沿和海洋资源与环境的核心点，有着很高的权益、安全、资源和环境价值[①]。但海岛开发也存在着生态系统脆弱、经济结构单一、基础设施落后等制约性要素。因此，进行海岛资源开发，必须进行多视角、全方位的考虑。从经济、环境保护和海洋权益3个视角观察海岛开发与管理问题，可以增强对海岛保护与开发重要性的认识，有利于维护国家的海洋权益、经济安全和生态安全[②]。

促进海岛可持续开发，必须建立统一有效的海岛综合管理体系和机构，制定海岛保护和利用规划，完善相应的管理体系和机构，进一步规范和改善海岛开发秩序，为海岛建设创造一个良好的社会环境；因地制宜地开发利用海岛资源，每个海岛都是独立而完整的生态系统，自然状况差异很大，应该根据各自特点因地制宜地发展海岛产业。增加海岛资金的投入，扩大海岛对外开放力度，国家要加大海岛建设资金投入力度，提高中央财政性建设资金用于海岛的比例，逐步加大对海岛交通、淡水、能源等基础设施建设资金的投入，全面改善海岛投资环境。

调整产业布局，充分依靠周边发达经济区域，带动海岛地区发展。扩大海岛对外开放力度，推进市场资金向海岛流动。同时大力发展海岛科教事业，实施人才战略。国家应制定有利于海岛地区吸引人才和鼓励人才的政策。加强对海岛地区教育的投入，通过发展海岛科教事业来提高海岛人民的素质，加强科学研究力度以保护海岛脆弱的生态系统。

第四节　强大海军建设中的海洋国防经济发展

一、建设强大海军与提升国家地位的关系

从近代的军事发展历史来看，海洋已经成为国家政治角逐的空间载体，海洋军事与政治的关系，首先体现在海洋军事与沿海国家地位的关系。被公认为"海权理论之父"的美国人马汉曾指出："海权（海权在广义上不但包括以武力

---

① 王曙光，2004. 论中国海洋管理［M］. 北京：海洋出版社：163－169.
② 韩立民，王爱香，2004. 保护海岛资源　科学开发和利用海岛［J］. 海洋开发与管理（6）：30－33.

控制海洋的海军，亦包括平时的商业与航运）对世界历史具有决定性的影响。"孙中山先生则指出："世界大势变迁，国力之盛衰强弱，常在海而不在陆，其海上权力优胜者，其国力常占优胜。"沃尔特·雷利则认为，"谁控制了海洋，谁就控制了世界的财富"。回顾英、美、俄、日靠海洋起家的历史，建设强大海军与提升国家地位的关系可见一斑。而强大海军建设与海洋国防经济发展是紧密联系的。

1. 英国的海上崛起之路 英国是大西洋上的一个岛国，其造船业和航海技术长期落后于地中海沿岸国家。进入 16 世纪，地理大发现将世界连成一片，英国从亨利八世（1509—1547）统治时期开始，就非常重视海上军事力量的发展，不断推动建立国家所有的常备海军。如从 16 世纪开始，地理大发现使得英国对海洋权益的控制欲不断增强，先后与西班牙、荷兰、法国进行了多年的海上争夺战，最终英国都取得了胜利，获得了遍及全球的海外殖民地，大大扩充了海外贸易，引发了先于欧洲任何国家的工业革命，这使英国的工业产品数量激增、成本骤降，增强了对外贸易的竞争力。"日不落帝国"在其称霸海洋的 3 个世纪中，全世界 1/3 以上的商船飘扬着"米"字旗。

2. 美国的海上霸权 美国独立战争前，北美大片陆地依然是英国海权战争所得的战利品，独立战争胜利后的美国海军发展较为缓慢。直至 19 世纪 20 年代，在频频告急的海防威胁面前，第四任美国总统麦迪逊才比较认真地注意到海军发展的问题；1840 年，美国海军参加了对中国的鸦片战争，强迫中国签订了不平等的《中美望厦条约》，取得与中国通商、与英国殖民主义"利益均沾"的权利；1853 年，美国"黑船"舰队开进日本，强行与日本签订了通商条约；1890 年，美国众议院海军事务委员会批准建造 3 艘远洋战列舰，每艘为 10 288t；1893 年 11 月，海军部长认可的主力舰海军防御理论，进一步说明了海军是促进国家海外权益和推行强权外交政策的工具；1901 年，罗斯福成为美国总统，马汉的海权理论被带进了白宫；1907 年，罗斯福总统派遣"白色大舰队"环行世界，显示美国的海军实力和国威；到 1914 年第一次世界大战前，美国的国民总收入已达 370 亿美元，人均收入已达 337 美元，均占世界第一位。马汉的海权理论使美国走上了海上强国的道路，成为超越英、法的世界第一强国。

3. 俄国的海上新政 1695 年，俄国仍是一个贫穷和落后的封闭国家，奉行地域性蚕食政策，越来越不能满足于陆疆的扩大。彼得一世深刻认识到，一个国家经济上的富有、政治上的霸权，全靠那蓝色海洋的魅力。俄国最重要的是顿河和涅瓦河，一个通向黑海，一个通向波罗的海。1695 年彼得一世执政的当年便开始征集军队，突击造船，建立了顿河小舰队，翌年便派出了陆海远征军，攻打土耳其占领的黑海出海口亚速；1701 年俄国历史上第一个为海军培养军官的航海学校建立；1702 年内河舰队成立，以内河舰队为基础，组建了波罗的海舰队；1712 年俄国海军进军芬兰湾，次年占领赫尔辛基；1721 年瑞典向俄国投降，《尼斯塔特条约》使俄国获得利沃尼亚、爱沙尼亚、因格里亚、库尔兰的一部分和包括维堡在内的芬兰东部。

海军使俄国建立起稳固的出海口，从而使俄国经济得以振兴。北方战争的胜利，使沙皇彼得获得了"彼得大帝"的称号。俄国在彼得一世统治的 30 年间，政治和军事上的改革推动了经济改革。这期间俄国以军事工业为龙头的工场手工业得到迅速发展，手工工场增加了 10 倍。生产力的发展使俄国国力大大增强，最终跻身于世界列强之林。

4. 日本的海洋强国之路 16 世纪以后，西方殖民大潮开始不断地冲击日本的海岸线，对腐朽的封建幕府统治形成威胁。1853 年 7 月 8 日，4 艘周身漆黑的美国大型军舰闯入日本江户湾浦贺港，引起了全日本的震动。美国东印度舰队司令、海军准将佩里受命向日本诉诸武力威胁。幕府接受了幕僚的忠告，撤销了禁止造大型船舶的命令，1 个月后，便向荷兰订购军舰；1855 年，开办长崎海军传习所，聘荷兰人执教；1861 年，建长崎造船所；1865 年，开设横滨制铁所。日本著名人士提出的《海防八策》《海陆战防录》中的海防建议也被采纳。1872 年，日本确立海军节。1873 年，日本聘请 34 名英国教官，促进海军教育走上正规化。1874 年，日本派 3 000 人的军队侵略台湾。1879 年日本再次出兵侵占琉球。1894—1895 年的中日甲午战争后，日本经济实力迅速膨胀，从中国获得的巨额赔款使日本的工业革命进入了完成阶段，迅速挤进了帝国主义列强的行列。1905 年日本取得日俄战争胜利，日本仅用 50 年时间就跻身于海洋强国之列。

二、中国海洋强军与海洋强国

1. 建设强大海军是保护中国海洋权益必由之路 强大的海军是维护、拓展海洋权益的坚强柱石。海洋资源之争、管辖海域之争、海峡通道之争、由海向陆的控制权之争、深海和洋底的控制权之争、发展海洋经济之争、发展海洋科技之争、海洋战略优势之争等，都需要强大的海军作为后盾。

2. 加强海军建设是维护不断扩大的海上战略利益的需要 海军作为主要国家争夺和维护海上利益的核心力量，其全面发展建设受到各濒海国家的高度重视。中国是一个海洋大国。海军要随时准备捍卫国家主权和安全，维护中国海洋权益。强大的海军有助于保障中国对于争议岛屿的主权要求，并且抗衡日本、印度等其他亚洲国家日益增强的海上力量。

3. 中国海军面临着快速发展的历史机遇，现代化建设正稳步推进　海洋是国家安全的主要方向。海上安全维系着国家未来重大的生存和发展利益，没有海上安全就没有国家安全。从古到今，中国所受到的外来侵略和威胁都主要来自海上，要保障国家的安全，首先要重视海上的安全。海洋不仅是陆地上的战略接替区，而且是陆地利益延伸和发展的重要空间。中国要成为海洋强国，就必须建立一支强大的海上军事力量，与国家利益的发展相适应，以确保中国海上方向的安全。

4. 中国海军的远洋作战能力建设已经是势在必行　维护海洋权益在国家安全战略中的地位越来越突出，从国家安全利益角度出发，海洋方向的防卫能力，是国家战略防卫的一个极其重要的部分。纵览目前形式和今后国家战略发展需求，海军现代化的长期目标大致包括以下 3 部分：①维护中国的自身军事需求，发挥在西太平洋地区的军事影响力；②维护海上领土争端中的主权要求；③保护中国海上交通运输线，确保对外贸易和战略物资需求。

三、中国海洋国防与海洋经济发展

（一）中国海洋国防的使命

在中华民族迈向现代化的道路上，海军曾经是我们应对西方列强挑战的第一回应，而甲午海战的全军覆没，却给国人留下了挥之不去的阴影。历史证明，强大的海军是建立在以海洋贸易为基础的社会经济结构之上的。作为依赖海洋贸易而存在的主权国家，其国家安全的边界已经远远超出了主权范围，而是跟海洋贸易的范围重合。其海军的使命已经完全脱离了国土防御的概念，凡是国家海洋贸易的重要区域所在都是海军的职责所在。

因此，为了保障对于原料产地和商品市场的控制，海军还必须担负必要的时候向这些区域投送陆上军事力量的功能。在世界经济全球化和区域一体化的发展进程中，随着国家利益的拓展，需要不断发展和加强新的安全手段，使保障国家安全的手段与国家安全威胁之间达到新的平衡。只有建立强大的海军才能完成中华民族复兴的伟业，才能在未来的国际事务中为维护世界和平发挥更大的作用，这是中国海洋国防的使命。

（二）海洋经济竞争日趋激烈的新形势

纵观国际关系的发展史，基于海洋经济的国家间权益争夺是国际秩序发展的一条主线，海洋权益的争夺成为国际秩序形成与演进的根本动力之一。在海洋权益中，海上力量既是维护国家海洋权益的重要手段，又是国家追求海洋权益的重要目标。国际海洋机制与以海上军事力量为主要标志的海上实力的共同作用，决定着世界海洋秩序的变化，进而决定着国际秩序的变迁。对于一个沿海国家来说，拥有海权并不是最终的目的，而只是一种手段，一种保证本国、本民族生存与可持续发展不可或缺的手段。因此，对于海权问题，不能仅仅从军事力量的角度来看待，而必须从国家的未来生存与可持续发展的战略高度来认识。

随着海洋战略地位的上升，海洋作为人类未来的重要生存空间，不可避免地成为新时期国际竞争的一个焦点。当前，世界海洋权益斗争主要表现出以下特点：对海洋的争夺和控制由过去的以实现军事目的为主变为以谋求经济利益为主；由过去的以争夺具有战略意义的海区和战略通道为主，变为以争夺岛屿、海域和海洋资源为主，斗争焦点往往在岛屿的归属上；各沿海国加紧调整海洋军事战略，大力加强海军建设，已成为世界各沿海国国防建设中的一项重要内容。可以预见，未来围绕海洋权益展开的斗争必将更加激烈。

（三）加快海洋国防经济发展的路径选择

1. 积极应对海洋安全战略新挑战　面对不断变动的国际形势和海洋局势，应尽快建立海洋安全应急机制，保护海洋通道安全。要加强对南海的主权控制及资源开发，维护海洋权益、海洋安全竞争的国际关系格局，中国的国防战略应调整为海陆并举，优化陆军，重点发展海空军，强化制海权、制空权。鉴于海岛、海上通道的特殊安全战略地位，国家建立"搁置争议，共同开发"新机制[①]。

2. 推动向深蓝色海洋进军　在以往的世界海洋史上，海军的发展都是为了控制海洋，以武力征服世界，用坚船利炮解决地区争端和双边及多边矛盾。中国海军的发展则是防御性和维和性的，而不是进攻式和侵略式的。随着国力的增强和国际影响力的扩大，中国现在决意向深蓝色海洋进军，去捍卫疆域，去维护正义和公道。中国海军能够担负保卫国家海上安全、领海主权和维护世界海洋和平的重任。

3. 借鉴发达国家海洋国防经济的发展经验　制定合理的长期发展规划并有效地实施规划；政府要在推动军民融合过程中积极作为，使资金、人员、技术、设备等资源得到优化配置，带动民用工业的广泛发展；引导企业进行运行机制改革，重视生产方式的改革推进军民融合，积极促进企业的运行机制在适

---

① 朱坚真，陈泽卿，2013.南海发展问题研究［M］.北京：海洋出版社：83-85.

应信息化发展和市场经济的商业模式方面不断调整等。

4. 明确海洋国防经济的战略取向 结合中国基本国情，加大海洋国防科研投入，力求以技术优势来夺取战略优势，重视关键技术攻关、注重威慑力量建设、加快高技术机动装备发展、完善综合保障技术装备。同时，要加强海洋国防高科技人才的培养，创新人才培养模式。

第十一章

海洋区域经济

学习目的

理解海洋区域经济的概念、特征，全面认识中国海洋区域经济的划分；掌握海岸带的自然与环境特点，了解海湾经济和河口三角洲经济；了解海岛的地位和作用、海岛的经济特征，掌握海岛经济开发的类型；了解中国三大海洋专属经济区和三大大陆架经济区；理解公海开发利用的三个方面。

第一节　海洋区域经济的基本概念

一、海洋区域经济

1. 海洋区域经济的概念　任何经济活动都离不开特定的空间。经济活动与特定空间的结合，产生了区域经济。海洋区域经济是在一定的海洋地理单元的空间基础上形成的海洋经济体系[①]。海洋区域经济根据不同的空间范围可以划分为海岸带区域经济、海岛经济、国家管辖海域经济及大洋（公海区域）经济等。

海洋区域经济和海洋产业经济的区别在于它们的研究对象不同。海洋区域经济研究的是海洋资源及相关经济活动的空间配置，而海洋产业经济研究的是海洋资源及相关经济活动的行业配置。前者具有产业的综合性，后者具有产业的相对单一性。研究海洋区域经济，是要揭示不同范围的海洋区域经济发展的规律，以指导海洋经济活动。

2. 海洋区域经济的特征　根据蒋铁民教授的概括，海洋区域经济主要有6 个方面的特点[②]。海洋区域既可以指一定的海洋地域空间，也可指根据一定

---

① 叶向东，2006. 海洋资源与海洋经济的可持续发展 [J]. 中共福建省委党校学报（11）：69 - 71.
② 蒋铁民，2008. 海洋经济探索与实践 [M]. 北京：海洋出版社.

自然条件和某种目的而划定的海洋地域范围，受时空尺度变化的影响而变化。海洋区域虽有一定的界线和特定的范围，但就其内容而言，都是人类社会活动的地域空间，因而包括自然环境和人类社会环境两个基本组成部分。海洋区域，也是一种区域系统，区域系统与工程系统相比要复杂得多。它的复杂性表现在：影响区域社会和经济变化的各种因素与结果不能按比例发展，各种因素对区域社会经济系统的作用呈现出非线性；局部环境作用、内部因素的变化使区域的子系统以及影响区域社会经济变化的各种因素结成相互交融、相互渗透、你中有我、我中有你的关系，使区域系统具有层次性与关联性。区域系统每时每刻都受到各种无规则随机因素的影响，使区域系统从某些微观角度来看，呈现出不确定性。

二、中国海洋经济区划[①]

1. 港口航运区[②]　港口航运区是指为满足船舶安全航行、停靠，进行装卸作业或避风需要所划定的海域，包括港口、航道和锚地。港口的划定要坚持深水深用、浅水浅用、远近结合、各得其所和充分发挥港口设施作用的原则，合理使用有限的海域。港口航运区要保证国家和地区重要港口的用海需要，重点保证有权机关批准的新建深水泊位和航道项目的用海要求。港口航运区内的海域主要用于港口建设、运行和船舶航行及其他直接为海上交通运输服务的活动。禁止在港区、锚地、航道、通航密集区以及公布的航路内进行与港口作业和航运无关、有碍航行安全的活动，已经在这些海域从事上述活动的应限期调整。严禁在规划港口航运区内建设其他永久性设施。港口水域执行不低于四类的海水水质标准。

2. 渔业资源利用和养护区　渔业资源利用和养护区，是指为满足开发利用和养护渔业资源、发展渔业生产需要所划定的海域，包括渔港和渔业设施基地建设区、养殖区、增殖区、捕捞区和重要渔业品种保护区。为实现海洋渔业经济可持续发展，维护沿海地区社会稳定，国家将保证重点大型渔港及渔业物资供给和重要苗种繁殖场所等重要渔业设施基地建设用海需要，保证渤海区、北黄海区、南黄海区、长江口区、东海的西岸区、南海的北岸区等重要养殖区的养殖用海需要，保证局部近岸海域和海岛周围海域生物物种放流及人工鱼礁

①　中华人民共和国国家海洋局，2012. 全国海洋功能区划（2011—2020 年）［N］. 中国海洋报，04-25（5）.

②　朱坚真，2017. 中国沿海港口交通体系与海上通道安全［M］. 北京：海洋出版社：26-33.

建设的用海需要，确保重点渔场不受破坏。其他用海活动，也必须处理好与养殖、增殖、捕捞之间的关系，避免相互影响，禁止在规定的养殖区、增殖区和捕捞区内进行有碍渔业生产或污染水域环境的活动。养殖区、增殖区执行不低于二类的海水水质标准，捕捞区执行一类海水水质标准。

3. 海洋矿产资源利用区 海洋矿产资源利用区，是指为满足勘探、开采矿产资源需要所划定的海域，包括油气区和固体矿产区等。海洋矿产资源利用区要重点保证生产、计划开发和在建油田的用海需要。矿产资源勘探开采应选取有利于生态环境保护的工期和方式，把开发活动对生态环境的破坏减少到最低限度；严格控制在油气勘探开发作业海域进行可能产生相互影响的活动；新建采油工程应加大防污措施，抓好现有生产设施和作业现场的"三废"治理；禁止在海洋保护区、侵蚀岸段、防护林带毗邻海域及重要经济鱼类的产卵场、越冬场和索饵场开采海沙等固体矿产资源；严格控制近岸海域海沙开采的数量、范围和强度，防止海岸侵蚀等海洋灾害的发生；加强对海岛采石及其他矿产资源开发活动的管理，防止对海岛及周围海域生态环境的破坏。

4. 滨海旅游区 滨海旅游区，是指为满足开发利用滨海和海上旅游资源、发展旅游业需要所划定的海域，包括风景旅游区和度假旅游区等。旅游区要坚持旅游资源严格保护、合理开发和永续利用的原则，立足国内市场、面向国际市场，实施旅游精品战略，大力发展海滨度假旅游、海上观光旅游和涉海专项旅游。滨海旅游区要重点保证国家重点风景名胜区和国家级旅游度假区的用海需要。科学确定旅游区的游客容量，使旅游基础设施建设与生态环境的承载能力相适应；加强自然景观、滨海城市景观和旅游景点的保护，严格控制占用海岸线、沙滩和沿海防护林的建设。滨海旅游区的污水和生活垃圾处理，必须实现达标排放和科学处置，严禁直接排海。度假旅游区（包括海水浴场、海上娱乐区）执行不低于二类的海水水质标准，海滨风景旅游区执行不低于三类的海水水质标准。

5. 海水资源利用区 海水资源利用区，是指为满足开发利用海水资源或直接利用地下卤水需要所划定的海域，包括盐田区、特殊工业用水区和一般工业用水区等。盐田区应鼓励盐、碱、盐化工合理布局，协调发展，相互促进；重点保证渤海、黄海、东海、南海大型盐场建设用海需要。限制盐田面积的发展，以改进工艺、更新设备、革新技术、提高质量、降低成本、提高单产、增加效益等项措施解决盐业发展用海；严格控制盐田区的海洋污染，原料海水质量执行不低于二类的海水水质标准。特殊工业用水区是指从事食品加工、海水淡化或从海水中提取供人食用的其他化学元素等的海域，执行不低于二类的海水水质标准。一般工业用水区是指利用海水做冷却水、冲刷库场等的海域，执行不低于三类的海水水质标准。

6. 海洋能利用区 海洋能利用区，是指为满足开发利用海洋再生能源需要所划定的海域。海洋能是可再生的清洁能源，开发不会造成环境污染，也不占用大量的陆地，在海岛和某些大陆海岸很有发展前景。中国海洋能资源蕴藏量丰富，开发潜力大，应大力提倡和鼓励开发海洋能。海洋能的开发应以潮汐发电为主，适当发展波浪、潮流和温差发电，加快海洋能开发的科学试验，提高电站综合利用水平。

7. 工程用海区 工程用海区是指为满足工程建设项目用海需要所划定的海域，包括占用水面、水体、海床或底土的工程建设项目。海底管线区，指在大潮高潮线以下已铺设或规划铺设的海底通信光（电）缆、电力电缆以及输水、输油、输气等管状设施的区域。在区域内从事的各种海上活动，必须保护好经批准、已铺设的海底管线；严禁在规划的海底管线区域内兴建其他永久性建筑物。海上石油平台周围及相互间管道连接区，一定范围内禁止其他用海活动；要采取有效措施，保护石油平台周围海域环境。围海、填海项目要进行充分的论证，可能导致地形、岸滩及海洋环境破坏的要提出整治对策和措施；严禁在城区和城镇郊区随意开山填海；对于港口附近的围填海项目，要合理利用港口疏浚物。

8. 海洋保护区 海洋保护区是指为满足保护珍稀、濒危海洋生物物种、经济生物物种及其栖息地，以及有重大科学、文化和景观价值的海洋自然景观、自然生态系统和历史遗迹需要所划定的海域，包括海洋和海岸自然生态系统自然保护区、海洋生物物种自然保护区、海洋自然遗迹和非生物资源自然保护区、海洋特别保护区。要在海洋生物物种丰富、具有海洋生态系统代表性与典型性、未受破坏的地区，抓紧抢建一批新的海洋自然保护区。海洋保护区应当严格按照国家关于海洋环境保护以及自然保护区管理的法律法规和标准，由各相关职能部门依法进行管理。

9. 特殊利用区 特殊利用区是指为满足科研、倾倒疏浚物和废弃物等特定用途需要所划定的海域，包括科学研究试验区和倾倒区等。科学研究实验区禁止从事与研究目的无关的活动，以及任何破坏海洋环境本底、生态环境和生物多样性的活动。倾倒区要依据科学、合理、经济、安全的原则选划，合理利用海洋环境的净化能力；加强倾倒活动的管理，把倾倒活动对环境的影响及对其他海洋利用功能的干扰减少到最低限度。加强海洋倾倒区环境状况的监测、监视和检查工作，根据倾倒区环境质量的变化，及时做出继续倾倒或关闭的决定。

10. 保留区　保留区是指目前尚未开发利用，且在区划期限内也无计划开发利用的海域。保留区应加强管理，暂缓开发，严禁随意开发；对临时性开发利用，必须实行严格的申请、论证和审批制度。

第二节　海岸带区域经济与海岛经济

一、海岸带区域经济

(一) 海岸带区域的概念及界限[①]

1. 海岸带的概念　海岸带，通常是指海岸线两侧"近陆"与"近海"的区带，是海洋与陆地相互交接、相互作用的过渡地带。现代海岸带包括现代海水运动对于海岸作用的最上限及其邻近的陆地，以及海水对于潮下带岸坡剖面冲淤变化所影响的范围。

2. 海岸带的界限　海岸带作为第一海洋经济区，其生态系统具有复合性、边缘性和活跃性的特征。陆海两类经济荟萃于此，生产力内外双向辐射，因此海岸带成为社会经济地域中的"黄金地带"。海岸带中的滨海带被称为"海洋第一经济带"。它由 3 个基本单元组成：①海岸，平均高潮线以上的沿岸陆地部分，通常称潮上带。②潮间带，介于平均高潮线与平均低潮线之间。③水下岸坡，平均低潮线以下的浅水部分，一般称为潮下带（图 11-1）。古海岸带则是已脱离波浪活动影响的沿岸陆地部分。此外，海岸带还包括河口和港湾。

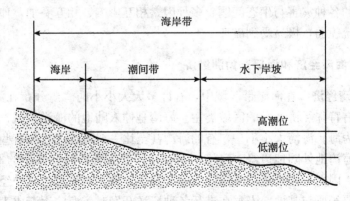

图 11-1　海岸带组成

中国海岸带位于亚欧大陆和太平洋交汇的过渡地带，呈 S 形。中国的海岸

---

① 朱坚真，2016. 中国海洋发展若干思考 [M]. 北京：经济科学出版社：70-80.

线约有 18 000km，它北起辽宁的鸭绿江口，南至广西的北仑河口。划入海岸带范围的有 11 个省、自治区、直辖市，197 个县、区，陆上面积 27.7 万 km²，加上 0～15m 水深海域面积，中国海岸带总面积达 35 万 km²。

（二）海岸带的自然与环境特点

1. 地理位置优越　海岸带背向广阔的内陆腹地，面向浩瀚的大洋。由于海运具有载运量大、运费低廉等优势，使得当今世界各国重要物流基本通过海上传输，因此各国海岸带成为产业聚集地。海岸带经贸区域既是本国海洋开发的前沿基地和生产基地，又是海洋开发的后勤保障基地，在海洋开发利用过程中具有独特的功能和作用。

2. 海陆资源密集　海岸带作为地球上岩石圈、水圈、大气圈、生物圈会聚交接地带，生态上具有复合性，蕴藏着比任何其他区域都更为丰富的自然资源，诸如生物资源、化石能源资源、其他矿物资源、海洋能源、空间资源、土地资源、海水资源等，不仅资源种类多，而且储量也极为丰富。

3. 生态环境脆弱　这主要有 3 方面原因：①海洋处于生物区层的最低处，人为过程和自然过程产生的废弃物绝大部分最后要流归大海，而且海洋污染总负载的一半集中在占海洋面积 0.1％的沿岸地区，因此海岸带是最容易受到污染的区域。②海岸带作为海陆过渡与相互作用地带，具有多样性和海陆相互剧烈作用的自然地理地貌特征，是自然灾害最严重的区域。③海岸带地区作为人口密集、人类社会经济活动频繁的地区，具有由人类各种不合理的开发因素诱发和加剧的各种灾害与生态问题。多种因素相互影响、相互叠加，使海岸带地区生态系统脆弱，极易受到破坏。

（三）海湾经济和河口三角洲经济

1. 海湾经济　在海岸带区域中，有许多大大小小的海湾分布在海岸线上，这是一个有特殊经济意义的区域类型。海湾是伸入陆地的海洋水域，通常三面为陆一面为海。海湾大小不一，有的海湾甚至比一般海还大，而有些海湾实质上是海。海湾地处陆地边缘，环境相对稳定，受灾害性气候破坏的概率较低，易于管理，因而一向是传统的海洋功能开发区。许多海湾也是对外经济与文化交流的重要场所与基地。人类在进行各种海洋开发时，海湾逐渐成为综合的经济区域。但海湾内外的水交换率较低，更新周期长，且各类不同海湾其主要功能也不相同。

2. 河口三角洲经济　河口三角洲是河海两类水体交汇的独特的海洋区域。河口是河流与海洋交汇的地方，大河流入大海，在入海处泥沙堆积成三角洲。

河口三角洲地处海滨，地势平坦，河渠纵横，湖泊众多，土地肥沃。河口三角洲兼容大河文明和海洋文明的优势，因此世界上绝大多数河口三角洲地区都是社会经济、文化发达地区。在当今世界上，河口三角洲面积仅占全球土地面积的3.5%，却集中了世界上2/3的大城市，养育着世界上80%的人口。河口三角洲经济发展的重点是渔业资源的保护和土地资源的利用、港口建设和河海联运以及生态系统的保持，具有资源优势突出和生态系统敏感脆弱等特点。中国重要的河口三角洲有黄河三角洲、长江三角洲和珠江三角洲等。

二、海岛经济

（一）海岛的概况

各国学术界和管理部门对海岛的具体定义尚未统一。这里我们采用1982年联合国公布的《联合国海洋法公约》做出的规定："海岛是四面环水并在高潮时高于水面的自然形成的陆地区域。"如果这块陆地过大，则不叫"岛"而叫"大陆"，如亚欧大陆、非洲大陆；如果这块陆地过小，也不叫"岛"而叫"礁"。对于岛与陆的划定，人们通常以格陵兰的面积（270万km^2）为界限，面积大于格陵兰的陆地称为大陆，面积等于或小于格陵兰的陆地称为海岛，所以格陵兰成了世界第一大岛。对于岛和礁的划分，则没有一个统一的标准。《海洋学术语　海洋地质学》（GB/T 18190—2017）中规定：海岛指的是四面环水，在高潮时高出水面自然形成的陆地区域；海洋岛指的是由海洋底部火山熔岩堆积形成，或者由发育在沉没的火山顶上的珊瑚礁形成的海岛；珊瑚岛是由珊瑚礁构成的岩石海岛，或者珊瑚礁上由珊瑚碎屑形成的砂岛。礁是指临近海面，由岩石、珊瑚体及牡蛎等生物残体自然形成的海底突起。

（二）海岛的地位与作用

由于特殊的地理位置，海岛有着重要的作用和意义。从国家权益来讲，海岛是划分内水、领海及其他管辖海域的重要标志，并与毗邻海域共同构成国家领土的重要组成部分；从国家发展来讲，海岛是对外开放的门户，是建设深水良港、开发海上油气资源、从事海上渔业、发展海上旅游业等的重要基地；从国家安全来讲，海岛地处国防前哨，是建设强大海军、建造各类军事设施的重要场所，是保卫国防安全的屏障。海岛因其巨大的经济、政治、外交、军事、科学和生态等价值，它的未来及其发展，已成为当今岛屿国家以及沿海国家十分关注的问题。

1. 战略价值　中国海岸线从北到南绵延约18 000km，海岸线以外的岛屿构成了海上防线，是世界上不可多见的天然屏障。如长山群岛、庙岛群岛、舟山群岛、万山群岛和南海诸岛，是天然国防要塞。渤海海峡中部的庙岛群岛（长岛），是渤海的门户，严密守卫着进出渤海的通道。中国南沙群岛蕴藏着丰富的海洋资源，其战略地位和价值对于国家海洋权益维护具有非常重要的意义。

2. 经济价值 海岛及其周围海域有着丰富的资源，有些海岛不仅有与内陆几乎同等的资源优势，又有内陆一般地区所没有的特殊的资源优势，如中国的香港、台湾。海岛的港口资源，因海岛岸线曲折，基岩临海，港阔水深，且临近国际航线，故具有得天独厚的区位优势。良好的港口条件可带动海岛外向型经济和高技术产业发展，使其成为继海岸带发展后的第二海洋经济带龙头，因此海岛又有很高的经济价值。

3. 生态价值 海岛作为海洋的重要组成部分，和陆地上的山岭、草原等自然资源一样，在海洋生态系统中起着极其重要的作用。海岛远离大陆，被海水分隔，每个海岛都是一个相对独立而完整的生态环境地域。海岛地形、岸滩、植被以及海岛周围的海洋生态环境，是人类与自然保持和谐的产物，具有很高的生态价值。由于地理的隔离、海风的作用和海岛土壤的贫瘠，海岛植被在物种分布、物种形态和群落结构方面一般与临近的大陆不同，如珊瑚礁、红树林等。

4. 景观价值 海岛地形、岸滩、植被由于受长期地质和海洋水文动力的作用，形成各具特色和优势的自然景观，是海岛特有的旅游资源，对海岛的经济发展有举足轻重的作用。中国的海岛成因多样、人文历史久远、景观各具特色，因而具有很高的景观价值。如富有北方景观特色的长山群岛、庙岛群岛，富有南方景观特色的舟山群岛、海坛岛、湄州岛、台湾岛、海南岛等，还有泥沙淤积的沙岛如长江口的崇明岛，珊瑚岛如西沙群岛、南沙群岛，以及少数火山岛如澎湖列岛、兰屿、涠洲岛等，都极有很高的景观价值。众多海岛耸立海面，风光绚丽，宛若仙山，海岛地貌、生物、渔村等对游客都极富吸引力，因此，开发海岛旅游前景广阔。

5. 科学价值 海岛由于其受人类影响相对较小，所以它在研究全球气候变化、地质变化和人为扰动（渔业、农业、旅游）等造成的生态系统的变化、生物多样性和未来气候环境等演变趋势方面，有着重要的科学价值。

（三）海岛经济开发

1. 海岛经济的特征

（1）海岛资源优势突出、劣势明显。资源优势主要体现在"渔、港、景"上，这在上面已论及。海岛的劣势主要体现在淡水资源和常规能源短缺以及基础设施落后，海岛分散在海中，规模较小，基础设施难以达到规模经济水平，因而交通、邮电通信等设施都不足。海岛由于陆地狭小，河流源短流急，土质薄、蓄水能力差，加上降水季节分布不均，普遍缺乏淡水。而淡水、能源和基础设施的缺乏，又严重制约了海岛经济的发展。

（2）产业单调，总体水平低。海岛经济是以海洋资源开发为基础发展起来的资源型经济。由于受自然、资源、经济、技术等条件的限制，在长期的历史发展过程中，除少数条件较好的大岛外，绝大多数海岛是以渔业为主，辅以少量种植业，第二、第三产业落后。

（3）独立性差，天然外向。海岛大多数面积较小，人口不多，本身市场容量有限。海岛经济发展，一方面要靠从岛外输入大量的资源、人才及技术，另一方面海岛生产的产品又需要销往岛外，通过岛外市场纳入社会经济循环之中。单独依靠海岛的力量难以发展。所以，海岛经济具有天然的外向性，经济发展程度越高，其外向性和对外依赖性也越高。

（4）地区差异大，岛间不平衡。中国海岛经济的地区差距主要表现在两个方面：①省份间差异大。其经济总量主要集中在浙江、山东、辽宁、上海、广东，其余省份就少些。②同类海岛之间（如县级海岛）差异大。海岛间经济发展的不平衡表现在3个方面：①主要集中于有居民的海岛；②主要集中于大海岛；③集中于近陆岛。

2. 海岛经济的开发现状

（1）海岛水产业。海洋水产业是海岛的传统产业，又是海岛经济的重点产业。海岛渔业包括捕捞业、增养殖业和水产品加工业，其中增养殖业发展前景广阔。海岛水产业发展优势有：①增加了海水养殖的比重，利用海岛港湾和滩涂资源丰富的特点，开展品种多样的海水养殖，扭转了海岛渔业生产单一化的局面；②以近海捕捞为基础，发展了外海和远洋渔业，中深海和远洋的捕捞能力得以加强，拓宽了捕捞品种，提高了捕捞产量，保护了近岸和近海资源；③加强了渔港建设，为渔业服务的配套设施得到了较大改善；④开展了水产品保鲜加工，提高水产品深加工能力和经济效益。

（2）海岛港口。港口建设是海岛经济发展的基础产业，在海岛经济发展中具有举足轻重的作用。如中国海岛共有337处适合建港的港址，港口建设和港口工业将成为海岛开发建设的重点产业。中国海岛港口开发，已建成万吨级以上的大型港口不多，主要分布在舟山群岛、厦门岛和海南岛3个地区。

（3）海岛旅游业。旅游业是海岛新兴产业。进入21世纪以来，海岛旅游业日益被各国政府所重视，改建并扩建了大批旅游景点和设施，吸引了大量游客参观游览。中国也不例外，中国长江以南各海岛旅游业不受季节限制，几乎全年可以开展旅游服务。各海岛利用优越的沙滩资源，开发了许多海滨浴场，其中著名的有浙江普陀山的千步沙、福建湄州岛海滨浴场、广东的金海滩等。海岛旅游业已经成为海洋旅游业的主要组成部分之一。

3. 海岛经济开发类型

（1）完全综合开发型。完全综合开发是指在海岛开发中采取多种产业并举、综合发展的开发方针，全面发展海岛经济。完全综合开发必须具备相应的条件，如海岛面积较大，人口具有一定的规模；海岛资源种类较多，并具有一定的数量；海岛基础设施较好，具有较长的开发历史；海岛人口素质较高，科学技术有一定的发展水平等。只有具备这些基本条件，海岛才能进行完全综合开发。完全综合开发不是不要重点、平均开发，仍然需要在开发中突出特色，发挥海岛本身的优势。

（2）重点综合开发型。有些较大的有居民海岛，自然资源较丰富，开发利用历史悠久，已有一定经济基础，可根据自身的条件，实行重点综合开发。所谓重点综合开发，就是海岛资源比较丰富，在发展一两项有特色的主导产业的前提下，实行一两个产业为主、多种经营开发。

（3）完全专业开发型。有些岛屿，面积较小，人口不多，有的还是无人岛。如果这些海岛具有某种资源优势，则可视沿海社会经济条件和需要，沿某个专业性方向对海岛实施完全专业开发。完全专业开发应该根据海岛的资源特色，有什么资源就开发什么专业，有渔业资源就开发海洋渔业，有港口资源就开发港口和航运业，有旅游资源就开发海洋旅游业，等等。

（4）重点专业开发型。如果海岛资源比较丰富，特色又十分突出，就可形成比较有特色的海岛产业。这类海岛开发在坚持发展特色产业的同时，也应适当发展其他产业。

（5）陆岛联合开发型。海岛经济不仅要依托海岛资源，还要依托大陆经济发展。一方面要靠从岛外输入大量的资源、人才及技术；另一方面海岛生产的产品又需要销往岛外，通过岛外市场纳入社会经济循环中。海岛独立性差的特点，决定了海岛开发必须实行陆岛联合开发。陆岛联合开发是以沿海城市为龙头，沿海经济发达地区为主体和腹地，采取岛陆联结、岛港联汇、岛城联融，以陆带岛、以岛带海的联动开发，逐步形成以陆域为依托的陆岛经济。沿岸岛屿和连岸岛屿都可以采取这种开发方式。

（6）岛岛联合开发型。在群岛中，一般都有一个或几个面积较大的核心岛，核心岛已经进行了初步开发和利用，基础设施比较完善，经济发展水平也比较高，形成向周围辐射的力量，能带动周围海岛发展。而一些靠近大岛的小岛，虽受陆地经济辐射的影响较小，却受到大岛经济辐射的影响。这样的群岛和岛群可进行岛岛联合的"据点式"开发，即通过核心海岛的开发，将已经开发的海岛作为据点，以其为中心向其他岛屿进行经济与技术的辐射与扩散，以点带面，带动周围海岛的开发，进而在岛群或群岛内形成相互依存和共同发展的海岛经济区。

第三节　国家管辖海域经济

一、国家管辖海域的范围和法律地位

国家管辖海域包括内海、领海、毗连区、专属经济区和大陆架。

1. 内海　内海是伸入大陆内部的海，面积较小，其水文特征受周围大陆的强烈影响，如渤海。内海指领海基线内侧的全部海水，包括：海湾、海峡、海港、河口湾、领海基线与海岸之间的海域、被陆地所包围或通过狭窄水道连接海洋的海域。内海与陆地领土具有相同的法律地位，国家对其享有完全的排他性的主权权利。

2. 领海　领海曾被称为沿岸水、沿岸海、海水带和领水，在地理上是指与海岸平行并具有一定距离宽度的带状海洋水域。按《中华人民共和国领海及毗连区法》，"国家主权扩展于其陆地领土及其内水以外邻接其海岸的一带海域，称为领海"，指从领海基线量起不超过 12n mile 的海域。国家对领海的上空及其海床和底土行使主权权利。同时，外国商船有无害通过一国领海的权利。中国领海面积至少有 40 万 km^2。

3. 毗邻区　毗邻区指毗邻领海并由沿海国家对若干事项行使必要管制的一定宽度的海域，其宽度从领海基线算起，不超过 24n mile。国家在毗邻区内只具有对某些特定事项的管辖权，即防止在其领土或领海内违反海关、财政、移民或卫生的法律和规章；惩罚在其领土或领海内违反上述法律和规章的行为。

4. 专属经济区　专属经济区指从领海基线量起不超过 200n mile 的海域。国家在专属经济区内享有对一切自然资源，包括生物资源和非生物资源的主权权利，以及对于人工岛、设施和结构物的建造和使用，海洋科学研究，海洋环境保护的管辖权。其他国家在专属经济区享有航行、飞越、铺设海底电缆和管道等自由。国家对专属经济区的权利只有通过明文公告才能确立。中国的专属经济区至少有 300 万 km^2。

5. 大陆架　大陆架原是地质地理学的概念，是指从海岸低潮线起，海底以极其平缓的坡度向海洋方面倾斜延伸，一直到坡度发生显著增大的转折处为止的这一部分海床。地理学上还把大陆坡、大陆基作为陆地的延伸部分。1982年的《联合国海洋法公约》第七十六条给大陆架下了一个新的法律定义：沿海国的大陆架包括其领海以外依其陆地领土的全部自然延伸，扩展到大陆边外缘的海底区域的海床和底土。如果从测算领海宽度的基线量起到大陆边的外缘的距离不到200n mile，则扩展到200n mile的距离。如从测算领海宽度的基线量起超过200n mile，大陆架在海床上外部界限的各定点，不应超过从基线量起350n mile，或不应超过2 500m等深线100n mile。在大陆架内，国家为勘探大陆架和开发其自然资源，包括海床和海底的油气、矿藏等非生物资源及定居种生物资源的目的，对大陆架行使主权权利。

二、中国专属经济区经济

按海区划分，中国的专属经济区可分为黄海专属经济区、东海专属经济区和南海专属经济区，从而形成黄海专属经济区经济、东海专属经济区经济和南海专属经济区经济。而渤海是中国的内海，所以中国对渤海拥有完全的权利。

（一）黄海专属经济区经济

1. 黄海专属经济区地理概况　黄海位于中国大陆和朝鲜半岛之间，以中国长江口北角至韩国的济州岛西南角之间的连线为其南界，是一个半封闭型浅海。黄海东西宽约300n mile，最窄处104n mile，南北长约470n mile，面积38万km^2，平均水深44m，最大水深140m。黄海南宽北窄，海底地形平缓开阔，深水轴线偏近朝鲜半岛，深度一般为60～80m，是自东海进入黄海的暖流通道。黄海海底是堆积型的浅海陆架，沉积物主要来自中国大陆。黄海周边地区是中国的辽宁、山东、江苏3省及朝鲜和韩国的西海岸。由于黄海东西宽度小于400n mile，中国需要与朝鲜和韩国划定专属经济区。

2. 黄海专属经济区生物资源概况　黄海专属经济区位于暖温带，在黄海水体中影响生物生存的环境因素主要有黄海暖流、东西两侧的沿岸流和黄海冷水团。黄海的海水盐度约为3.2%。生物资源按生态习性可分为两大类型：①洄游于黄海、渤海之间的暖温性和暖水性种群，如对虾、小黄鱼、带鱼等；②不进行长距离洄游的暖温性、广分布的种群，如毛虾、梭子蟹、鲆鲽等。在黄海西部的中国专属经济区海域共有250种鱼类，200种虾、蟹等甲壳类和乌贼、蛤、螺等软体动物，另外还有海蜇等海产动物。其中，大约有40种具有捕捞价值。黄海区的可捕面积为31.9万km^2，共有12个渔场，其中中国利用的渔场面积约20万km^2。估计上述渔场的年可捕量约87万t。

黄海周边地区人口稠密，水产品需求量大，捕捞强度较大。黄海区的资源遭受破坏最早，黄海带鱼群系、小黄鱼、大黄鱼、鳕和鲆鲽从 20 世纪 50 年代的后期至 70 年代中后期先后处于衰退之中。现在黄海渔业资源总体上已经捕捞过度，主要经济鱼种相继衰退，小型低质鱼已成为主要捕捞对象，渔获物中幼鱼比例不断上升。

3. 黄海专属经济区开发重点

（1）严格控制捕捞强度，保护和积极恢复近海渔业资源。违背客观规律进行酷捕滥渔，是黄海渔业资源衰退的根本原因。要以科学的、经济的、法律的和行政的手段，调整重要经济鱼类的捕捞量，把捕捞量压缩到小于其种群增长量的水平；改革渔具渔法，严格限制沿岸水域的捕捞强度和合理安排定制网具，限制沿岸拖网渔业；加强对禁渔区、禁渔期和休渔期的有效管理，增建不同类型的近海渔业资源的保护区、禁渔区；把过剩的捕捞能力转移到其他领域，减少捕捞力量对资源的压力。

（2）发展海洋农牧化，改善渔场生态环境。发展海洋农牧化事业，在协调一致的总体规划下，选择条件适宜的沿岸海区，试验并扩大投放保护性鱼礁，形成渔获型人工鱼礁化的近海渔场；扩大放流增殖品种和规模，有计划、有步骤地定向改变沿岸渔场的渔业资源结构，提高渔场资源的数量和质量。在天然经济资源因捕捞而大量减少之后，黄海区水域出现了大量的剩余生物生产力，这为发展海洋农牧化事业、增殖资源提供了客观基础。对整个黄海开阔海域的海产植物进行栽培和海产动物进行放牧，提高生产力的潜力很大，这是黄海渔业资源增殖的物质基础。

（3）协调国际渔业关系，加强跨国渔业管理。黄海是一个半封闭的海域，无法满足沿岸国家各划 200n mile 专属经济区的要求。另外，黄海的大多数经济鱼类洄游的范围超过一个国家的管辖范围，一般是在海区中部和朝鲜半岛一侧越冬，在中国一侧沿岸海域产卵和育肥。另外，黄海两侧各国造成的海洋污染都可能对海区的渔业资源造成危害。因此，为了进行科学管理，需要周围国家合作进行资源调查和评估，为制定渔业发展规划提供科学依据。共同捕捞的品种，因资源量满足不了各方的捕捞要求，应制定捕捞限额和分配份额。

（二）东海专属经济区经济

1. 东海专属经济区经济地理概况 东海位于中国大陆和琉球群岛之间，其南部边界是广东省南澳岛与台湾省南端的鹅銮鼻之间的连线，北部是长江口北角至韩国济州岛西南角之间的连线，东邻琉球群岛，西濒中国的上海市、浙江省和福建省。东海东北至西南长约 700n mile，东西最宽约 300n mile，平均宽度约 210n mile，总面积约 77 万 km²，平均水深 370m，最大水深 2 719m。东海的海底地形总趋势是由西北向东南倾斜，自中国的浙江和福建沿海分为大陆架平原、大陆坡、冲绳海槽和琉球西侧岛坡等部分。

东海的水系可以分为三大类：大陆沿岸水、黑潮暖流以及上述两种水系的混合水。这三大类水系构成生物生存的水体环境。黑潮从台湾与石垣岛之间的水域进入东海，沿大陆坡向北流动。在台湾东北部，黑潮暖流分出一支，冲向闽浙浅海，称为台湾暖流；在九州以南又分出一支，称对马暖流。这两支暖流把太平洋的高温高盐水带入东海，对东海的水文因素影响甚大。在东海东南部，夏季水温在 25～30℃，盐度在 3.4％以上；冬季温度在 21～24℃，盐度在 3.45％以上。黑潮的次表层水夏季可接近长江口附近，与黄海混合水和底层水交汇，这种水体结构与长江口渔场的形成有密切关系。东海北部是外海高温度盐水与黄海混合水交汇地区，夏季水温升高，盐度降低，适合鱼类集群。台湾暖流流经东海大陆架西部，暖流前锋可达舟山外海，并在此与东海沿岸水构成明显的锋面，这是舟山渔场渔业资源丰富的重要环境条件之一。

2. 东海专属经济区生物资源概况 东海水体温暖，又有长江、钱塘江、闽江等江河流入，营养物质丰富，初级生产力比较高。东海的鱼类共约 700 种，加上虾、蟹和头足类 200 种，渔业资源种类可达 900 余种。在东海的鱼类中，生活于中国大陆沿海的底层鱼，多数只作短距离洄游，只有少数中上层外海性鱼类和个别近底层鱼类作长距离洄游。其中，经济价值较大，具有捕捞价值的鱼类，有 40～50 种。产量在 1 万 t 以上的有 25 种，5 万～10 万 t 的 5 种，10 万～20 万 t 的 2 种，50 万 t 以上的 1 种。东海是中国近海渔获的主要捕捞基地，共有 14 个渔场，面积约 16 万 km²。中国历年在东海的捕捞量占全国总捕捞量的 50％左右。东海渔业资源除了中国渔民外，亦有日本、韩国渔民进行捕捞，其捕捞强度逐年增加，已逐步出现过度捕捞的问题。如 20 世纪 50 年代，优质的大黄鱼、小黄鱼占总捕捞量的 30％以上，20 世纪 80 年代以来已不足 5％。一些小型低质鱼的比例大幅度上升，如带鱼鱼体长度越来越小，优质大带鱼越来越少。

3. 东海专属经济区开发重点

(1) 合理调整捕捞力量和捕捞结构，科学利用天然资源。东海沿岸和近海渔业资源衰竭，但在东海外海渔业区尚有一定的潜力。因此，东海渔业资源开发的重点应放在外海上。要进一步加强外海渔区资源的调查和探捕区作业，做好新渔场、新品种的开发，扩大中上层鱼类资源的开发。在东海近海，主要是调整捕捞力量，限制底拖网的发展，引导围网、刺网、张网、钓具等，更多地利用目前尚有一定潜力的资源，发展大型围网、拖网去捕捞外海的中上层鱼，逐步恢复沿岸和近海渔业资源。

（2）加强渔业资源养护和人工增殖资源，改善和增加渔业资源。东海是世界上少有的渔业资源丰富的海区之一，同时也是人工增殖资源的良好区域。因此，东海的渔业资源的开发利用问题，既要按生态规律科学利用资源，又要利用现代技术人工增殖资源，使东海成为能提供更多优质水产品的基地。为了实现这一点，需要加强渔业资源调查，确切掌握渔业资源的变动规律，科学地安排生产，克服渔业生产的盲目性，同时还应当调整捕捞生产结构，使资源利用多元化。

（3）加强渔业管理执法，促进渔业资源状况好转。中国以渔业法为主体的渔业法律体系已经基本建立，渔业执法力度也在逐渐加大。但渔业执法力度不足、执法人员素质不高等原因，使得控制渔船数量、限制捕捞对象和数量、制止酷捕滥渔等措施还不能完全落实，导致渔业资源日趋衰竭。目前，一方面要增加渔业执法力量，另一方面也要提高渔业执法人员的素质，建设一支强大的渔政执法队伍，联合海上其他执法力量共同进行渔业资源管理，维护专属经济区的渔业秩序。

（4）加强多边协作，共同管理渔业资源。东海是中、日、韩3国渔民共同捕捞的海区，尤其是许多重要的经济鱼类的品种竞争激烈，出现3国渔民"抢鱼"的状况，使得渔业资源不堪重负。东海渔业资源管理的当务之急，是中、日、韩3国加强多边协作，共同搞好渔业管理。3国都要按照签订的渔业协定，合理分配每一种鱼类的捕捞份额，控制捕捞力量，保护和恢复主要经济鱼种，共同承担养护责任。

（三）南海专属经济区经济

1. 南海专属经济区地理概况 南海是亚太地区面积最大、周边地区国家最多的海区。南海北濒中国大陆，东边是菲律宾群岛，南边是大巽他群岛，并与太平洋和印度洋相通，西边是中南半岛和马来半岛。南海南北长约1 600n mile，东西宽约900n mile，面积约350万km²，平均水深1 212m，最大水深5 337m。南海大部分为热带海洋，海水的温度和盐度都比较高。南海北部，包括广东近海和北部湾，表层水温年平均值为21～26℃，冬季与夏季水温相差10℃以上，表层盐度平均值为3.066‰～3.412‰。南海南部诸岛周围水域，水温变化很小。中国在南海沿岸地区有广东省、广西壮族自治区和海南省，以及香港特别行政区、澳门特别行政区。南海专属经济区也存在与沿岸国家划界的问题。目前，中国与越南在北部湾的划界问题上达成了协议，在此基础上签订了《中越北部湾渔业合作协定》。

2. 南海专属经济区生物资源概况　南海地跨热带和亚热带两个气候带，属无冬海区。海水由沿岸流系统、暖流系统和混合变性海水系统组成。南海北部的沿岸流，夏季在海南岛东南部水深 40~60m 处形成上升流，有利于饵料生物生长，形成了良好的渔场条件。在北纬 19°~22° 的海域，在表层水之下有一股强劲的南海暖流，这股暖流对南海水体的温度和盐度有重要影响，并且把青干金枪鱼、鲔鱼、扁舱鲣等大洋性鱼类带入南海，丰富了南海的资源。南海北部大陆架区域共有鱼类 1 064 种，南海南部的鱼类约 800 种，南沙群岛鱼类 220 种，另外，南海的虾、蟹、贝、藻、海参等资源也很丰富。南海渔业资源的种类虽然多，但是单一种类的数量都不大。全南海区具有一定经济价值的可捕鱼类有 100 多种，在南海北部单一品种的产量占总渔获量 1% 以上的只有 30 多种，大多数品种的年产量都不到 1 万 t。

南海专属经济区共有 39 个渔场，渔场面积 53km²。这些渔场又可以分为几个大的区域，包括粤东近海、粤西近海、北部湾、七洲洋（海南岛东部）、西沙群岛海域、东沙群岛海域、南沙群岛海域等。南海地区已形成了浅海和深海结合的渔业生产结构，形成了 3 个层次的作业海区：水深 40m 以内的沿岸浅海区；水深 40~90m 的近海区；水深 90~200m 的外海区。在南海各渔场捕鱼的除了中国的渔民，还有越南、菲律宾、印度尼西亚、马来西亚、日本、泰国等国渔民。在南海沿岸浅海区即水深 40m 以内的区域，原本资源丰富，但目前渔业资源已严重衰退；水深 100~200m 的近海区，资源利用程度比沿岸浅海区高一些，说明其资源状况也好一些；200m 水深以外的外海，资源利用程度还比较低，至今尚未得到很好的利用，还有一定的开发利用潜力。

3. 南海专属经济区开发重点

（1）适度开发与合理利用相结合，保证资源的可持续利用。海洋渔业资源的开发是自然再生产与经济再生产相结合的物质生产过程，必须遵循自然规律和经济规律，建立一种最佳海洋渔业生态系统和最佳的开发体制，使之形成一种良性循环的格局。这种格局就是适度开发和合理利用相结合，使海洋渔业持续发展，渔业资源可持续利用。因此，对南海北部沿海和北部湾的渔业资源应加强管理、控制捕捞强度，实行配额捕捞；对西沙和南沙渔场应根据其资源的开发潜力逐步增加捕捞强度，以获得最佳经济效益为目的。

（2）调整捕捞结构，保护和恢复沿岸近海区的资源。渔业资源是海洋捕捞生产的物质基础。大量捕捞幼鱼是破坏近海渔业资源和降低渔获物价值的重要原因。因此，应限制在近海渔场捕捞幼鱼的比例，保证捕捞种群的再生产能力，提高渔获物的价值。为此，应当通过立法措施，并加强执法管理，放大网目尺寸，建立幼鱼保护区，减少幼鱼捕捞比例，调整近海作业，控制近海捕捞强度，健全和强化执行渔船报告制度，加强渔业资源、渔业水域环境的管理。调整重要经济鱼类的捕捞量，把捕捞量压缩到小于其种群的增长量。强化禁渔区、禁渔期和休渔期有效管理。

（3）扩大资源利用范围和层次，先远后近分区开发。南海专属经济区的渔业资源管辖权、捕捞权是中国主权权利的具体体现，应得到全面保护。这就要求对国家管辖海域的生物资源开展全面的资源调查和评价，对开发利用进行全面规划，多层次开发和综合开发相结合，扩大资源利用范围和层次。南海海域的面积广阔，生物多样性丰度大，可开发利用的潜力明显优于东海和黄海，加快资源开发水平和深度、扩大利用范围和层次，是实现南海海域国土化的重要步骤，是具有历史意义的战略选择。

（4）共同开发，协调管理。为了保持南海周边地区稳定、和平的地区局势，积极发展同周边国家和地区的渔业合作关系，合理开发渔业资源，保护生态环境，有必要建立一系列双边及多边的共管机构，商议有关渔业生态保护协议和渔业资源利用协议，合作养护这些资源，分享其利。在中国传统疆界线跨界海域开展双边渔业合作，以此线作为互渔互利的基本条件和实施范围，实行渔业资源的共同开发和保护，共同管理，共享资源之利。

三、中国大陆架经济区

渤海大陆架完全处于中国主权的支配和管辖之下。黄海、东海和南海大陆架形成黄海大陆架经济区、东海大陆架经济区和南海大陆架经济区。

1. 黄海大陆架经济区　黄海海底全部为大陆架。黄海大陆架可以分为北黄海和南黄海两部分。黄海大陆架具有油气资源远景的沉积盆地分为南黄海盆地、北黄海中部盆地和韩国近海盆地。南黄海北部凹陷面积为 3.9 万 km^2，中新生界沉积厚度超过 4 000m，具备生油条件。南黄海南部凹陷面积为 2.1 万 km^2，中新生界沉积厚度一般超过 5 000m，具有形成油气储藏的基本条件。在黄海东部靠近韩国一侧，也有一个具有含油气远景的沉积盆地，具有生储油气的良好地质条件。北黄海大陆架地处地壳长期隆起的区域内，区内发育小型分割性盆地，沉积厚度为 1 000～2 000m，只有一般性油气远景。南黄海盆地是中国苏北油气盆地向海上延伸的部分，与苏北盆地共同构成苏北-南黄海盆地。中国在黄海进行油气资源调查和勘探，始于 20 世纪 80 年代末，到目前仍处于初期阶段，不足以对全海区的油气资源做出准确的评价。黄海大陆架油气资源开发的重点今后应放在勘探上，集中对南黄海盆地的南、北两个凹陷继续做勘探工作，争取发现商业油气流；同时，继续做好北黄海含油气构造的地质调查工作。

2. 东海大陆架经济区　东海是一个宽大的大陆架海区，其大陆架和大陆坡面积约 55 万 km²，约 2/3 的面积为大陆架。东海大陆架地形以 50～60m 水深线分为东西两部，邻接中国沿海的西部大陆架区，海底地形平缓，宽度大而坡度小，而东部则岛屿林立，水下地形复杂。东海大陆架宽广，有 2/3 的面积是中国大陆向海洋方面延伸的大陆架，最宽处约有 400n mile。

东海大陆架油气资源丰富。东海大陆架的含油气区，可分为西湖凹陷油气富集区、温东凹陷油气富集区、钓北凹陷油气富集区和台湾浅滩气富集区。中外专家估计，东海大陆架盆地的预测油气资源量为 67 亿～69 亿 t，最大可达 200 多亿 t。目前，东海大陆架油气富集区勘探开发程度差异较大，但油气资源前景良好。其中，西湖凹陷油气富集区和温东凹陷油气富集区勘探程度较高，钓北凹陷油气富集区勘探程度较低，台湾浅滩气富集区的长康油气田已经投产。

中国在东海油气田勘探工作始于 20 世纪 80 年代末，1995 年春晓油田钻探成功，标志着东海油气田已进入实际性开发、利用阶段。东海大陆架油气资源的开发，可以采用不同的开发方式。在整个区域继续做好油气开发的前期准备工作，扩大含油面积，同时开展油气普查，发现新的油气资源。在无主权争议的温东凹陷区和台湾近海等海区，由中国自主开发或对外合作开发。在有争议的海区则本着"搁置争议，共同开发"的原则，由争议方按协议联合勘探开发。

3. 南海大陆架经济区　南海的大陆架约占海域面积的一半，主要分布在南海海域北部、西北部和西南部，由西北向东南倾斜。北部大陆架自北部湾延伸至台湾浅滩，北部湾大陆架宽约 484km，最大水深约 80m；海南岛东南部大陆架宽 93km，珠江口外约 280km，汕头的南澳岛外约 196km。南海南部大陆架与爪哇海大陆架合称巽他大陆架，面积约 185 万 km²。西部大陆架很窄，东部的吕宋岛沿海基本无大陆架。在南海周边水深 200～3 200m 的海域是大陆坡区域，总面积 140 多万 km²。南海中央是深海盆，所以南海诸群岛大陆架狭窄。

南海周边的大陆架区域有大面积盆地，是世界上油气资源比较丰富并且勘探开发比较早的海区之一。在南海大陆架上，共有 16 个含油气盆地全部或部分属于中国所有，其面积约 80 万 km²，有些专家估计其可采储量达 78 亿 t。南海大陆架是中国近海油气资源最丰富的海区，石油资源量为 149 亿 t，天然气为 10 亿 m³（不含台西南、东沙南和西沙、中沙、南沙），分别占中国 4 个海区油气资源总量的84%和72.2%。

南海大陆架油气资源开发应把重点放在北部湾盆地、珠江口盆地、莺歌海盆地。一方面，要采取自主开发或中外合资开发的形式，加速现有油气田的建设，增加油气产量；另一方面，要继续加强勘探工作，力争找到一批经济效益好的大型油气田，增加油气储量。在有主权争议的南海诸岛，在坚持中国主权要求的条件下，与争议各国探讨共同开发问题，在争议各国已经先入为主的情况下，我们应该加快勘探、开发的步骤，以维护中国的海洋权益。同时，在有油气远景的其他盆地，如南海北部的台西南盆地、东沙盆地等，适时安排地球物理普查和详查，以提供后备勘探区。

第四节　大洋经济

一、公海和国际海底的法律地位

1. 公海的法律地位　《联合国海洋法公约》规定：公海是指不包括在国家的专属经济区、领海、内水、群岛国的群岛水域内的全部海域。公海面积约2.3亿 km^2，约占全球海洋总面积的64%。

公海不属于任何国家领土的组成部分，也不在任何国际法主体管辖之下，它属于管辖范围以外的海域。这是公海法律地位的基础，也是公海不同于其他海域的本质特征。据此特征，公海是全人类的共同财富，对所有国家开放。所有国家包括沿海国和内陆国可平等地共同使用公海，并有权行使公约规定的各项自由。《联合国海洋法公约》在规定了公海的航行自由、飞越自由、铺设海底电缆和管道自由、建造国际法所容许的人工岛屿和其他设施的自由、捕鱼自由、科学研究自由。各国在行使这些自由时，除应注意对各种自由的具体限制外，还必须遵守以下规则：

（1）公海应只用于和平目的。各国在行使公海自由时，应为世界和平与安全服务，而不应把公海变成进行军事活动、侵略和战争的场所。

（2）一国行使公海自由不得侵害别国的权利和利益。只顾自己在公海上行使自由，不准别国在公海上行使权利，也将导致对公海自由的破坏。

（3）公海自由的行使不得违反《联合国海洋法公约》和公认的国际法原则及有关规则，否则势必造成滥用或破坏公海自由的结果。

2. 国际海底的法律地位　国际海底是指国家管辖范围以外的海床和洋底及其底土。国际海底区域包括两部分：被海水覆盖的大陆边（大陆架、大陆坡和大陆基）和大洋底。大洋底的海洋面积为2.78亿 km^2，占全部海洋面积的

77.1％。由于一些国家专属经济区和大陆架占据了一部分大洋底，故国际海底区域的面积要小于大洋底的面积。国际海底约占全部海洋面积的65％。

1970年联合国大会制定的《关于各国管辖范围以外海床洋底与底土的原则宣言》及1982年通过的《联合国海洋法公约》都规定国际海底适用"人类共同继承财产"的法律原则。根据这个原则，国际海底及其资源属于全人类，各国均可以按照一定的法律程序进行开发。

二、公海的开发利用

1. 利用公海发展远洋运输　利用公海发展远洋运输，是国际社会利用公海的一个主要形式。《联合国海洋法公约》规定："每个国家，无论是沿海国或内陆国，均有权在公海上行驶悬挂其旗帜的船舶。"

中国远洋运输业的发展，起步于20世纪60年代。1961年建立了远洋运输公司后，开始发展自己的远运输船队。特别是自改革开放以来，随着沿海地区外向型经济和国家对外经济贸易关系的发展，远洋运输业也取得了巨大的成绩。已经开辟了30多条通往五大洲170多个国家和地区600多个港口的航线。与此同时，中国作为国际海事组织成员，与50多个国家签订了双边海运协定，积极开展海洋交通运输的国际合作与交流。

2. 公海渔业　公海是全人类的共同财富，对所有国家开放。《联合国海洋法公约》第一百一十六条明确规定："所有国家均有权由其国民在公海上捕鱼。"所以利用公海发展远洋渔业对地少人多的中国不啻为一种良好的选择。中国是一个拥有13亿人口的大国，在近海渔业资源衰退、部分渔业资源利用过度的情况下充分利用公海"捕鱼自由"发展远洋渔业，无疑具有重要的战略意义。中国本着严格遵守有关国际海洋法，并充分注意保护海洋生态，在平等互利的原则基础上，积极开展同有关国家和地区的渔业合作。中国是海洋大国，积极参与公海生物资源的开发与保护是中国社会和经济发展的需要，也是应尽的国际义务。

3. 开展公海考察和科学研究　公海考察与科学研究是开发利用公海资源，使公海造福人类的基本前提条件。自20世纪70年代起，中国政府组织进行了一些考察活动，并参与了全球性海洋科研活动。在公海考察方面，1976—1981年，中国先后4次对太平洋特定海区进行了综合调查，为保证远程运载火箭的试验成功做出了贡献；为掌握太平洋锰结核资源的第一手资料，1983—1998年底，中国共进行了8航次的大洋多金属结核勘探调查。在全球性海洋科研方面，中国参加了全球性海洋污染研究与监测、热带海洋与全球大气研究、世界大洋环流试验、全球联合海洋通量研究、海岸带陆海相互作用研究、全球海洋生态动力学研究等，为推动全球海洋科学研究做出了贡献。中国公海考察和科学研究应本着量力而行的原则进行。在考察方面，以公海生物资源调查为主，为开发公海渔业资源提供依据；在科学研究方面，应积极参加一些国际共同关心的大型合作研究，以便以较小的投入，分享其研究成果。

三、国际海底资源开发利用

"国际海底"指国家管辖范围（领海、专属经济区和大陆架等）以外的深海大洋底部，据估算，它占世界海洋面积的 80% 以上。随着海洋科技和新技术革命的兴起，在国际海底发现了丰富的矿产资源。据科学家初步调查，海底锰结核矿含有钴、铜、锰、铁等多种元素，估计储量达 3 万亿 t。太平洋的海底资源最为丰富，其中太平洋底部的东北部矿藏更为集中，是个诱人的富矿区。中国是继印度、法国、日本和苏联之后的第五个国际海底先驱投资者，并获得 15 万 km^2 的国际海底矿区，留待进一步勘查和勘探后在时机成熟时进行商业性开发。

国际海底有着丰富的矿藏资源，是人类生存发展的最后资源宝库。目前的研究表明，国际海底比较多的是深海多金属结核、结壳和海底热液矿床。海底除了拥有这些矿藏以外，还含有大量的天然气水合物。据国际天然气潜力委员会的初步估计，世界大洋中天然气水合物的总量换算成甲烷气体为 1.8×10^{16} ~ $2.1 \times 10^{16} m^3$，大约相当于全世界煤、石油和天然气总储量的两倍。天然气水合物被认为是一种潜力很大的、供 21 世纪开发的新能源。虽然国际海底具有丰富的矿藏资源，但由于这些矿藏一般都在 5 000m 左右的深洋底，要大规模开采提炼是非常困难的。

一直以来，中国政府把大洋矿产资源开发列为国家长远发展项目给予专项投资，成立了负责协调、管理中国在国际海底区域进行勘探开发活动的专门机构——中国大洋矿产资源研究开发协会。在 1999 年 3 月，中国按《联合国海洋法公约》的要求，有选择地放弃了 50% 的矿区面积，圈定 7.5 万 km^2 的金属结核矿区，作为中国 21 世纪的商业开采区。在深海勘查方面，中国已拥有多波束测深系统、深海拖曳观测系统、6 000m 水下自治机器人等勘查手段。在深海开采技术方面，中国大洋矿产资源研究开发协会已展开了 1 000m 深海多金属结核采矿海试系统的研制工作。在能力建设方面，中国在 2002 年已完成对"大洋一号"科考船的现代化改装工作，2019 年"大洋二号"科考船交付使用，"潜龙三号"已随"大洋一号"对南海海域进行了多次考察活动。在国际事务及地位方面，由中国科学家提出的"基线及其自然变化"计划已列为国际海底管理局组织的四大国际合作项目之一。大洋多金属结核的开发利用具有投资高、风险大、周期长的特点，是一项战略性、综合性、开拓性的系统工程。今后中国对大洋多金属结核的开发利用将在已有工作的基础上分期分阶段进行。

第十二章
海洋经济效益

学习目的

　　了解海洋经济活动效益的分类；理解海洋经济效益的定义；掌握海洋经济效益的评价方法和原则；重点掌握海洋经济效益评价的指标体系及相应计算公式。

第一节　海洋经济效益评价理论

一、海洋经济活动的效益及其分类

(一) 海洋经济活动的效益

　　作为经济活动的一种，海洋经济活动与其他经济活动一样，必须获得预期的效益，否则，海洋经济活动就会失去动力。为了深入分析海洋经济活动的效益，可以把它分为海洋经济效益、海洋生态效益、海洋环境效益和海洋社会效益。

　　1. 海洋经济效益　海洋经济效益是指海洋经济活动中投入的劳动消耗或资金占用与劳动成果的对比关系。它反映了投入或所费经济资源与产出或所得的经济成果之间的关系。从产出的角度看，以同样数量的劳动耗费或资金占用，创造和实现的劳动成果多、效用大，经济效益就高；反之，创造和实现的劳动成果少、效用小，经济效益就低。从投入的角度看，产生同样的劳动成果，所耗费的劳动少、资金占用少，经济效益就高；反之，经济效益就低。

　　2. 海洋生态效益　海洋生态效益是指海洋生物系统对人类的生存环境和生产活动所产生的有益效应。海洋生态效益关系到人类生存发展的根本利益和长远利益。海洋生态效益的基础是海洋生态平衡和生态系统的良性、高效循环。海洋生物系统各组成部分在物质与能量输出输入的数量上、结构功能上，经常处于相互适应、相互协调的平衡状态，是海洋资源得到合理开发、利用和保护的重要标志。

3. 海洋环境效益 海洋环境效益是指一定时期内海洋环境资产给人类带来的、能够用货币计量的效用。海洋环境效益可分为直接海洋环境效益和间接海洋环境效益、正海洋环境效益和负海洋环境效益。人类的生活和生产活动会引起海洋环境发生各种各样的变化，这些变化对人类的持续生存和社会持续发展的反作用是不同的，因此，人类需要从自然、经济、人文等多种角度对人类活动可能导致的海洋环境变化进行综合评估和衡量。

4. 海洋社会效益 海洋社会效益是指人们的海洋开发活动给社会发展带来的好处与对海洋产生不利影响的差额。如果差额为正，就有社会效益；反之，就没有社会效益，或者说产生了负社会效益。

（二）海洋经济效益分类

1. 按照产业的类型分类 将海洋经济效益划分为海洋渔业经济效益、海洋工业经济效益和海洋服务业经济效益。

（1）海洋渔业经济效益，是指人们在渔业生产活动中投入的劳动消耗或资金占用与劳动成果的对比关系。

（2）海洋工业经济效益，是指人们在海洋水产品加工、海洋油气业、海洋矿业、海洋盐业、海洋化学工业、海洋工程建筑业等工业经济活动中投入的劳动消耗或资金占用与劳动成果的对比关系。

（3）海洋服务业经济效益，是指在海洋运输业、滨海旅游业、海洋科研教育管理等服务行业中投入的劳动消耗或资金占用与劳动成果的对比关系。

2. 按照评价海洋经济效益对象及范围差异分类 将海洋经济效益分为海洋企业经济效益、海洋产业经济效益和海洋国内经济效益。

（1）海洋企业经济效益，是指海洋企业生产时投入的劳动消耗或资金占用与劳动成果的对比关系。

（2）海洋产业经济效益，是指海洋某个产业所有企业从事生产经营活动时投入的劳动消耗或资金占用之和与劳动成果之和的对比关系。

（3）海洋国内经济效益，是指所有中国涉海厂商从事生产经营活动时投入的劳动消耗或资金占用之和与劳动成果之和的对比关系。

二、海洋经济效益评价方法

对海洋经济活动进行评价可采用五性分析法、因素分析法、结构分析法和动态分析法。

1. 五性分析法 海洋经济效益的五性分析，是指分析海洋经济单位的收益性、成长性、流动性、安全性及生产性。收益性分析的目的在于，观察海洋经济单位一定时期的收益及获利能力。流动性分析的目的在于，观察海洋经济单位在一定时期内资金周转状况，是对海洋经济单位资金活动的效率分析，为此要计算出各种资产的周转率和周转期，分别讨论其运用效率。安全性是指海洋经济单位经营的安全程度，也可以说是资金调动的安全性。海洋经济单位安全性指标分析的目的在于，观察海洋经济单位在一定时期内的偿债能力状况。一般来说，海洋经济单位收益性好，安全性也高。但在有的情况下，收益性高，资金调度却不顺利。成长性分析的目的在于，观察海洋经济单位在一定时期内的经营能力发展状况。一个海洋经济单位即使收益性很高，但如果成长性不好，也不能给予很高的评价。成长性就是从量和质的角度评价海洋经济单位发展情况即将来的发展趋势。成长性分析是将前期指标做分母，本期指标做分子，求得增长率。生产性分析的目的在于，查明海洋经济单位在一定时期内的人均生产经营能力、生产经营水平和生产成果的分配问题。

2. 因素分析法 把综合性指标分解成各个原始的因素，以便确定影响经济效益的原因，这种方法称为因素分析法。其要点如下：①确定某项指标是由哪几项因素构成的，各因素的排列要遵循正常的顺序；②确定各因素与某项指标的关系，如加减关系、乘除关系、乘方关系、函数关系等；③根据分析目的对每个因素进行分析，测定某一因素对指标变动的影响方向和程度。

因素分析法的每一层次分析计算也称为连锁替代法。连锁替代法就是依次把影响一项指标的若干个相互联系因素中的某个因素作为变数，暂时把其他因素作为不变数，逐个进行替换，以测定每个因素对该项指标的影响程度。根据测定的结果，可以初步分清主要因素与次要因素，从而抓住关键性因素，有针对性地提出改善经营管理的措施。

3. 结构分析法 结构分析法也称比重分析法，这种方法就是计算某项经济指标各个组成部分占总体的比重，分析其内容构成的变化，从而区分主要矛盾和次要矛盾。从结构分析中，能够掌握事物的特点和变化趋势，如按构成流动资金的各个专案占流动资金总额的比重确定流动资金的结构，然后将不同时期的资金结构相比较，观察资金构成变化与产品积压的情况，以及产销平衡定额情况，为进一步挖掘资金潜力明确方向。

4. 动态分析法 动态分析法是将不同时间的同类指标的数值进行对比，计算动态相对数，以分析指标的发展方向和增减速度。例如以某年作为基准年，该年的某一指标定为100，将以后几年的指标与该基准年的指标相比较，换成百分数，或者采用环比的方法来分析某项指标的变化趋势。

三、海洋经济效益评价的原则

1. 系统性原则 人们开发利用海洋资源是一项复杂的系统工程，海洋经济活动是一个内容复杂的活动集合。因此，海洋经济效益评价指标要有明确的层次性，在不同层次上采用不同的指标，使其具有层次高、涵盖广、系统性强的特点，才能较为准确地、全面地评价单项经济活动或活动集合的经济效益。所以，海洋经济效益评价必须采用系统工程的方法，坚持系统性原则。

2. 科学性原则 评价的科学性是确保评价结果准确合理的基础。海洋经济效益评价是一个将海洋资源、海洋环境、海洋科技和海洋产业、涉海各类经济活动等有关方面融为一体的多层次、多功能、全方位的统计分析行为。海洋经济效益评价需客观反映海洋经济活动以经济效益为主的多种效益，因此，客观、科学的评价应做到选择合理的评价指标，采用准确、权威的数据，使用正确的处理方法和计算方法，力争科学地反映海洋经济活动的各种效益。

3. 可操作原则 对海洋经济活动效益的评价不仅要评价经济效益，而且要评价其生态效益、环境效益和社会效益，因此，评价指标的选择应首先考虑其可测性和可比性，其次是指标数据获得的难易程度。评价要既能反映海洋经济活动的进展情况，又尽可能地利用统计资料和有关规范标准进行计算分析。

4. 持续性原则 海洋经济发展与单纯的海洋经济增长的本质区别是，海洋经济发展注重的是整体、中长期效益，包括经济效益、环境效益和社会效益，也就是说，既重视海洋经济的发展目标又要体现经济、社会、人口、资源与环境系统的相互作用及和谐发展等，而单纯的经济增长注重的是眼前的经济效益。海洋经济发展对海洋资源环境的依赖远远超过陆域经济发展对环境的依赖，良好的海洋资源环境是海洋经济得以持续发展的根本保证，所以评价指标体系的设计应有助于促进海洋经济活动短期利益与长期利益相结合，经济效益与社会效益、生态效益相结合，资源开发利用与环境保护相结合。

5. 海陆一体化原则 海洋经济与陆域经济之间存在密切的联系，陆域经济发达的地区大多集中在沿海；沿海地区经济发达也往往受益于海洋，与海洋经济发展密切相关。陆域经济与海洋经济在资源、资金、市场等方面的联系更是密不可分。海洋管理要从原来沿海陆域一般行业管理向海洋延伸，转向海洋综合管理。发展海洋经济要处理好海洋与陆地的关系，做到统筹兼顾，使二者融为一体。海洋经济与陆域经济协调发展，才能促进整个沿海社会经济的发展，才能最终实现沿海社会持续发展的目标。

四、海洋经济效益评价指标体系

　　评价海洋经济效益的大小，很难用单一的指标来衡量，需要设置和运用一系列指标，既要从某一方面来反映海洋经济效益的大小，又要全面综合地在一定程度上近似地反映其总体效益的大小。这些相互联系、相互补充的全面评价经济效益的一整套指标，就构成了海洋经济效益评价的指标体系。

　　海洋经济效益评价指标体系，是由一系列相互联系的评价指标所组成的整体。建立海洋经济效益评价指标体系是为了全面准确地评价海洋经济活动的效益，是衡量海洋经济活动优劣的一个客观尺度。海洋经济效益评价指标体系应当反映海洋经济的全部内容，所选择的指标要能够科学体现海洋经济发展的内容，即海洋经济的增长、海洋经济结构的优化、海洋经济关系的改善、海洋经济制度的创新以及海洋经济发展的可持续性和协调性。

　　评价海洋经济活动的效益，我们可以从微观、中观和宏观3个层面进行评价，也就是从海洋企业、海洋产业、海洋经济总体3个层面来评价。根据海洋企业、海洋产业、海洋经济总体的不同特点，把海洋经济效益评价指标体系分为海洋企业效益评价指标体系、海洋产业效益评价指标体系和国家层面的海洋经济总体效益评价指标体系3个部分（图12-1）。

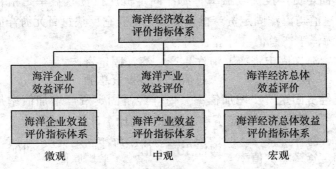

图12-1　海洋经济效益评价指标体系

　　在图12-1中，海洋企业是海洋经济活动的微观主体，以它为对象构建的海洋企业效益评价指标体系是微观层面的海洋经济效益评价指标体系；海洋产业是海洋企业与不同类型企业间在生产中形成的海洋产业链，以它为对象构建的海洋产业效益评价指标体系是中观层面的海洋经济效益评价指标体系；海洋经济总体是所有海洋经济活动的集合，以它为对象构建的海洋经济总体效益评价指标体系是国家层面的海洋经济效益评价指标体系。

第二节　海洋宏观经济效益分析

一、海洋宏观经济效益评价指标及计算公式

　　海洋宏观经济效益是对海洋国内经济活动过程中劳动、资本等消耗所取得的成果满足社会需要程度的总评价，是海洋国内经济总投入指标和总产出指标的比较。海洋国内经济是一个复杂、广泛的有机体，我们选取了9个指标对海洋宏观经济效益进行综合评价，以便准确、客观反映海洋宏观经济效益的全貌。

　　1. 海洋国内社会劳动生产率　海洋国内社会劳动生产率是指在一定时期内海洋生产总值与全国涉海就业人数之比。它综合反映了一国海洋生产力的发展水平，是反映海洋宏观经济效益的一个重要指标。计算公式为

　　　　海洋国内社会劳动生产率＝海洋生产总值÷全国涉海就业人数

　　2. 海洋国内单位能耗产出率　海洋国内单位能耗产出率是指在一定时期内海洋生产总值与能源消耗总量之比。由于海洋经济活动需要多种多样的能源，需要把各种能源折算成标准煤。它是反映海洋经济质量的重要指标。计算公式为

　　　　海洋国内单位能耗产出率＝海洋生产总值÷消耗标准煤总量

　　3. 海洋固定资产投资收益率　海洋固定资产投资收益率是指在一定时期内海洋生产总值与海洋固定资产投资总额之比。它反映每百元海洋固定资产投资能实现的海洋生产总值。计算公式为

$$\frac{\text{海洋固定资产}}{\text{投资收益率}} = \frac{\text{海洋生产}}{\text{总值}} \div \frac{\text{海洋固定资产}}{\text{投资总额}} \times 100\%$$

　　4. 海洋经济固定资产增加值率　海洋经济固定资产增加值率是指一定时期内海洋生产总值与海洋固定资产平均原值之比。计算公式为

$$\frac{\text{海洋经济}}{\text{固定资产增加值率}} = \text{海洋生产总值} \div \frac{\text{海洋固定资产}}{\text{平均原值}} \times 100\%$$

　　5. 每单位贷款生产海洋生产总值　每单位贷款生产海洋生产总值是指在一定时期内海洋生产总值与贷款总额之比。计算公式为

　　　　每单位贷款生产海洋生产总值＝海洋生产总值÷贷款总额

　　6. 每单位职工工资总额创造的海洋生产总值　每单位职工工资总额创造的海洋生产总值是指在一定时期内海洋生产总值与涉海就业人员工资总额之比。计算公式为

$$Y_w = \frac{Y_o}{W}$$

式中：Y_o 为海洋生产总值；W 为涉海就业人员工资总额。

7. 技术进步对海洋经济增长的贡献率 技术进步对海洋经济增长的贡献率（G_a）是指年技术进步增长率 a 与海洋经济增长率 y 之比。在规模函数不变的假定下，由生产函数 $Y_o = AL^\alpha K^{1-\alpha}$ 估算 α 的数值。式中，Y_o 为海洋生产总值，K 为社会投资总额，L 为从业人员数。再由公式 $a = y - \alpha l - (1-\alpha) k$ 计算出年技术进步增长率 a，采用李京文等人的计算方法[①]，$\alpha = \dfrac{Y_L}{Y}$，Y_L 为从业人员报酬（劳动者报酬）。计算公式为

$$G_a = \frac{a}{y} \times 100\%$$

式中：a 为年技术进步贡献率；y 为海洋经济增长率。

8. 海洋经济增长对国内经济增长的贡献率 海洋经济增长对国内经济增长的贡献率（G_o）是指在一定时期内海洋生产总值增长率与国内生产总值增长率之比。计算公式为

$$G_o = \frac{y_o}{y} \times 100\%$$

式中：y_o 为海洋生产总值增长率；y 为国内生产总值增长率。

9. 某个经济体（包括国家或地区）**海洋经济增长对世界海洋经济增长的贡献率** 某个经济体海洋经济增长对世界海洋经济增长的贡献率（G_e）指在一定时期内某个经济体海洋生产总值增长率与世界海洋生产总值增长率之比。计算公式为

$$G_e = \frac{y}{y_w} \times 100\%$$

式中：y 为某个经济体海洋生产总值增长率；y_w 为世界海洋生产总值增长率。

需要进一步指出的是，上述 9 个指标在反映海洋经济效益好坏时都是数值越大，表明宏观经济效益越好。

二、海洋经济效益评价模型及计算过程

前面我们给出了海洋经济效益的评价指标体系，下面对获得的原始数据进行除量纲的规格化处理，计算公式为

$$b_{ij} = (a_{ij} - \text{MIN}a_{ij}) / (\text{MAX}a_{ij} - \text{MIN}a_{ij}) \quad i = 1, 2, \cdots, n; j = 1, 2, \cdots, m$$

---

① 李京文，钟学义，1998. 中国生产率分析前沿 ［M］. 北京：社会科学文献出版社．

式中：i 为年度；j 为指标；a_{ij} 为第 j 个指标第 i 年的原始数据；b_{ij} 为指标除去量纲后相应的规格化值；$\mathrm{MAX}a_{ij}$ 和 $\mathrm{MIN}a_{ij}$ 分别表示第 j 个指标第 i 年的最大值和最小值。由于技术进步对海洋经济增长的贡献反映经济效益的变动与其他指标相反，所以对其规格化时，需要将公式的分子转换为（$\mathrm{MAX}a_{ij}-a_{ij}$）。对于每年每项指标 1 为最大值（即理想点），0 为最小值（即为最不理想点），那么每项指标到理想点的距离为

$$d^+ = \sqrt{\sum_{j=1}^{m}(b_{ij}-1)^2} \quad i=1,2,\cdots,n; j=1,2,\cdots,m$$

到最不理想点的距离为

$$d^- = \sqrt{\sum_{j=1}^{m}b_{ij}^2} \quad i=1,2,\cdots,n; j=1,2,\cdots,m$$

每项指标对理想点的相对贴近度为

$$T_i = d_i^+ / (d_i^- + d_i^+)$$

T_i 值越大，离理想点的距离越近，宏观经济效益水平越高。

第三节　海洋产业经济效益分析

一、海洋产业经济效益指标体系及计算公式

海洋产业的经济效益主要是指海洋产业发展的直接经济效益以及对海洋国内经济、整个国民经济发展的贡献。对海洋产业进行经济效益评价有利于确定和发展壮大支柱产业，发现和培养战略产业，扶持发展新兴产业。由于海洋产业门类众多、特点各异，拟采用下列指标构建评价指标体系：

1. 海洋产业劳动生产率　海洋产业劳动生产率是指一定时期内海洋产业生产总值与从业人数之比，反映某个海洋产业劳动者的生产效率。计算公式为

海洋产业劳动生产率＝海洋产业生产总值÷从业人数

2. 海洋产业能源利用效率　海洋产业能源利用效率是指一定时期内海洋产业生产总值与能源消耗总量之比（以标准煤计）。由于海洋经济活动需要多种多样的能源，需要把各种能源折算成标准煤。它反映每消耗一单位标准煤获得的产值。计算公式为

海洋产业能源利用效率＝海洋产业生产总值÷能源消耗总量

3. 海洋产业固定资产投资收益率　海洋产业固定资产投资收益率是指在一定时期内海洋产业生产总值与海洋固定资产投资总额之比。它反映每百元海洋产业固定资产投资能增加的海洋产业增加值。计算公式为

$$\begin{array}{c}\text{海洋产业固定资产}\\\text{投资收益率}\end{array}=\begin{array}{c}\text{海洋产业}\\\text{生产总值}\end{array}\div\begin{array}{c}\text{海洋产业固定}\\\text{资产投资}\end{array}\times100\%$$

4. 海洋产业固定资产增加值率　海洋产业固定资产增加值率是指一定时期内海洋产业生产总值与海洋产业固定资产平均原值之比。计算公式为

$$\begin{array}{c}\text{海洋产业固定}\\\text{资产增加值率}\end{array}=\begin{array}{c}\text{海洋产业}\\\text{生产总值}\end{array}\div\begin{array}{c}\text{海洋产业固定}\\\text{资产平均原值}\end{array}\times100\%$$

5. 每单位贷款生产的海洋产业生产总值　每单位贷款生产的海洋产业生产总值是指一定时期内海洋产业生产总值与该产业贷款总额之比。计算公式为

每单位贷款生产的海洋生产总值＝海洋产业生产总值÷产业贷款总额

6. 每单位职工工资总额创造的海洋产业生产总值　每单位职工工资总额创造的海洋产业生产总值（Y_{iw}）是指在一定时期内海洋产业生产总值与该产业职工工资总额之比。计算公式为

$$Y_{iw}=\frac{Y_{oi}}{W_i}\quad i=1,2,3\text{（产业类型）}$$

式中：Y_{oi} 为第 i 海洋产业生产总值；w_i 为第 i 海洋产业职工工资总额。

7. 海洋产业经济增长对某个经济体产业经济增长的贡献率　海洋产业经济增长对某个经济体产业经济增长的贡献（G_{oii}）是指一定时期内某个经济体海洋产业生产总值增长率与相应产业生产总值增长率之比。计算公式为

$$G_{oii}=\frac{y_{oi}}{y_i}\times100\%$$

式中：Y_{oi} 为经济体第 i 海洋产业生产总值增长率；y_i 为该经济体第 i 产业生产总值增长率。

8. 海洋产业经济增长对某个经济体经济增长的贡献率　海洋产业经济增长对某个经济体经济增长的贡献（G_{oi}）是指一定时期内某个经济体海洋产业生产总值增长率与某个经济体国内生产总值增长率之比。计算公式为

$$G_{oi}=\frac{y_{oi}}{y}\times100\%$$

式中：Y_{oi} 为经济体第 i 海洋产业生产总值增长率；y 为该经济体国内生产总值增长率。

以上 8 个指标在反映海洋产业经济效益时都是数值越大，表明海洋产业经济效益越好。

二、海洋产业经济效益评价模型

为了评价海洋产业经济效益选择了 8 个指标，其目的是与某个经济体的相

应产业进行比较，从而得出海洋产业的经济效益评价。

评价模型为

$$O_{ni} = \sum_{j=1}^{8} w_j \times \frac{x_j}{x_j^*} \quad i = 1, 2, 3; j = 1, 2, \cdots, 8$$

式中：O_{ni} 为第 n 年海洋第 i 产业综合效益指数；x_j 为海洋第 i 产业第 j 项指标的计算值；x_j^* 为某个经济体第 i 产业第 j 项指标的平均值；w_j 为第 j 项指标的权数，其中 $\sum_{j=1}^{8} w_j = 1$。

第四节　海洋企业经济效益分析

一、海洋企业经济效益评价指标及计算公式

按照建立现代企业制度的要求，为了综合评价和反映海洋企业经济效益状况，选择了财政部 2018 年制定的企业经济效益评价指标体系，包括销售利润率、总资产报酬率等 10 项指标。

1. 销售利润率　销售利润率是指海洋企业一定时期内利润总额与产品销售净收入之比。它反映企业销售收入的获利水平，销售利润率越高，说明销售获利水平越高；反之，则反。计算公式为

销售利润率＝利润总额÷产品销售净收入×100％

式中：产品销售净收入指扣除销售折让、销售折扣和销售退回之后的销售收入净额。

2. 总资产报酬率　总资产报酬率是指海洋企业一定时期内报酬总额与平均资产总额之比。它表示企业包括净资产和负债在内的全部资产的总体获利能力，用以评价企业运用全部资产的总体获利能力，是评价企业资产运营效益的重要指标。计算公式为

总资产报酬率＝报酬总额÷平均资产总额×100％

式中：报酬总额＝利润总额＋利息支出

平均资产总额＝(期初资产总额＋期末资产总额)÷2

3. 资本收益率（资本利润率）　资本收益率又称资本利润率，是指海洋企业一定时期内净利润（即税后利润）与投资者投入资本的比率。它用以反映企业运用资本获得收益的能力。资本收益率可分为实收资本收益率、自有资本收益率、总资本收益率、经营资本收益率、人力资本收益率等。计算公式为

$$资本收益率＝净利润÷实收资本×100\%$$

4. 资本保值增值率 资本保值增值率是指一定时期内海洋企业投资者期末所有者权益与期初所有者权益之比。它主要反映投资者投入企业的资本完整性和保全性，反映了企业资本的运营效益与安全状况，是评价企业经济效益状况的辅助指标。计算公式为

$$资本保值增值率＝期末所有者权益÷期初所有者权益×100\%$$

资本保值增值率等于 100%，为资本保值；资本保值增值率大于 100%，为资本增值。

5. 资产负债率 资产负债率是指一定时期内海洋企业负债总额与资产总额之比。它反映在海洋企业总资产中有多大比例是通过借债来筹资的，用于衡量企业负债水平高低情况，也可以衡量企业在清算时保护债权人利益的程度。计算公式为

$$资产负债率＝负债总额÷资产总额×100\%。$$

6. 流动比率 流动比率是指海洋企业一定时期内流动资产总额和流动负债总额之比。它衡量海洋企业在某一时点偿付即将到期债务的能力，又称短期偿债能力。一般来说，流动比率高海洋企业偿还短期债务能力强，但是流动比率高的海洋企业并不一定偿还短期债务的能力就很强，因为流动资产之中虽然现金、有价证券、应收账款变现能力很强，但是存货等流动资产项目的变现时间较长，特别是存货很可能发生积压、滞销、残次、冷背等情况。计算公式为

$$流动比率＝流动资产总额÷流动负债总额×100\%$$

7. 应收账款周转率 应收账款周转率是指海洋企业一定时期内销售收入与平均应收账款之比。一般来说，应收账款周转率越高越好。应收账款周转率高，表明公司收账速度快，坏账损失少，资产流动快，偿债能力强。与之相对应，应收账款周转天数则是越短越好。计算公式为

$$应收账款周转率＝销售收入÷平均应收账款$$

式中：平均应收账款＝（期初应收账款余额＋期末应收账款余额）÷2

8. 存货周转率（次数） 存货周转率（次数）是指一定时期内海洋企业销货成本与平均存货余额的比率。它是衡量和评价企业购入存货、投入生产、销售收回等各环节管理效率的综合性指标。计算公式为

$$存货周转次数＝销货成本÷存货平均余额$$

式中：存货平均余额＝（期初存货金额＋期末存货金额）÷2

9. 社会贡献率 社会贡献率是指一定时期内海洋企业社会贡献总额与平均资产总额的比率。它反映海洋企业运用全部资产为国家或社会创造或支付价值的能力。计算公式为

社会贡献率＝海洋企业社会贡献总额÷平均资产总额×100％

式中：海洋企业社会贡献总额是指海洋企业为国家或社会创造或支付的价值总额，包括工资（含奖金、津贴等工资性收入），劳保退休统筹及其他社会福利支出，利息支出净额，应交或已交的各项税款、附加及福利等；平均资产总额＝（期初资产总额＋期末资产总额）÷2。

10. 社会积累率 社会积累率是指一定时期内海洋企业上交的各项税金与海洋企业社会贡献总额的比值。它用于衡量海洋企业社会贡献总额中多少用于上交国家财政和支持社会公益事业，从而直接或间接反映企业的社会责任。计算公式为

$$社会积累率＝\frac{海洋企业上交}{国家税金总额}÷\frac{海洋企业社会}{贡献总额}×100％$$

式中：海洋企业上交国家税金总额包括海洋企业依法向财政交纳的各项税款，如增值税、所得税、产品销售税金及附加、其他税款等。

上述 10 个指标在反映海洋企业经济效益时都是数值越大，表明海洋企业经济效益越好。

二、海洋企业经济效益评价模型

上述 10 个指标 X_i 均从某个方面反映了海洋企业的经济效益，但海洋企业经济效益的综合指数 EP_{oes} 更能准确反映海洋企业经济运行的质量。

海洋企业经济效益综合指数模型为

$$EP_{oes} = \sum_{i=1}^{10} W_i X_i \quad i = 1,2,\cdots,10$$

式中：W_i 为 X_i 的权重系数，$\sum_{i=1}^{10} W_i = 1$。

第五节 涉海建设项目经济效益分析

一、方案拟订与选择

一般情况下，在涉海建设项目的可行性研究阶段，应针对建设项目拟实现目标，综合考虑社会、经济、环境等因素，拟订多种备选方案，并作以最优比较。根据建设项目投资方案之间的经济关系，投资方案可分为独立方案和互斥方案。

1. 独立方案财务可行性评价及投资决策 独立方案是指方案之间相互独

立，互不排斥。评价独立方案财务可行性的要点如下：

（1）判断方案是否完全具备财务可行性的条件。方案完全具备财务可行性应同时满足条件：净现值 $NPV \geqslant 0$；净现值率 $NPVR \geqslant 0$；获利指数 $PI \geqslant 1$；内部收益率 $IRR \geqslant$ 基准折现率 i_0；包括建设期的静态投资回收期 $PP \leqslant n/2$（即项目计算期的一半）；不包括建设期的静态投资回收期 $PP \leqslant p/2$（即运营期的一半）；投资利润率 $ROI \geqslant$ 基准投资利润率 i（事先给定）。

（2）判断方案是否完全不具备财务可行性的条件。如果投资项目的评价指标均处于不可行区间，即同时满足以下条件时，则可断定该投资项目无论从哪个方面看都不具备财务可行性，应放弃该投资方案。

$$NPV<0 ; NPVR<0 ; PI<1 ; IRR<i_0 ; PP>n/2 ; PP>p/2 ; ROI<i$$

（3）判断方案是否基本具备财务可行性的条件。如果在评价过程中发现某项目的主要指标处于可行区间（如 $NPV \geqslant 0$，$NPVR \geqslant 0$，$PI \geqslant 1$，$IRR \geqslant i_0$），但次要或辅助指标处于不可行区间（如 $PP>n/2$，$PP>p/2$ 或 $ROI<i$），则可以断定该项目基本上具有财务可行性。

（4）判断方案是否基本不具备财务可行性的条件。如果在评价过程中发现某项目出现 $NPV<0$，$NPVR<0$，$PI<1$，$IRR<i_0$ 的情况，即使有 $PP \leqslant n/2$，$PP \leqslant p/2$ 或 $ROI \geqslant i$，也可断定该项目基本上不具有财务可行性。

对独立方案进行财务可行性评价时应注意：①主要的评价指标在评价财务可行性的过程中起主导作用；②利用时间价值、可变价格等动态指标对同一个投资项目进行评价和决策，可能得出完全不同的结论。

2. 多个互斥方案的比较决策　互斥方案，是指互相关联、互相排斥的方案。而多个互斥方案的比较决策，则指在每个入选方案已具备财务可行性的基础上，利用具体决策方法比较各个方案的优劣，利用评价指标从各个备选方案中最终选出一个最优方案的过程。具体决策方法主要有：

（1）净现值法。净现值法是通过比较所有已具备财务可行性投资方案的净现值的大小来选出最优方案的方法。该方法适用于原始投资额相同且项目计算期相等的多方案比较决策。

（2）净现值率法。净现值率法是通过比较所有已具备财务可行性投资方案的净现值率的大小来选择最优方案的方法。

（3）差额投资内部收益率法。差额投资内部收益率法是在两个原始投资额不同方案的差量净现金流量（记作 ΔNCF）的基础上，计算出差额内部收益率（记作 ΔIRR），并将其与行业基准折现率进行比较，进而判断方案孰优孰劣的方法。该方法适用于原始投资额不相同，但项目计算期相同的多方案比较决策。当差额内部收益率指标大于或等于基准收益率或设定折现率时，原始投资额大的方案较优；反之，则原始投资额小的方案为优。

（4）年等额净回收额法。年等额净回收额法是通过比较所有投资方案的年等额净回收额（记作 NA）的大小来选择最优方案。该方法适用于原始投资额不同而且项目计算期不同的多方案比较决策。在此方法下，某方案的年等额净回收额等于该方案净现值与相关回收系数（或年金现值系数倒数）的乘积。

某方案年等额净回收额＝该方案净现值×回收系数

＝该方案净现值×1/年金现值系数

（5）计算期统一法。计算期统一法是通过对计算期不相等的多个互斥方案选定一个共同的计算分析期，以满足时间可比性的要求，进而根据调整后的指标来选择最优方案的方法。该方法包括方案重复法和最短计算期法两种具体处理方法。方案重复法，也称计算期最小公倍数法，是将各方案计算期的最小公倍数作为比较方案的计算期，进而调整有关指标，并据此进行多方案比较决策的一种方法。此方法适用于项目计算期相差比较悬殊的多方案比较决策。最短计算期法，又称最短寿命期法，是在将所有方案的净现值均还原为等额年回收额的基础上，再按照最短的计算期来计算出相应净现值，进而根据调整后的净现值指标进行多方案比较决策的一种方法。

二、涉海建设项目财务评价

财务评价是根据国家现行财税制度和价格体系，分析、计算项目直接发生的财务效益和费用，编制财务报表，计算评价指标，考察项目的赢利能力、清偿能力以及外汇平衡等财务状况，据以判别项目的财务可行性。本书仅介绍财务赢利能力分析指标。

财务评价的赢利能力分析要计算财务内部收益率、投资回收期等评价指标，根据项目的特点及实际需要，也可计算财务净现值、投资利润率、资本金利润率等指标。

1. 财务内部收益率（$FIRR$）　财务内部收益率是指项目在整个计算期内各年净现金流量现值累计等于零时的折现率——用以反映项目所占用资金的赢利率，是考察项目赢利能力的主要动态指标。其计算公式为

$$\sum_{t=1}^{n}(CI-CO)_t(1+FIRR)^{-t}=0$$

式中：CI 为现金流入量；CO 为现金流出量；$(CI-CO)_t$ 为第 t 年的净现金流量；n 为计算期。

在财务评价中，将求出的全部投资或自有资金（投资者的实际出资）的财

务内部收益率（$FIRR$）与行业的基准收益率或设定的折现率（i_c）比较，当 $FIRR > i_c$ 时，即认为其赢利能力已满足最低要求，在财务上是可以考虑接受的。

2. 投资回收期（P_t） 投资回收期是指以项目的净收益抵偿全部投资所需要的时间，它是考虑项目在财务上投资回收能力的主要静态评价指标。投资回收期（以年表示）一般从建设开始年算起，如果从投产年算起时，应予注明。其计算公式为

$$\sum_{t=1}^{P_t} (CI - CO)_t = 0$$

投资回收期可根据财务现金流量表（全部投资）中累计净现金流量计算求得。其计算公式为

$$P_t = 累计净现金流开始出现正值年份数 - 1 + \frac{上年累计净现金流绝对值}{当年净现金流量}$$

在财务评价时，求出的投资回收期 P_t 与行业的基准投资回收期 P_c 比较，若 $P_t \leqslant P_c$，表明该项目的投资能在规定的时间内回收。

3. 财务净现值（$FNPV$） 财务净现值是指按行业的基准收益率或设定的折现率，将项目计算期内各年净现金流量折现到建设期初的现值之和，它是考察项目在计算期内赢利能力的动态评价指标。其计算公式为

$$FNPV = \sum_{t=1}^{n} (CI - CO)_t (1 + i_c)^{-t}$$

财务净现值可根据财务现金流量表计算求得。财务净现值大于或等于零的项目是可以考虑接受的。

4. 投资利润率 投资利润率是指项目达到设计生产能力后的一个正常生产年份的年利润总额与项目总投资的比率，是项目单位投资赢利能力的静态指标。对生产期内各年的利润总额变化幅度较大的项目，应计算生产期年平均利润总额与项目总投资的比率。其计算公式为

$$投资利润率 = \frac{年利润总额或年均利润总额}{项目总投资} \times 100\%$$

在财务评价中，将投资利润率与行业平均投资利润率对比，以判定项目投资赢利能力是否达到本行业的平均水平。

5. 投资利税率 投资利税率是指项目达到设计生产能力后的一个正常生产年份的年利税总额或项目生产期内的年平均利税总额与项目总投资的比率。其计算公式为

$$投资利税率 = \frac{年利税总额或年均利税总额}{项目总投资} \times 100\%$$

式中：年利税总额＝年销售收入－年总成本费用

在财务评价中，将投资利税率与行业平均投资利税率对比，以判别项目投资对国家积累的贡献水平是否达到本行业的平均水平。

6. 资本金利润率　资本金利润率是指项目达到设计生产能力后的一个正常生产年份的年利润总额或项目生产期内的年平均利润总额与资本金的比率，它反映投入项目的资本金的赢利能力。其计算公式为

$$资本金利润率 = \frac{年利润总额或年均利润总额}{资本金} \times 100\%$$

三、涉海建设项目的国民经济评价

国民经济评价是按照资源合理配置的原则，从国家角度考察项目的效益和费用，计算项目对国民经济的净贡献，评价项目的经济合理性。

1. 经济内部收益率（EIRR）　经济内部收益率是反映项目对国民经济净贡献的相对指标。其计算公式为

$$\sum_{t=1}^{n}(B-C)_t(1+EIRR)^{-t} = 0$$

式中：B 为效益流入量；C 为费用流出量；$(B-C)_t$ 为第 t 年的净效益流量；n 为计算期。

经济内部收益率等于或大于社会折现率，表明项目对国民经济的净贡献达到或超过了要求的水平，此时项目是可以考虑接受的。

2. 经济净现值（ENPV）　经济净现值是反映项目对国民经济净贡献的绝对指标。其计算公式为

$$ENPV = \sum_{t=1}^{n}(B-C)_t(1+i_s)^{-t}$$

式中：i_s 为社会折现率。

经济净现值等于或大于零，表示国家在为拟建项目付出代价后，可以得到符合社会折现率的社会盈余，或除得到符合社会折现率的社会盈余外，还可以得到以现值计算的超额社会盈余，这时项目是可以考虑接受的。

3. 经济外汇净现值（ENPVF）　经济外汇净现值是反映项目实施后对国家外汇收支直接或间接影响的重要指标，用以衡量项目对国家外汇收支真正的净贡献（创汇）或净消耗（用汇）。经济外汇净现值可通过经济外汇流量表计算求得。其计算公式为

$$ENPV_F = \sum_{t=1}^{n}(FI-FO)_t(1+i_s)^{-t}$$

式中：FI 为外汇流入量；FO 为外汇流出量；$(FI-FO)_t$ 为第 t 年的净外汇流量；i_s 为社会折现率；n 为计算期。

当有产品替代进口时，可按净外汇效果计算经济外汇净现值。

4. 经济换汇成本和经济节汇成本

（1）当有产品直接出口时，应计算经济换汇成本。它是用货物影子价格、影子工资和社会折现率计算的为生产出口产品投入的国内资源现值（以人民币表示）与生产出口产品的经济外汇净现值（通常以美元表示）之比，亦即换取 1 美元外汇所需要的人民币金额，是分析评价项目实施后其产品在国际上的竞争力，进而判断其产品应否出口的指标。其计算公式为

$$经济换汇成本 = \frac{\sum_{t=1}^{n} DR_t(1+i_s)^{-t}}{\sum_{t=1}^{n} (FI'-FO')_t(1+i_s)^{-t}}$$

式中：DR_t 为以人民币表示的项目在第 t 年为出口产品投入的国内资源（包括投资、原材料、工资、其他投入和贸易费用）；FI' 为以美元表示的生产出口产品的外汇流入；FO' 为以美元表示的生产出口产品的外汇流出（包括应由出口产品分摊的固定资产投资及经营费用中的外汇流出）；i_s 为社会折现率；n 为计算期。

（2）当有产品替代进口时，应计算经济节汇成本。它等于项目计算期内生产替代进口产品所投入的国内资源的现值与生产替代进口产品的经济外汇净值现值之比，即节约 1 美元外汇所需的人民币金额。其计算公式为

$$经济节汇成本 = \frac{\sum_{t=0}^{n} DR''_t(1+i_s)^{-t}}{\sum_{t=1}^{n} (FI''-FO'')_t(1+i_s)^{-t}}$$

式中：DR''_t 为以人民币表示的项目在第 t 年为替代进口产品投入的国内资源（包括投资、原材料、工资、其他投入和贸易费用）；FI'' 为以美元表示的生产替代进口产品所节约的外汇；FO'' 为以美元表示的生产替代进口产品的外汇流出（包括应由替代进口产品分摊的固定资产及经营费用中的外汇流出）；i_s 为社会折现率；n 为计算期。

经济换汇成本或经济节汇成本小于或等于影子汇率，表明该项目产品出口或替代进口是有利的。

第十三章

海洋经济发展趋势

了解海洋经济增长的含义与影响因素；重点掌握海洋经济发展的特征、结构与模式；了解世界海洋管理体制的三种类型；了解海洋经济核算和海洋资源价格评估的功能与作用；理解海洋灾害保险运营的难点。

第一节 海洋经济增长

一、海洋经济增长的含义

海洋经济增长是指海洋经济实际产出在长期内所表现的基本变动趋势，可用海洋经济实际产出或人均海洋经济实际产出的年度变化予以度量。海洋经济稳定与海洋经济增长都在说明海洋经济的整体绩效，只不过前者侧重从短期需求角度，后者侧重从长期供给角度。

二、海洋经济增长影响因素

1. 海洋自然资源基础 海洋自然资源是影响海洋经济增长的最重要因素之一，不仅影响海洋经济的投入结构，而且会严重影响海洋经济的产出结构。同时，海洋自然资源是与环境因素相伴随的。区域海洋自然条件优越、海洋自然资源丰富，对区域海洋经济的发展非常有利，对区域海洋经济持续发展会产生一定的积极作用。

2. 涉海经济基础 涉海经济基础是影响涉海经济的基本因素之一。任何一个区域涉海经济发展水平的变化都与这个区域的涉海经济基础密切相关，不管是从发展速度，还是从经济规模总量上看。一个区域集聚了一定的资源和其他涉海经济进步要素后，便会通过规模报酬递增等方式使涉海经济活动在这个区域得到进一步的集聚。由此，现实区域涉海经济的发展很大程度上受区域的涉海历史基础的优劣影响。

3. 涉海科技水平 科学技术是第一生产力，是知识形态的生产力，是知识经济发展的重要推动力量。而涉海技术进步在海洋经济发展中的作用日益突出。其中主要有两个方面：一方面是投入角度，技术可以通过改变其他涉海经济增长要素的形态与质量来实现自身价值，不可以将其从其他要素中分离出来；另一方面是产出角度，一般情况下技术进步对海洋经济增长贡献是用产出的增长减去其他要素投入增长来表现的。

4. 涉海人力资本 人力资本这个概念最早是由亚当·斯密和马歇尔提出的。亚当·斯密在《国富论》中将一个国家中全部居民的所有后天获得的有用能力当作资本的重要组成部分。而马歇尔在《经济学原理》中将对人本身的投资视为所有资本中最有价值的。涉海人力资本作为一种无形的资本，是海洋经济增长的关键所在，是海洋经济的内生性增长力量。知识的边际生产率是递增的，这使得涉海人力资本成为海洋经济增长中不可或缺的因素。

5. 涉海政策导向 在海洋经济发展中，政策导向也是影响海洋经济增长的一个重要因素。一定时期内制定的海洋经济发展政策，必然是立足于国家或地区总体的发展方针的，是为了满足国家和地区海洋经济发展的需要，并解决海洋经济发展中存在的一些问题，其根本目的就是为了促进海洋经济健康发展。如果海洋经济发展政策效果比较显著，那么可以有针对性地解决海洋经济发展中存在的一些问题，并促使海洋经济发展得更好更快，也就是表现在海洋经济发展拥有较好的投入产出比。

6. 涉海投资 海洋经济的增长不仅取决于各类投入（尤其是涉海性投入）的规模与结构，还取决于海洋经济自身的增长绩效。从长期看，海洋经济自身的增长绩效不仅直接影响着海洋经济再度增长所涉及的各项物质条件，还潜在影响着与海洋经济再度增长相联系的经济关系模式和经济文化制度——海洋经济增长的现时绩效转而又会在生产力、生产关系、上层建筑等层面影响海洋经济的未来增长。可见，海洋经济增长有其一定程度的路径依赖特性，增长的结果潜在影响着甚至创造着再度增长的原因。

三、中国海洋经济增长分析

相关研究表明，资本要素对中国海洋经济增长具有明显的正向推动作用，资本投入每增长 1%，能够促进海洋经济增长 0.462%。劳动要素对海洋经济的增长也有明显的促进作用，劳动投入每增长 1%，能够促进海洋经济增长

0.227%。科技要素对海洋经济增长的影响相对较小，当科技投入每增长 1%时，能够促进海洋经济增长 0.159%[①]。可见，科技要素对海洋经济增长的贡献作用较低，这说明中国海洋经济增长还主要停留在依靠资本和劳动的基础上，对科技创新和成果的利用程度远远不够，经济增长方式没有发生实质性的转变。

这与中国现阶段海洋经济增长主要依靠固定资产投资拉动、海洋产业结构中海洋渔业等劳动密集型产业所占比重过大的实际情况相符。随着中国海洋经济的发展，科技要素投入已成为海洋经济增长的重要因素，以海洋高新技术为特征的战略性海洋新兴产业已成为中国海洋经济新的增长点和强劲引擎。

第二节　海洋经济发展

一、海洋经济发展的内涵与特征

(一) 海洋经济发展的内涵

海洋经济发展，是指海洋经济整体运行在实现经济、社会和自然成本补偿基础上，所呈现出来的具有经济价值增值特征的趋势性变化。该定义同时隐含着海洋经济发展的基本特征，即涉海性、经济性、全局性、趋势性、增值性和综合性。

(二) 海洋经济发展的特征

1. 涉海性　涉海性从资源或空间利用角度指明了海洋经济发展和一般经济发展的区别，具有首要的标志意义。

2. 经济性　经济性表明海洋经济发展不是海洋社会发展，也不是海洋生态环境发展，而是关乎海洋社会发展和海洋生态环境发展，但最终落脚于涉海领域经济维度的发展，这意味着评判海洋经济发展最终应以经济价值为基准，而不是以社会价值或自然价值为基准。

3. 全局性　全局性表明海洋经济发展侧重体现的并非具体地区或具体海洋产业的局部绩效，而是全部地区全部海洋产业的聚合绩效。

4. 趋势性　趋势性表明海洋经济发展侧重于从动态角度考察海洋经济运行，在审视海洋经济现状的同时更注重分析其历史和未来。

5. 增值性　增值性表明海洋经济运行成果不仅能进行经济、社会和自然成本补偿，还能为应对经济、社会和自然发展中有碍于人类社会永续运行的因素自

---

① 黄瑞芬，雷晓，2013. 要素投入对我国海洋经济增长的效应分析：基于广义 C-D 生产函数与岭回归分析法 [J]. 中国渔业经济 (6)：118-122.

觉提供现实的防范与减损机制。海洋经济发展至少应体现为，在考虑这些确定性补偿成本和非确定性补偿能力建设成本之后的海洋经济净产出的整体增长态势。

6. 综合性 综合性表明海洋经济发展既关注经济绩效，又关注社会和自然绩效，着力对三方面绩效进行协同考量。

二、海洋经济发展的结构与模式

海洋经济发展结构是指海洋经济发展各因素之间的组合，其中较为典型或较具共性意义的结构形式构成海洋经济的发展模式。海洋经济发展结构及其模式并非一成不变，而是有着潜在的演化性，其中隐含着结构与模式及其发展绩效之间的互动。

1. 主导型结构类型 考虑到政府、消费者和生产者均可能在海洋经济发展中占据主导地位，同时政治利益、经济利益、社会利益和自然利益（或生态利益）在社会主导力量的利益结构中享有不同的地位，海洋经济发展结构至少可以被划分为 12 种基本类型：政府主导的政治利益取向型结构、政府主导的经济利益取向型结构、政府主导的社会利益取向型结构、政府主导的自然利益取向型结构、消费者主导的政治利益取向型结构、消费者主导的经济利益取向型结构、消费者主导的社会利益取向型结构、消费者主导的自然利益取向型结构、生产者主导的政治利益取向型结构、生产者主导的经济利益取向型结构、生产者主导的社会利益取向型结构、生产者主导的自然利益取向型结构。在各类发展结构中，主导的社会力量成为海洋经济长期运行的主要引导者和持续推动者，其偏好利益在利益结构中居于首要地位。

基本结构之间的不同组合，又可能衍生出较为复杂但更具现实意义的海洋经济发展结构，如政府主导的多元利益并重型结构、政府-消费者双头主导的经济利益取向型结构、政府-消费者双头主导的政治利益取向型结构、政府-消费者-生产者三方共治的经济利益取向型结构、政府-消费者-生产者三方共治的多元利益并重型结构等。倘若考虑国际国内差别，又可衍生出更复杂、更具体的海洋经济发展结构。

2. 海洋经济发展结构与模式的关系及转化 基于社团结构和利益结构层面的数量差异，各类海洋经济发展结构拥有了相对独立的性质，而根据总体的相似性可将各类具体的海洋经济发展结构归属于不同的海洋经济发展模式，如从主体角度看的政府主导型模式、消费者主导型模式、生产者主导型模式、多方共治型模式，以及从利益角度看的经济价值导向型模式、政治利益导向型模式、社会利益导向型模式、自然利益导向型模式、综合利益并重型模式。尽管在一般意义上，政府因素可在海洋经济发展结构与模式中占据主导地位，但并不能因此就将海洋经济发展的结构与模式简单视作政府行为——实际上，政府行为的背后也可能有消费者和生产者的持续推动。因而，对已有的海洋经济发展结构与发展模式，就其实质做出判断并非易事，需要结合海洋经济发展绩效对相关的社团结构进行深度分析。

3. 海洋经济结构与模式变化的影响因素 各类发展结构及发展模式的确立或相互转化，并非随意选择的结果，而是有其内在一般性的演化机制。任何一种海洋经济发展结构或发展模式在相当程度上，都是一种正式的制度安排，因而其演化遵循一般制度变迁的基本路径。海洋经济发展结构和模式与其制度环境一起，为一国各类社会力量参与海洋经济活动奠定基本的策略空间。

无论是海洋经济发展结构与发展模式，还是作为其基本环境的其他制度安排，其变迁都会受制于社会物质需求、海陆自然资源、科技发展水平及其他未知因素影响。当制度环境或社会物质需求等因素发生深刻变动时，各类社会力量从事海洋经济活动的基本策略空间及其相应的"成本-效益"结构也会发生相应调整。

制度变革的预期净收益将推动追求收益最大化的各类社会力量选择从和平博弈到暴力对抗的种种行为，推动海洋经济发展结构与发展模式的变革。即便海洋经济发展新结构新模式确立，也非意味各类社会力量预期净收益可以完全实现。在新结构新模式下，各类社会力量在海洋生产力和海洋生产关系层面的实践活动，会产生新的海洋经济发展绩效以及新的海洋经济发展目标。当两者相容时，海洋经济发展结构与模式是稳定的。否则，各社会力量还会展开对新结构新模式的调整或革命。

相比之下，社会物质需求、海陆自然资源、科技发展水平等源自生产力层面的因素，可从根本上持续影响海洋经济发展的结构与模式选择。而现实绩效及各类社会力量的利益最大化动机，是促使海洋经济发展的结构与模式不断变革的直接诱因。

第三节　海洋经济发展热点[①]

一、海洋管理体制问题

目前，由于各国的政治制度不同、地理条件各异、海洋经济发展阶段有

---

① 本节内容并不能涵盖所有海洋经济发展中的热点问题，仅就涉及面较广的问题列举个别国家，以使读者有大体认知。

别，各国的海洋管理体制不完全相同。从机构设置上讲，主要海洋国家的海洋管理体制大致可分为 3 种类型：分散型、相对集中型和集中统一型。

1. 分散型 实行分散型海洋管理体制的国家有日本、澳大利亚、印度尼西亚、马来西亚、英国、德国、瑞典等国家。分散型海洋管理体制的特点是：

（1）这些国家的中央政府都没有集中负责管理海洋事务的职能部门，其海洋工作分散在政府各部。如英国，其外交部负责政府各部门有关海洋政策和法律性质的对外交涉；交通部主管海上人命救生、海上交通安全、海上船舶污染和石油污染处理；农业、渔业和粮食部负责 200n mile 专属经济区内海洋渔业资源的保护与管理；能源部负责管理大陆架的油气开发；皇家地产管理委员会负责管理海滩海底沙石开采。其余海洋事务分别由科学教育部、贸易商业部、环境部、国防部、自然环境研究委员会、工程和物理研究委员会等部门负责。

（2）为协调政府部门之间、政府部门和企业之间以及管理部门和研究机构之间的工作，加强政府对全国海洋活动的宏观管理，上述国家大都设有专门的委员会或类似的协调机构。例如，瑞典设有海洋资源委员会，印度尼西亚有海洋技术委员会，马来西亚有海洋科学委员会，英国于 1986 年成立了海洋科学技术协调委员会，日本于 2007 年成立了以首相为本部长的综合海洋政策本部等。

2. 相对集中型 实行相对集中型海洋管理模式的国家有美国、加拿大、法国、印度、朝鲜等国家。在相对集中型管理模式中，中央政府有一个专门的海洋行政管理部门，但只负责管理海洋的某些方面，不能统管全国海洋的一切事务。这种相对集中型的管理模式，最具有代表性的是美国。

美国商务部下属的国家海洋大气局是美国海洋管理的一个职能部门，负责美国海域的海洋管理，海洋科学研究，海洋环境保护和服务，海洋资源管理、开发和利用，空间和海洋资源的管理和保护等工作。国家海洋大气局的宗旨在于对全球海洋、大气、宇宙空间和太阳进行科学研究和数据收集，并将获得的信息和技术应用到美国公民的日常生产生活中。商务部参与海洋管理的机构还有海事管理局，负责管理航运补贴计划以及有关海洋研究。其余涉海部门有：总统科技办公厅负责制定有关海洋政策。国务院主管国际渔业规划，负责对外进行渔业谈判，以及向外国分配渔业捕捞份额。国防部的陆军工程兵负责管理通航水域，主管这类水域中的建造物、污染和海洋倾废，保护港湾设施、海岸线、航道等；海军从事海洋资料的收集与服务、海洋科学、海洋工程、潜水医学研究以及海底地形调查、海图测绘等。交通运输部负责领海外深水港的选址、建造及使用管理，海上油气管线的施工和安全标准的制定。内政部的土地管理局和地质调查局，主管外大陆架石油、天然气等的出租，调查和收集有关海区的地质及地球物理资料，对出租区域的环境条件和制约因素进行分析，与海岸警备队一起实施近海作业安全规则和条例。内政部的鱼类及野生动物局和国家园林局负责内陆鱼类和湖畔海滨的资源管理。能源部负责公布外大陆架地区石油和天然气指标和生产速度的规划。此外，国家科学基金会、环境保护局、国家航空与航天局、卫生教育与福利部等都有不同的海洋管理职能①。

3. 集中统一型 对海洋实行集中统一管理的国家是韩国和波兰等国家。其特点是对全国涉海事务实行高度集中、高度统一的综合管理。韩国历来重视海洋事业。如韩国早在 1955 年就成立了海洋管理部门"海洋管理局"。1989 年，成立了由总理主持的海洋开发委员会，以协调和推动国家海洋政策和研究开发项目。为适应《联合国海洋法公约》生效后的新形势，更有效地加强海洋管理，维护海洋权益，经对中国、印度、美国等国的海洋管理体制进行考察和分析后，韩国于 1996 年 8 月将水产厅、海运港湾厅、海洋警察厅以及科技、环境、建设、交通等 10 个政府部门中涉及海洋工作的厅局合并，成立了直属国务总理的海洋水产部，对海洋实行高度集中的统一管理，下属的各个局级部门则各负其责，分别从宏观政策制定、海洋资源、海洋环境、渔业资源、海上交通、港湾管理等方面对海洋的相关产业进行管理。

目前主要海洋国家的海洋管理体制分为 3 种类型，但从长远来看海洋管理体制的趋势是综合管理。海洋综合管理所以必要，不仅是因为单纯的海洋资源部门分割的条块管理存在着不可克服的缺陷，必须通过综合管理来弥补，也是由海洋资源和海洋资源管理自身特点决定的。如海洋资源的开发利用必须遵循可持续发展原则；海洋具有综合性，是一个相对独立的综合统一体；海洋管理的基础设施和公益服务具有整体性；海洋资源生态效益、经济效益、社会效益要共同发展。

二、海洋经济核算问题

类似于国民经济核算，海洋经济核算是对海洋经济运行状况的反映。海洋经济核算通过一定的核算原则和核算方法把描述海洋经济各个方面的基本指标有机地组织起来，从而既能反映海洋经济总量状况，又能反映海洋经济内部组

---

① 2004 年 12 月，时任美国总统布什签署命令，正式成立内阁级的海洋政策委员会，其成员包括各涉海部门的负责人和国家安全事务、国土安全、国内政策、经济政策的总统助理。作为美国政府涉海部门的组织协调机构，海洋政策委员会负责协调各部门的海洋活动，充分发挥政府高层的领导和协调作用，全面负责美国海洋政策的实施工作。

成部分之间的有机联系，进而实现对海洋经济全貌、结构和彼此联系的综合描述。海洋经济核算的功能与作用如下：

1. 海洋经济核算是监测海洋经济运行状况的有效工具 海洋经济是一个由多部门、多产业、多学科构成的综合而复杂的运行系统，不同部门、不同环节之间存在着复杂的经济联系，准确地了解和把握这个系统是不容易的，需要借助行之有效的工具，海洋经济核算就是这样一种工具。它通过一系列科学的核算原则和方法把描述海洋经济各个方面的基本指标有机地组织起来，为复杂的海洋经济运行过程勾画出一幅简洁清晰的图像，大大提高了人们了解和把握海洋经济运行的能力。

2. 海洋经济核算是协调海洋经济统计数据的重要手段 不同类型的经济统计数据必须建立在一个统一的基本框架下，彼此之间才能表现出一致性，才能发挥出整体功能作用。海洋经济核算体系就是海洋经济统计的基本框架，如果孤立地看某种类型的海洋经济统计数据，很难发现它本身所存在的问题以及它与其他海洋经济统计数据是否一致。我们把各种不同类型的海洋经济统计数据放在海洋经济核算这个统一的基本框架下，就很容易发现和解决问题，实现不同类型海洋经济统计数据之间的衔接。海洋经济核算体系对海洋经济统计的基本概念、基本分类和指标设置提出了统一的要求，使得这些统计数据在满足海洋经济核算要求的同时，能实现彼此之间的衔接，使整个海洋经济统计形成一个统一的整体，保证海洋经济统计数据的完整性和一致性。

3. 海洋经济核算是海洋经济管理决策的重要依据 海洋经济核算提供的关于整个海洋经济运行状况的系统宏观数据，是制定海洋发展规划、计划和一系列宏观政策的重要依据。通过建立海洋经济核算体系，可及时掌握海洋经济运行的脉搏，全面反映海洋经济的发展水平，了解海洋经济总体规模和海洋产业结构，从而可保证合理地制定海洋经济政策和发展战略，满足国家和沿海地区海洋管理和海洋经济发展的需要。

4. 海洋经济核算是实现与国民经济数据可比和共享的唯一途径 海洋经济核算通过增加海洋生产总量、海洋固定资产、海洋对外贸易、海洋资源与环境、海洋绿色核算等核算内容，可以改变单纯实物量和价值量的海洋统计内容，实现海洋经济核算与国民经济核算的可比性，共享国家统计数据，拓展海洋统计信息源，并可使海洋统计数据的时效和质量得到充分保障。

5. 海洋经济核算是实现国际海洋经济比较的唯一手段 海洋经济核算以一种标准的、国际通用的概念、定义和分类形式提供国家海洋经济核算数据，因此可以广泛用于海洋经济实物量、价值量和产业结构等方面的国际比较，同时也可用于海洋经济对国民经济贡献率的国际比较。

三、海洋资源价格评估作用问题

中国海洋资源长期以来无偿使用，"谁发现、谁开发、谁所有、谁受益"的现象造成了海洋资源破坏和浪费严重，导致国有资产大量流失。究其根本，缺乏对海洋资源进行有效的价格评估以及没有全面实施海洋资源的有偿使用是重要原因。

要保证海洋资源的合理配置与有序开发，提高使用的综合效益，实现国有资产的保值、增值，增加财政收入，扩大社会积累，就要注重海洋资源价格评估问题。

1. 推动海洋资源资产化管理，防止国有资源资产流失 中国陆域和海域范围内的一切自然资源都是极为宝贵的资源，能够为国家和人民带来巨大的经济、社会和环境效益。资源是维持国民经济发展的物质基础，海洋资源也是一种重要的资源。近年来全国范围内进行的海洋资源调查是为了对海洋资源的数量进行清查，与此同时还应该对海洋资源的价格进行核算，海洋资源价格评估可以帮助进一步完善中国的国民经济统计和核算体系。《中华人民共和国海域使用管理法》确立了海域有偿使用制度，但在海洋资源有偿使用的量化研究和海洋资源使用权交易的各环节都需要通过评估予以规范。海域等海洋资源使用权出让金是国家作为海洋资源所有者出让海洋资源使用权所应获得的收益，属于国有资源资产收入，应该尽快规范收取。应建立反映市场供求和资源稀缺程度、体现生态价值和代际补偿的资源有偿使用制度和生态补偿制度。

现阶段中国海域等海洋资源使用权出让金征收不尽合理，不是偏高或偏低就是被无限期无偿占有和使用。大量超额利润被海洋资源使用者无偿占有，致使国有资产流失。而没有海域等海洋资源使用权出让金的调控，使用者会漠视珍贵的海洋资源，造成对国有资产的低效率利用。因此，需要建立合理的海洋资源价格评估方法，为海域等海洋资源使用权出让金的征收和海洋资源产权交易市场的建立与发展提供科学依据。注重海洋资源价格评估，可避免国有资产流失，在经济上体现国家对海洋资源的所有权并实现海洋资源的保值增值。

2. 规范和引导海洋资源开发利用方式，实现海洋资源的可持续发展 海洋资源价格评估结果可以揭示海洋资源在质量、区位和使用效益上的差异性，从宏观上指导海洋资源开发利用活动。社会主义市场经济体制，就是要在社会主义国家宏观调控下让市场机制对资源配置起基础性作用，使经济活动遵循价值规律的要求，适应供求关系的变化，把资源配置到效益较好的环节中去。由于中国海洋资源有偿使用管理制度尚未完善，近年来，海洋资源开发活动呈现高强度态势，尤其是民营资本对海洋资源开发表现出了相当程度的冲动，造成了有限的资源被乱占滥用。海洋资源价格评估结果的高低表征着海洋资源价值的高低，价格这只无形的手能调控海洋资源开发者的开发行为和海洋资源利用方式，促使使用者考虑投入产出比，向海洋资源要效益。因此，通过评估海洋资源价格，可以发挥价格的调控作用，发挥市场的力量，实现海洋资源的合理配置和最佳利用。

3. 促进海洋金融发展　2011 年国务院批复的各沿海省份的海洋经济发展规划，无一例外地强调金融对海洋产业发展的重要意义。海洋金融发展必须以海洋资源的合理定价估价为基础。因此，海洋资源价格评估可以为中国海洋金融发展提供支撑。

四、海洋灾害保险问题

目前，中国是世界上海洋灾害最为严重的国家之一。每年由风暴潮、赤潮、巨浪、海冰、溢油、海岸侵蚀等引发的海洋灾害频繁发生，造成的经济损失和人员伤亡相当严重。随着海洋经济的迅速发展，海洋灾害已成为制约中国海洋经济持续稳定发展的重要因素。根据国家公布的数据，近年来从整体上看中国海洋灾害造成的损失呈上升趋势。作为保险业的新兴发展领域，海洋灾害保险为海洋灾害所造成的资源财产损失提供了经济补偿，已受到社会广泛关注并有一定实践。

灾害保险与海洋资源密切相关，所面临的环境较一般保险有更大的风险与不确定性。尽管对海洋灾害保险有很大需求，但其业务的进一步开展还有很多问题需要解决。以针对海洋捕捞、养殖的海洋渔业灾害保险为例。对从事传统捕捞业生产者来说，渔船是主要生产资料。海洋捕捞属于危险性非常高的生产领域，渔民的作业、生活条件历来被保险业界定为高危险性承保范围，渔民人身意外伤害保险在商业保险公司中往往被列为职业风险类别的第六级，即最高级别，其保险费率相应也是最高的。由此，发展海洋渔业灾害保险就需要解决如下的关键问题：

1. 保险费率确定的问题　海洋渔业灾害损失年际差异很大，纯费率要以长期平均损失率为基础。但有关海洋渔业特别是水产养殖业的原始记录和统计资料极不完整，长时间的准确可靠的水生动植物收获量和损失量难以搜集，造成海洋渔业灾害保险费率难以精确厘定。

2. 保险责任合理确定的问题　用于捕捞的渔船航行于海上，它不仅具有机动车辆流动性特点，而且具有发生海损事故后无法保留现场痕迹的特点；水产养殖业的风险单位与保险单位不一致，不同风险的风险单位一般不重合。常有多种海洋渔业风险同时或相继发生的情况，其保险责任不易合理确定。

3. 道德风险防范的问题 海洋渔业特别是水产养殖业的保险利益是一种难以事先确定的预期利益，其标的是活的水生生物，它们的生长好坏很大程度上取决于人的管理照料的精心与否。因此，海洋渔业灾害损失中的道德风险因素难以分辨、防范，增加了保险经营难度。

4. 定损理赔的问题 由于海洋渔业保险标的是有生命的水生动植物，看不清、摸不着，标的价格随着水生动植物的生长不断变化，在部分流失或死亡的情况下，难以准确核定损失程度。

主 要 参 考 文 献

阿普尔比，2014. 无情的革命：资本主义的历史 [M]. 宋非，译. 北京：社会科学文献出版社.

博兰，2000. 批判的经济学方法论 [M]. 王铁生，等，译. 北京：经济科学出版社.

布罗代尔，1992. 15—18 世纪的物质文明、经济和资本主义：第 1 卷 [M]. 顾良，施康强，译. 北京：生活·读书·新知三联书店.

蔡学廉，2005. 我国休闲渔业的现状与前景 [J]. 渔业现代化 (1)：5-6.

陈德第，2001. 国防经济大辞典 [M]. 北京：军事科学出版社.

陈可文，2003. 中国海洋经济学 [M]. 北京：海洋出版社.

陈淑祥，2013. 贸易经济学 [M]. 成都：西南财经大学出版社.

陈喜红，2006. 环境经济学 [M]. 北京：化学工业出版社.

陈鹰，2014. 海洋技术定义及其发展研究 [J]. 机械工程学报 (2)：1-7.

程娜，2017. 可持续发展视阈下中国海洋经济发展研究 [M]. 北京：社会科学文献出版社.

丛俊，1994. 钓鱼岛与南中国海主权争端的现状及前景 [J]. 东南亚研究 (6)：8-10.

崔凤，2009. 改革开放以来我国海洋环境的变迁：一个环境社会学视角下的考察 [J]. 江海学刊 (2)：116-121.

戴桂林，谭肖肖，2010. 海洋经济与世界经济耦合演进初探 [J]. 经济研究导刊 (15)：182-183.

狄乾斌，2007. 海洋经济可持续发展的理论、方法与实证研究 [D]. 大连：辽宁师范大学.

弗兰克，2001. 白银资本：重视经济全球化中的东方 [M]. 刘北成，译. 北京：中央编译出版社.

格雷厄姆，1988. 高边疆：新的国家战略 [M]. 北京：军事科学出版社.

宫崎正胜，2014. 航海图的世界史 [M]. 朱悦玮，译. 北京：中信出版社.

国家海洋局，2008. 中国海洋统计年鉴 2007 [M]. 北京：海洋出版社.

国家海洋局，2013. 中国海洋统计年鉴 2012 [M]. 北京：海洋出版社.

韩立民，2017. 海洋经济学概论 [M]. 北京：经济科学出版社.

韩立民，2018. 我国海洋事业发展中的"蓝色粮仓"战略研究 [M]. 北京：经济科学出版社.

韩立民，王爱香，2004. 保护海岛资源 科学开发和利用海岛 [J]. 海洋开发与管理 (6)：30-33.

黄世贤，2007. 经济学需要人文关怀 [N]. 光明日报，02-27.

蒋铁民，2008. 海洋经济探索与实践 [M]. 北京：海洋出版社.

荆公，1998. 联合增效，加快海洋信息产业的发展 [J]. 海洋信息 (5)：4-5.

联合国第三次海洋法会议，1992. 联合国海洋法公约 [M]. 北京：海洋出版社.

刘传江，侯伟丽，2006. 环境经济学 [M]. 武汉：武汉大学出版社.

刘曙光，姜旭朝，2008. 中国海洋经济研究 30 年：回顾与展望 [J]. 中国工业经济 (11)：153-160.

刘雅丹，2006. 休闲渔业发展与管理 [J]. 世界农业 (1)：13-16.

刘洋，程佳琳，姜昳芃，等，2017. 渔政与渔港监督管理 [M]. 南京：东南大学出版社.

柳思维，高觉民，2015. 贸易经济学 [M]. 3 版. 北京：高等教育出版社.

楼东，谷树忠，钟赛香，2005. 中国海洋资源现状及海洋产业发展趋势分析 [J]. 资源科学 (5)：20-26.

卢见，2000. 自然的主体性和人的主体性 [J]. 湖南师范大学社会科学学报，29 (2)：16-23.

鲁易庚，2014. 基于批发市场的水产品冷链物流关键节点的规划及设计研究 [D]. 北京：北京交通大学.

吕海霞，2015. 贸易结构与经济增长：基于 1982—2011 年时间序列数据的分析 [J]. 商业研究 (1)：85-90.

马汉，2006. 海权对历史的影响 [M]. 北京：解放军出版社.

马吉山，倪国江，2010. 中国海洋技术发展对策研究 [J]. 中国渔业经济 (6)：5-11.

茅铭晨，2007. 政府管制理论研究综述 [J]. 管理世界 (2)：137-150.

年海石，2013. 政府管制理论研究综述 [J]. 国有经济评论 (2)：125-140.

努斯鲍姆，2012. 现代欧洲经济制度史 [M]. 罗礼平，秦传安，译. 上海：上海财经大学出版社.

配第，2011. 赋税论：全译本 [M]. 武汉：武汉大学出版社.

石洪华，郑伟，丁德文，2007. 关于海洋经济若干问题的探讨 [J]. 海洋开发与管理 (1)：80-85.

史蒂文森，2007. 欧洲史：1001—1848 [M]. 董晓黎，译. 北京：中国友谊出版公司.

世界自然保护同盟，联合国环境规划署，世界野生生物基金会，1992. 保护地球：可持续生存战略 [M]. 北京：中国环境科学出版社.

孙鹏，李世杰，2017. 海洋产业结构问题研究 [M]. 北京：中国经济出版社.

孙世超，宋晓彤，2014. 推动我市海洋企业向电商化转移 [N]. 威海日报，03-24.

田春暖，2008. 海洋生态系统环境价值评估方法实证研究 [D]. 青岛：中国海洋大学.

廷德尔·施，2015. 美国史 [M]. 宫齐，李国庆，等，译. 广州：南方日报出版社.

王斌，2006. 中国海洋环境现状及保护对策 [J]. 环境保护 (20)：24-29.

王大海，2014. 海水养殖业规模经济发展研究 [M]. 青岛：中国海洋大学出版社.

王海明，2002. 自然内在价值论 [J]. 中国人民大学学报，16 (6)：36-43.

王敏旋，2012. 世界海洋经济发达国家发展战略趋势和启示 [J]. 新远见 (3)：40-45.

王曙光，2004. 论中国海洋管理 [M]. 北京：海洋出版社.

王泽宇，孙才志，韩增林，等，2018. 中国海洋经济可持续发展的产业学视角 [M]. 北京：
科学出版社.

卫梦星，殷克东，2009. 海洋科技综合实力评价指标体系研究 [J]. 海洋开发与管理 (8)：
101-105.

沃尔顿，罗考夫，2014. 美国经济史 [M]. 王珏，钟红英，等，译. 北京：中国人民大学
出版社.

沃勒斯坦，1998. 现代世界体系：16 世纪的资本主义农业与欧洲世界经济体的起源　第 1
卷 [M]. 尤来寅，路爱国，等，译. 北京：高等教育出版社.

沃勒斯坦，2013. 现代世界体系：重商主义与欧洲世界经济体的巩固　第 2 卷 [M]. 北京：
社会科学文献出版社.

吴欣欣，2014. 海洋生态系统外在价值评估：理论解析、方法探讨及案例研究 [D]. 厦门：
厦门大学.

武希志，2012. 国防经济学教程 [M]. 北京：军事科学出版社.

徐虹霓，2014. 海洋生态系统内在价值评估方法研究 [D]. 厦门：厦门大学.

徐晖，2010. 政府管制理论研究文献综述 [J]. 甘肃理论学刊 (1)：117-120.

徐忆红，1993. 海域污染对水产业经济损失估算方法初探 [J]. 海洋环境科学 (3)：1-6.

徐质斌，2000. 建设海洋经济强国方略 [M]. 济南：泰山出版社.

徐质斌，2003. 海洋经济学教程 [M]. 北京：经济科学出版社.

阳立军，2018. 港口经济学概论 [M]. 北京：海洋出版社.

杨克平，1985. 试论海洋经济学的研究对象与基本内容 [J]. 中国经济问题 (1)：24-27.

叶向东，2006. 海洋资源与海洋经济的可持续发展 [J]. 中共福建省委党校学报 (11)：69
-71.

衣艳荣，2016. 中国渔港经济区发展研究 [M]. 青岛：中国海洋大学出版社.

佚名，2004. 向大洋进军，探海底宝藏 [M]. 中国海洋报，07-23.

殷克东，高金田，方胜民，2018. 中国海洋经济发展报告 [M]. 北京：社会科学文献出版
社.

尹紫东，2003. 系统论在海洋经济研究中的应用 [J]. 地理与地理信息科学 (3)：84-83.

于英卓，戴桂林，2002. 海洋资源资产化管理与海洋经济的可持续发展 [J]. 经济师 (11)：
19-20.

虞源澄，1998. 加强国际经济合作促进海洋产业振兴 [J]. 海洋开发与管理 (2)：26-27.

郁志荣，2008. 浅谈对海洋权益的定义 [J]. 海洋开发与管理 (5)：25-29.

袁栋，2008. 海洋渔业资源性资产流失测度方法及应用研究 [D]. 青岛：中国海洋大学.

张德昭，袁媛，2006. 价值层面的可持续发展 [J]. 自然辩证法研究，22 (3)：14-17.

张琦，2014. 我国海运服务贸易国际竞争力研究 [D]. 青岛：中国海洋大学.

中华人民共和国国家海洋局，2012. 全国海洋功能区划 (2011—2020 年) [N]. 中国海洋
报，04-25 (5).

周秋麟，周通，2011. 国外海洋经济研究进展 [J]. 海洋经济 (1)：43-52.

朱坚真，2006. 广东海洋生物资源开发与保护机制研究 [M]. 北京：海洋出版社.

朱坚真，2010. 海洋环境经济学 [M]. 北京：经济科学出版社.

朱坚真，2010. 海洋经济学 [M]. 北京：高等教育出版社.

朱坚真，2010. 海洋资源经济学 [M]. 北京：经济科学出版社.

朱坚真，2011. 海洋国防经济学 [M]. 北京：经济科学出版社.

朱坚真，2016. 中国海洋发展若干思考 [M]. 北京：经济科学出版社.

朱坚真，2017. 海洋管理学 [M]. 北京：高等教育出版社.

朱坚真，2017. 海洋经济学 [M]. 2 版. 北京：高等教育出版社.

朱坚真，等，2017. 中国沿海港口交通体系与海上通道安全 [M]. 北京：海洋出版社.

朱坚真，陈泽卿，2013. 南海发展问题研究 [M]. 北京：海洋出版社.

朱坚真，王锋，2013. 海岸带经济与管理 [M]. 北京：经济科学出版社.

朱坚真，吴壮，2009. 海洋产业经济学导论 [M]. 北京：经济科学出版社.

朱坚真，周珊珊，刘汉斌，2017. 中华经济圈与全球经济协作 [M]. 北京：海洋出版社.

朱荣贤，2005. 现代化理论研究综述 [J]. 学术论坛 (10)：14-17.

朱晓东，施丙文，1998. 21 世纪的海洋资源及其分类新论 [J]. 自然杂志 (1)：21-23.

BROADBERRY S, O'ROURKE K, 2010. The Cambridge economic history of modern Europe: Volume 1 1700—1870 [M]. Cambridge: Cambridge University Press.

FARBER S C, COSTANZA R, WILSON M A, 2002. Economic and ecological concepts for valuing ecosystem services [J]. Ecological economics, 41 (3): 375-392.

KRUTILLA J V, 1967. Conservation reconsidered [J]. American economic review, 57 (4): 777-786.